安全心理学与行为管理

主编	曾亚纯	肖 燕	段国庆			
副主编	刘世琦	海 鹰	陈洁标	李美娜	牛莹芳	甘丽聪
编写组成员	刘 莉	曲东华	任源梅	方 锐	游 茂	张飞凤
	蔡 颖	孙世鑫	蔡圣捷	李圆圆	杜函辉	刘家伟
	廖 璇	陈学敏	黄小平	梁益燕	涂美霞	罗毅廉
	黄平元	董晓丽	曾 琦	杨月莹	袁可遇	
顾问	文 渊	熊中锋	程锦廷			

参与编写单位 深圳职业技术大学
深圳高级中学（集团）
深圳市南山区文理实验学校（集团）
深中南山创新学校
深圳市南山区文理实验学校(集团)文理一小
深圳市南山实验教育集团白芒小学
深圳市南山区西丽幼儿园
深圳市盐田区机关幼儿园
深圳市司法局

顾问单位 深圳市教育局

湖南大学出版社
·长沙·

图书在版编目（CIP）数据

安全心理学与行为管理 /曾亚纯，肖燕，段国庆主编.
-- 长沙：湖南大学出版社，2024.12. -- ISBN 978-7
-5667-3923-0
I.X911；X912.9
中国国家版本馆CIP数据核字第2024UP5145号

安全心理学与行为管理

ANQUAN XINLIXUE YU XINGWEI GUANLI

主　　编：	曾亚纯　肖　燕　段国庆
策划编辑：	刘　旺
责任编辑：	崔　桐
印　　装：	长沙创峰印务有限公司
开　　本：	710 mm×1000 mm　1/16　　印　张：25　　字　数：415千字
版　　次：	2024年12月第1版　　印　次：2024年12月第1次印刷
书　　号：	ISBN 978-7-5667-3923-0
定　　价：	58.00元

出 版 人：李文邦
出版发行：湖南大学出版社
社　　址：湖南·长沙·岳麓山　　邮　编：410082
电　　话：0731-88822559（营销部）　88821594（编辑部）　88821006（出版部）
传　　真：0731-88822264（总编室）
网　　址：http://press.hnu.edu.cn

版权所有，盗版必究
图书凡有印装差错，请与营销部联系

前言

FOREWORD

安全心理学是研究人在安全生产中的心理活动规律及其与安全行为关系的学科，它关注个体和群体在面临安全风险时的心理反应、认知过程、情感状态以及行为决策等方面。而行为管理则侧重于通过改变和塑造人的行为，以达到预防事故、保障安全的目的。两者相结合，构成了安全心理学与行为管理的完整体系。

在安全领域，我们正面临日益增长的挑战。传统的安全管理往往侧重于物理环境的改善和技术手段的应用，忽视了人的心理因素对安全行为的影响。这种管理方法已不再适应现代社会的需求，迫切需要引入新的理念和技术手段。安全心理学与行为管理相结合，可以让我们更深入地探讨人的心理过程是如何影响安全行为的，从而更好地预测和干预人的不安全行为，制定出更为有效的安全管理策略，增强安全管理的效果，有效预防事故的发生。

本教材旨在系统地介绍安全心理学与行为管理的基本原理、方法和应用，为安全管理人员、教育工作者以及相关专业学生提供一套全面、实用的知识体系。其一，帮助读者理解安全心理学与行为管理的基本概念、原理和方法，了解人的心理过程如何影响安全行为；其二，培养读者的安全意识和自我保护能力，使其能够主动识别风险、规避危险，从而更好地应对现代社会中的安全挑战；其三，提升读者的安全管理能力，帮助读者掌握如何通过心理干预和行为管理手段来增强安全管理效果，使其能够运用所学知识解决实际安全问题；其四，推动安全心理学与行为管理在各类组织中的广泛应用，为社会的安全生产贡献力量。

本教材在编写过程中，注重理论与实践相结合，既深入阐述安全心理学与行为管理的基础理论，又紧密结合实际案例进行分析和讨论。此外，本教材还具有以下几个特色和亮点：

1. 系统性。本教材涵盖了安全心理学与行为管理的多个关键领域，从校园霸凌与心理应对到自杀行为与心理应对，为读者提供了一个全面而深入的知识框架。每一章节都针对特定的社会问题，结合心理学理论进行剖析，使读者能够全面理解各类安全问题的心理根源和应对策略。

2. 实践性。本教材强调知识的实际应用，通过丰富的案例分析，让读者在模拟情境中深化对理论知识的理解，提升应对实际问题的能力。本教材提供了大量的实践指导和建议，帮助读者在面对类似问题时，能够迅速找到有效的应对策略。

3. 创新性。本教材在内容和方法上都有所创新，不仅介绍了传统的安全心理学和行为管理理论，还引入了一些新的观点和研究成果，为读者提供了更为广阔的视野和思考空间。通过创新性的视角和方法，帮助读者在理解传统心理学理论的基础上，探索解决新型安全问题的路径。本教材鼓励读者进行批判性思考，培养独立分析和解决问题的能力，以适应不断变化的社会环境。

4. 互动性。本教材鼓励读者积极参与讨论和实践，通过设计多种互动环节，使读者能够积极参与学习，增强学习效果。通过互动，读者可以更好地理解和应用所学知识，同时培养自己的批判性思维和解决问题的能力。这种互动性不仅增强了教材的趣味性，也提高了教材的实用性和针对性。

我们相信，通过本教材的学习，读者将能够深入理解安全心理学与行为管理的基本原理和方法，掌握解决实际安全问题的技能，提升自我管理的能力。同时，我们也希望本教材能够为安全领域的研究和实践提供有益的参考和借鉴，为推动青少年健康成长贡献力量。

编者
2024 年 12 月

目录
CONTENTS

第一章 • 校园霸凌与心理应对 ························ **001**

    概述 ·· 004

    校园霸凌的心理学解析 ································ 012

    防范校园霸凌的心理策略 ···························· 020

    行为管理与预防措施 ·································· 026

    参考文献 ·· 035

第二章 • 性骚扰与心理应对 ····························· **037**

    概述 ·· 040

    性骚扰的心理学解析 ·································· 046

    防范性骚扰的心理策略 ······························· 055

    行为管理与预防措施 ·································· 059

    参考文献 ·· 073

第三章 • 违法犯罪与心理应对 ············ 075

- 概述 ············ 078
- 青少年违法犯罪心理学解析 ············ 084
- 防范违法犯罪的心理策略 ············ 092
- 行为管理与预防措施 ············ 106
- 参考文献 ············ 116

第四章 • 肢体冲突与心理应对 ············ 117

- 概述 ············ 120
- 肢体冲突的心理学解析 ············ 127
- 防范肢体冲突的心理策略 ············ 134
- 行为管理与预防措施 ············ 141
- 参考文献 ············ 153

第五章 • 情感纠纷与心理应对 ············ 155

- 概述 ············ 158
- 青少年情感纠纷心理学解析 ············ 162
- 情感纠纷的调适策略 ············ 168
- 行为管理与预防措施 ············ 181
- 参考文献 ············ 187

第六章 • 危机事件与心理应对 ············ 189

- 概述 ············ 192
- 引致危机事件风险的心理学解析 ············ 196
- 防范化解危机事件风险的心理调适 ············ 222
- 危机事件发生后的心理反应及危机干预 ············ 227
- 参考文献 ············ 231

第七章 • 诈骗与心理应对 ………………… 233

- 认识电信网络诈骗 ………………… 236
- 诈骗心理学解析 ………………… 248
- 防范诈骗的心理策略 ………………… 255
- 行为管理与预防措施 ………………… 262
- 参考文献 ………………… 275

第八章 • 网络暴力与心理应对 ………………… 277

- 正确认识网络暴力 ………………… 280
- 网络暴力的心理学解析 ………………… 285
- 防范网络暴力的心理策略 ………………… 292
- 行为管理与预防措施 ………………… 297
- 参考文献 ………………… 312

第九章 • 毒品成瘾及心理应对 ………………… 315

- 概述 ………………… 318
- 毒品成瘾的生理病理危害 ………………… 326
- 毒品成瘾的心理学机制 ………………… 335
- 行为管理与预防措施 ………………… 343
- 参考文献 ………………… 354

第十章 • 自杀行为与心理应对 ………………… 355

- 认识自杀行为 ………………… 358
- 自杀行为心理学解析 ………………… 367
- 防范自杀的心理策略 ………………… 372
- 行为管理与预防措施 ………………… 378
- 参考文献 ………………… 390

第一章

校园霸凌与心理应对

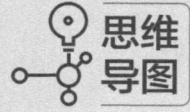

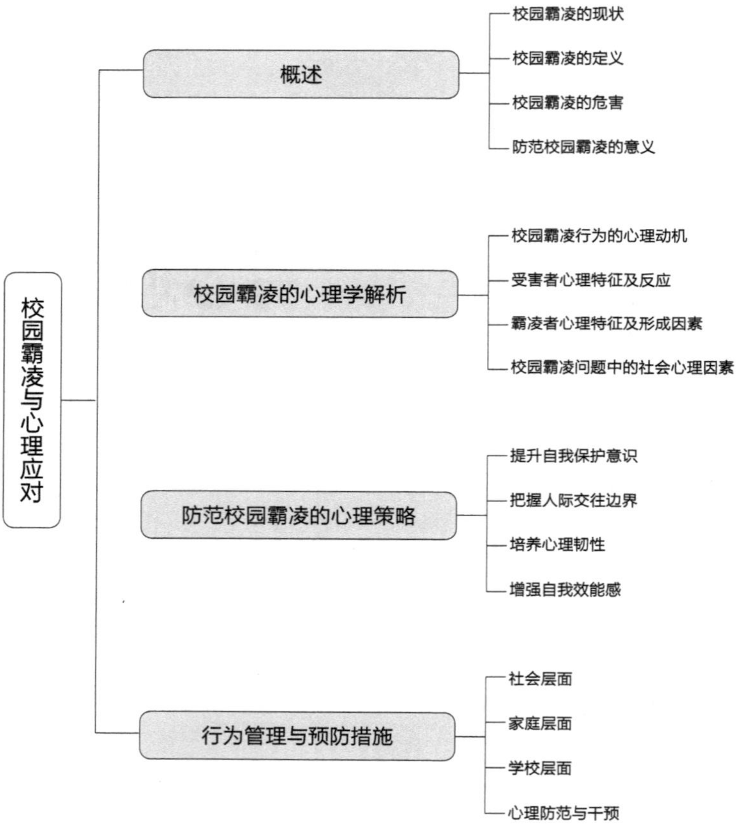

- 校园霸凌与心理应对
  - 概述
    - 校园霸凌的现状
    - 校园霸凌的定义
    - 校园霸凌的危害
    - 防范校园霸凌的意义
  - 校园霸凌的心理学解析
    - 校园霸凌行为的心理动机
    - 受害者心理特征及反应
    - 霸凌者心理特征及形成因素
    - 校园霸凌问题中的社会心理因素
  - 防范校园霸凌的心理策略
    - 提升自我保护意识
    - 把握人际交往边界
    - 培养心理韧性
    - 增强自我效能感
  - 行为管理与预防措施
    - 社会层面
    - 家庭层面
    - 学校层面
    - 心理防范与干预

学习目标

1. 让学生认识和理解校园霸凌的定义、表现形式及其对受害者、施暴者和旁观者造成的心理影响。

2. 预防霸凌行为给他人和自己带来的消极影响，培养学生的积极行为和社交技能。

3. 学会识别校园霸凌的迹象，如言语、行为、情绪等方面的变化，并学会如何拒绝参与、如何寻求帮助、如何保护自己和他人。

案例导入

在某中学发生了一起骇人听闻的校园霸凌事件。受害者小马（化名），一名初一年级的新生，在本应安全无忧的校园寝室里，遭遇了难以想象的身心创伤。

事件的始作俑者是就读初二的小杨等多名学姐，她们利用寝室熄灯做掩护，将小马叫至405号寝室，进行了一场长达一个多小时的残忍霸凌。在这段时间内，小马遭受了近60次的耳光抽打，身体多处被烟头和打火机恶意烫伤，痛苦难以言表。更令人发指的是，施暴者不仅残忍施暴，还用手机记录下整个霸凌过程，并以此为乐，将视频分享给朋友，完全无视小马的尊严与痛苦。

这场霸凌对小马造成的伤害远不止于肉体上的创伤，更在于心灵上的深刻烙印。在霸凌过程中，小马强忍泪水，咬紧牙关，不敢发出任何声响，生怕引来更猛烈的报复。霸凌结束后，她更是选择了沉默，不敢立即向老师和家长透露真相，内心的恐惧与无助可想而知。

直到第二天，小马的姐姐无意间发现了她身上的累累伤痕，这起令人发指的霸凌事件才得以曝光。学校和警方迅速介入调查，对涉事学生进行了应有的惩处。同时，时任校长及政教处相关领导也因监管不力被免职。

这起校园霸凌事件不仅让小马及其家庭承受了巨大的痛苦，也引发了社会各界的广泛关注与深思。它再次提醒我们，校园霸凌绝非小事，它关乎每一个孩子的身心健康与成长环境，需要全社会共同努力，共同营造一个安全、和谐的校园环境。

> **思考题**
>
> 1. 校园霸凌对受害者可能造成哪些长期的心理影响？
> 2. 如果你是小马的同学，你会怎么做以更有效地预防和应对校园霸凌事件？

一、概述

（一）校园霸凌的现状

1. 国内校园霸凌的现状

校园霸凌是与暴力行为及犯罪行为密切相关的一种肆意伤害行为，已成为国家关注的社会问题之一。近几年，我国的校园霸凌事件呈迅速上升趋势。霸凌行为如此猖獗，在严重影响学生身心健康发展的同时，也对社会产生了巨大的不良影响。当前，国内校园霸凌现状以及变化趋势如下：

（1）校园霸凌呈现普遍性与严重性趋势。校园霸凌行为在国内学校中普遍存在，不仅在城市学校中发生，也在乡村学校中频繁出现。根据中国青少年研究中心的调研，有相当比例的学生遭受过校园欺凌。例如，有调查数据显示，超过30%的中小学生曾经被欺负，其中32.5%的学生表示偶尔被欺负，6.1%的学生表示经常被欺负。另有数据显示，在2015—2017年间，我国88.74%的校园霸凌案件受害人存在不同程度的伤亡情况，其中11.59%的案件受害人死亡，31.87%的案件受害人受重伤。校园霸凌对学生造成深远影响，被欺凌的学生可能遭受身体伤害、财产损失以及严重的精神损害，如抑郁、焦虑等心理问题。长期的心理折磨可能导致受害者产生自杀倾向，对其生命安全构成严重威胁。对受害者的未来发展来说，校园霸凌会严重干扰受害者的学习环境和学习状态，导致学习成绩下降。这不仅会影响其当前的学业表现，还可能对其未来的升学和职业发展产生不利影响。

（2）校园霸凌表现形式更为多样。校园霸凌的形式包括但不限于身体欺凌（如殴打、推搡等）、言语欺凌（如辱骂、嘲笑等）、关系欺凌（如排挤、孤立等）以及网络欺凌（如网络谩骂、散播谣言等），其形式从简单的语言暴力到较为严重的身体攻击，是复杂而多样的。

（3）校园霸凌的特点较为复杂。校园霸凌特点表现为以下四个方面：一是突发性与长期性共存。校园欺凌往往具有突发性，欺凌行为往往在没有明显预兆的情况下突然发生。受害者可能在没有意识到危险的情况下突然遭受攻击或侮辱，但也可能在一段时间内持续发生，甚至演变成长期性行为。二是群体性与个体性共存。欺凌行为可能发生在一定的人群范围内，具有一定的群体性，但也可能由单个个体对另一个个体实施。三是隐蔽性与公开性共存。欺凌行为可能发生在校园的各个角落，包括教室、走廊、操场等公共场所，具有一定的公开性，但也可能在私下发生，具有隐蔽性，难以被发现和制止。四是手段多样性与后果严重性共存。校园欺凌的手段多种多样，包括身体上的攻击、言语侮辱、排挤孤立等，不仅会对受害者的身心健康造成严重伤害，还可能导致其产生自卑、抑郁等心理问题，影响其正常的学习和生活。

（4）校园霸凌影响因素涉及多个层面。从学生个体层面看，部分学生可能具有叛逆、偏激、任性等性格特质，这些特质在青春期尤为明显，容易导致他们采取攻击性行为。此外，一些学生在面对压力时可能缺乏有效的应对机制，从而通过欺凌他人来宣泄情绪。从家庭影响因素层面看，家庭环境对孩子的成长有着深远的影响。不和谐的家庭氛围、缺乏关爱和指导的家庭环境，以及父母对孩子过于苛刻或放任自流的教育方式，都可能增加孩子出现攻击性行为的风险。从学校制度管理层面看，学校的管理制度和纪律要求对于防范和处理校园霸凌事件至关重要。如果学校对学生的行为规范和纪律要求不明确或执行不力，就难以有效遏制欺凌行为的发生。

（5）校园霸凌处理机制不完善。一方面，当前针对校园霸凌的规制手段多以教育为主，但在思想教育有效性以及学生的价值认同唤醒方面的作用还不尽如人意，在教育方式上未能实现同新媒体技术的结合，对未成年人来说缺乏吸引力。另一方面，国内处理校园霸凌的机制尚不完善。虽然《中华人民共和国刑法》《中华人民共和国未成年人保护法》《中华人民共和国预防未成年人犯罪法》《中华人民共和国治安管理处罚法》《中华人民共和国民法典》等法律法规为处理校园霸凌提供了依据，但由于未成年人的特殊性，在很多情况下对霸凌者的处理较为宽松，难以起到有效的震慑作用。

2. 国外校园霸凌现状

在国外，校园霸凌也是一个复杂且引人关注的问题。根据不同国家的统计数据，校园霸凌发生率有所不同。例如，在英国，约有四分之一的青少年反映曾遭受霸凌；而在日本，2022年度中小学校园霸凌事件高达681948起，为有记录以来历史新高。许多国家已经意识到校园霸凌的严重性，采取了相应的治理措施。这些措施包括制定法律法规、加强学校管理和教育、提高家长和社区的参与度等。例如，英国发布了指导性文件《预防和处置霸凌》，要求学校制定具体的反霸凌方案；日本通过《校园霸凌预防对策推进法》将校园霸凌纳入法律调整范围。尽管许多国家已经采取措施治理校园霸凌，但仍面临一些挑战和困难。这些挑战包括如何准确识别和处理校园霸凌事件、如何提高家长和社区的参与度、如何预防网络霸凌等。国际社会也在加强校园霸凌问题的合作与交流，共同探讨治理校园霸凌的有效策略。

（二）校园霸凌的定义

1. 法律视角下校园霸凌的定义

校园霸凌是指发生在学校校园内、学生上学或放学途中、学校的教育活动中，由老师、同学或校外人员，蓄意滥用语言、躯体力量、网络、器械等，针对师生的生理、心理、名誉、权力、财产等实施的达到某种程度的侵害行为。这种行为通常具有故意性、持续性或重复性，并可能对受害者造成身体伤害、财产损失或精神损害等严重后果。法律视角下校园霸凌的定义通常包含以下几个关键要素：

一是霸凌行为主体以及霸凌地点围绕学校展开。受害者通常为学生，包括个体或群体，他们可能是在校园内外受到欺凌的对象。欺凌行为人是首要的责任主体。如果是成年人，应该独立承担法律责任；对于未成年欺凌者，其监护人需承担相应的法律责任。依据《中华人民共和国民法典》第一千一百八十八条，无民事行为能力人、限制民事行为能力人造成他人损害的，由监护人承担侵权责任。监护人尽到监护职责的，可以减轻其侵权责任。如果达到刑事责任年龄，严重的欺凌行为可能构成犯罪。校园是校园霸凌的主要发生地，包括教室、操场、走廊等公共区域，以及宿舍等私人区域。除了校园内，学生上学或放学途中，以及参与学校组织的教育活动时也可能发生校园霸凌，这些地点通常包括校园周边、人少僻静处等。

二是校园霸凌行为人的主观意图存在故意性、持续性、放任性。校园霸凌的行为人通常明知自己的行为会对他人造成身体伤害、财产损失或精神损害，却仍然选择实施该行为，这种故意性是校园霸凌者主观意图的重要体现。校园霸凌的行为人通常具有持续实施欺凌行为的主观意图，即不只一次地实施欺凌行为，欺凌行为多次发生或持续存在，这种持续性体现了行为人主观上的恶意和顽固。行为人在实施欺凌行为时不积极采取措施防止危害后果的发生或扩大，这种放任态度体现了行为人主观上的冷漠和残忍。

三是校园霸凌行为会产生不良后果。校园霸凌行为可能导致被霸凌者身体受伤。这种伤害可能是轻微的，如擦伤、瘀青，也可能是严重的，如骨折、残疾甚至死亡。校园霸凌还可能影响被霸凌者的学业。由于遭受霸凌，被霸凌者可能无法集中精力学习，导致成绩下降、学习困难等问题。长期下来，这可能导致被霸凌者无法完成学业或无法取得理想的学业成绩。校园霸凌还可能影响被霸凌者的社会适应能力。被霸凌者可能因遭受欺凌而对社交产生恐惧或抵触心理，导致其在社会中难以适应或融入。对于施暴者而言，校园霸凌行为可能导致其面临法律后果。根据《中华人民共和国刑法》等相关法律规定，如果施暴者的行为构成犯罪，如故意伤害罪、侮辱罪等，将依法追究刑事责任。同时，施暴者或其监护人还需要承担因霸凌行为造成的损害赔偿责任。

> **拓展阅读**
>
> 校园霸凌的相关法律关键点
>
> 《中华人民共和国未成年人保护法》：明确指出学生霸凌是发生在学生之间，一方蓄意或者恶意通过肢体、语言及网络等手段实施欺压、侮辱，造成另一方人身伤害、财产损失或者精神损害的行为。
>
> 《中华人民共和国教育法》：规定学校和家长有责任保护未成年人的合法权益，禁止校园霸凌行为。
>
> 《中华人民共和国民法典》：针对侵权行为的规定为受害者提供了一定的法律保护，受害者有权要求赔偿，甚至追究刑事责任。
>
> 《中华人民共和国治安管理处罚法》：对于违反治安管理的校园霸凌行为，根据情节轻重，对施暴者进行行政处罚。对于未满十四周岁的未成年人违反治安管理的，不予处罚，但应责令其监护人严加管教。
>
> 《中华人民共和国刑法》：对于情节严重的校园霸凌行为，施暴者可能需要承担刑事责任。特别是《中华人民共和国刑法修正案（十一）》施行后，法定最低刑事责任年龄下调至十二周岁；对于严重的校园霸凌行为，未成年加害者可能会面临刑事起诉。
>
> 《未成年人学校保护规定》：学校应建立学生欺凌防控和预防性侵害、性骚扰等专项制度，建立对学生欺凌、性侵害、性骚扰行为的零容忍处理机制和受伤害学生的关爱、帮扶机制。
>
> 这些法律规定为校园霸凌的预防和处理提供了法律依据，旨在保护学生的合法权益，维护校园的安全和秩序。

2. 社会学视角下校园霸凌的定义

从社会学的视角来看，校园霸凌是一个复杂的社会现象，它涉及社会文化、群体互动以及个体心理等多个方面。首先，社会文化对于校园霸凌的发生会产生影响。不同的社会文化环境塑造着不同的价值观和行为模式，进而影响学生的行为选择。例如，在崇尚暴力和力量的文化背景下，学生可能更容易通过攻击和欺负他人来展现自己的"优越性"。其次，群体互动也会对校园霸凌的发生产生影响。同辈群体是青少年社会化的重要场所，其中的互动模式和行为规范对青少年的行为选择具有重要影响。如果同辈群体中存在霸凌行为，那么青少年可能会模仿这种行为，认为这是正常的社交方式。在校园中，学生可能会受到同辈群体的压力，为了获得认同感和归属感，他们可能会选择加入霸凌行为，这种从众效应使得校园霸凌行为得以持续和扩散。最后，从个体心理学来看，个体在遭遇挫折时，可能会产生攻击行为以宣泄情绪。在校园环境中，一些学生可能因为学业压力、家庭问题等原因而感到挫折，进而通过霸凌行为来宣泄情绪。在价值观形成的关键时期，青少年的判断是非的能力较弱，如果他们受到来自家庭、学校或社会的不良影响，可能会形成扭曲的心理认知，认为通过攻击和欺负他人可以获得满足感和优越感。

（三）校园霸凌的危害

1. 校园霸凌对身心健康的影响

校园霸凌对被霸凌者身心健康的影响是深远且多方面的。从心理健康方面来看，被霸凌者可能遭遇情绪问题，经历长期的焦虑、抑郁和自卑。他们可能会感到无助、绝望，并对自己的评价过于负面，进而因害怕再次被欺凌而避免与同学交流。这种社交回避可能导致孤独感和社交技能下降，严重的可能会发展为社交障碍。对于更为严重的欺凌事件，被霸凌者可能会出现创伤后应激障碍（post-traumatic stress disorder, PTSD）的症状，如反复回忆、做噩梦、警觉性增高等。在某些情况下，被霸凌者可能会因感到无法忍受持续的痛苦和压力而产生自杀意念或尝试自杀。从身体健康方面来看，直接的欺凌行为，如殴打、推搡等，可能会导致被霸凌者出现身体伤害，如骨折、擦伤、瘀青等，某些被霸凌者可能会因为担心再次被欺凌而出现睡眠障碍，如失眠、噩梦等。此外，长期的心理压力可能导致被霸凌者的免疫系统功能下降，使他们更容易受到疾病的侵袭。有些被霸凌者可能会经历慢性疼痛，如头痛、腹痛等，这可能与他们的情绪状态和压力水平有关。

2. 校园霸凌对校园环境的影响

校园霸凌对校园环境的影响主要体现在以下三个方面：一是影响校园治安，形成不良风气。校园霸凌事件如果得不到及时有效的处理，可能会引发更多的学生参与到欺凌行为中，形成恶性循环。长期的校园霸凌还可能导致校园内出现更多的冲突和暴力事件，影响校园的治安和秩序。二是破坏学校氛围，降低教育质量。校园霸凌会导致学校氛围的紧张和不和谐，影响学生的学习和社交体验。学生在这种环境下可能感到恐惧、不安全，甚至不敢轻易表达自己的想法和意见。学校为了应对和处理校园霸凌事件，可能会分散大量的教育资源，进一步降低教育质量。三是损害学校声誉，增加社会成本。校园霸凌事件的曝光会对学校的声誉产生负面影响，降低学校在社会和家长心中的形象。

3. 校园霸凌对社会风气的影响

校园霸凌作为一种在校园内发生的不良行为，不仅对被欺凌者造成深远的身心伤害，还对整个社会风气产生不可忽视的负面影响。一是破坏社会和谐与信任。校园霸凌事件的频繁曝光，使得公众对学校和教育体系的信任度大幅下降，公众可能开始质疑教育体系的安全性和有效性，进而对社会的和谐稳定产生担忧。校园霸凌不仅伤害了学生个体，也触动了社会公众的敏感神经。公众对于此类事件的强烈反应，可能引发社会不满情绪的积累，对社会稳定构成潜在威胁。二是反映社会深层次问题。校园霸凌的普遍存在，往往反映出部分家庭在教育子女方面的缺失和不足。这种缺失不仅体现在对子女的关爱和保护上，更体现在对子女品德教育的忽视上。家庭作为社会的基本单元，其教育功能的弱化将直接影响到整个社会的道德水平和文明程度。校园霸凌的蔓延，也体现了社会道德观念的淡化和扭曲。在一些情况下，欺凌行为被视为"正常"的社交方式或"勇敢"的表现，这种错误的价值观对社会风气产生了极其不良的影响。

（四）防范校园霸凌的意义

1. 提升主观重视程度

防范校园霸凌在提升主观重视程度方面的意义，分为以下几个方面：首先，对于学生来说可以增强个人防范意识与自我保护能力。通过教育和宣传，使学生深刻认识到校园霸凌的危害性，明确哪些行为构成霸凌，从而在日常生活中更加警觉，避免成为霸凌的参与者或受害者。学生了解到霸凌的严重性后，会自然而然地增强自我保护意识，学会在遭遇霸凌时采取有效措施保护自己，例如及时报告老师、家长或相关机构。其次，对于学校以及家长来说，可以强化责任感。教师作为校园安全的重要守护者，对防范校园霸凌负有不可推卸的责任。提升对霸凌问题的重视程度，有助于教师更加积极地履行职责，及时发现并干预霸凌事件。家长是孩子的第一任老师，也是孩子成长过程中的重要支持者。通过加强家校合作，提升家长对校园霸凌的重视程度，可以促使家长更加关注孩子的心理健康和社交状况，及时与学校沟通，共同预防和应对霸凌事件。再次，可以促进学校安全文化的建设。防范校园霸凌可以提升全校师生及家长对防范校园霸凌的重视程度，有助于在校园内形成"校园霸凌是不可容忍的"这一共识。当全校师生及家长都高度重视校园霸凌问题时，就会共同努力营造一个安全、和谐、尊重的校园环境，使学生能够在这样的氛围中健康成长。最后，有助于推动社会关注与参与。通过媒体宣传、社会讨论等方式，提升社会各界对校园霸凌问题的认知程度，使更多人了解并关注这一问题，进而提高公众的社会认知水平。在提升主观重视程度的基础上，可以推动政府、学校、家庭、社会组织等多方合作，共同构建防范校园霸凌的立体防护网。

2. 改善校园霸凌事态

防范校园霸凌在改善校园霸凌事态方面的意义主要有以下三个方面：一是保护学生身心健康，促进校园和谐氛围。校园霸凌行为会严重伤害受害者的心理健康，导致自卑、抑郁、焦虑、恐惧等心理问题，甚至影响他们的学业和未来发展。有效的防范措施能够减少这种伤害，保护学生的身心健康，使他们能够在安全、和谐的环境中学习和成长。二是提升学生法律意识和道德观念，增强学生自我保护能力。防范校园霸凌不仅可以制止具体霸凌事件，而且可以让学生认识到霸凌行为的严重性和违法性，学会尊重他人、关爱他人，从而从根源上减少霸凌事件的发生。通过教育和培训，学生可以学习到如何应对和处理校园霸凌的技巧和方法，提高自我保护能力。这有助于他们在面对欺凌时能够冷静应对、及时求助，减少身心伤害。三是建立有效的干预机制，促进教育公平。防范校园霸凌需要建立一套完善的干预机制，包括预警、报告、调查、处理等环节。这些机制的建立和实施，可以确保在霸凌事件发生时，学校和家庭能够迅速响应、有效处理，防止事态进一步恶化。

3. 营造良好社会生态

防范校园霸凌在一定程度上可以促进教育公平与质量提升，维护社会稳定与和谐，进而推动法治建设与社会文明进步。校园是社会的缩影，校园的安全稳定直接关系到社会的整体安全感。防范校园霸凌可以提升公众对校园乃至整个社会的安全感，有利于进一步推动法治建设与社会文明进步，形成更加文明、和谐、包容的社会氛围。

二、校园霸凌的心理学解析

（一）校园霸凌行为的心理动机

校园霸凌行为的心理动机是一个复杂且多维度的问题，涉及多个心理因素和背景。本书将从校园暴力和校园霸凌两个层面逐一分析。

1. 校园暴力的心理动机

校园暴力是指在校内外发生的，可能造成受害者身体、心理、性等方面伤害的一种攻击性行为，它的常见表现形式包括身体暴力、情感或心理暴力、性暴力和霸凌。我国多部法律法规都包含对"校园暴力"相关内容的规定，实施校园暴力可能触犯法律。校园暴力的心理动机可以从以下八个角度进行解释：一是缺乏同理心。施暴者往往难以理解和体验受害者的感受，缺乏对他人的同理心。他们可能将自己的快乐建立在他人的痛苦之上，从而引发暴力行为。二是模仿行为。很多施暴者是通过观察他人或影视作品中的暴力行为来学习和模仿的。这表明家庭和社会环境对孩子的成长具有重要影响，不良的模仿对象可能导致孩子形成攻击性行为。三是压力释放。孩子在面临生活中的挫折和压力时，可能会将内心的不满和愤怒转化为暴力行为，以此来发泄。四是对权力的追求。校园霸凌者可能出于对权力的追求，通过霸凌弱小同学来获取掌控感和优越感，满足其对权力和地位的渴望。五是自我价值确认。霸凌者可能因学业成绩不佳或其他方面的挫败感，转而通过霸凌他人来贬低对方，以此提升自我价值感。这种扭曲的自我价值确认方式，使他们将霸凌行为作为逃避现实压力、提升自我地位的手段。六是反社会倾向。霸凌者可能表现出明显的反社会行为，如无视规则、侵犯他人权益、缺乏悔过之意等。这种反社会倾向源于其对社会规范的漠视和对他人权利的轻视。七是情绪调控困难。霸凌者往往存在情绪调控困难，易冲动行事。这种情绪调控困难往往源于他们早期经历中情绪教育的不足或情绪表达的压抑。八是特殊心理状况。如"心理幼稚症"和"反社会人格缺陷"等特殊情况也可能导致青少年产生不良行为，包括校园暴力。这些特殊心理状况可能与个体的成长环境、家庭教育方式等有关。

2. 校园霸凌的心理动机

校园霸凌是发生在校园内外、以学生为参与主体的一种攻击性行为，它既包括直接霸凌也包括间接霸凌。校园霸凌不等同于校园暴力，它是最常见的一种校园暴力。校园霸凌的心理动机是一个复杂而多元的问题，涉及多个方面，包括对权力和地位的追求、自我认同和价值确认、模仿和观察学习、情绪调控困难、缺乏同理心、社交压力和群体认同以及家庭环境和教育方式的影响等。一是对权力和地位的追求。霸凌者可能通过霸凌行为来寻求权力和地位的象征，以满足他们对权力和控制的渴望。这种追求权力的心理动机可能源于家庭、社会或同伴群体中的影响。二是自我认同和价值确认。一些霸凌者可能因为自我价值感不足，试图通过霸凌行为来贬低他人，从而提升自身的价值感。三是模仿和观察学习。霸凌行为可能受到观察学习的影响，即通过观察他人或影视作品中的暴力行为来学习和模仿。这表明家庭和社会环境对孩子的影响至关重要，需要关注孩子的成长环境和观看内容。四是情绪调控困难。霸凌者往往存在情绪调控困难，容易冲动行事。这种情绪失控可能与他们早期经历中情绪教育的不足或情绪表达的压抑有关。五是缺乏同理心。霸凌者往往缺乏同理心，难以设身处地理解他人的感受。他们可能将快乐建立在他人的痛苦之上，对受害者的痛苦视若无睹，甚至以此为乐。这种同理心的缺失可能与他们早期家庭教育中情感教育的缺失或不当有关。六是社交压力和群体认同。在同伴群体中，一些孩子可能受到其他孩子的影响，认为霸凌行为是一种被接受的行为方式。他们可能害怕被孤立或排斥，因此选择加入霸凌行为，以此来融入群体。这种社交压力可能导致孩子盲目跟从，忽视自己内心的真实感受。七是家庭环境和教育方式的影响。家庭环境和教育方式对校园霸凌的心理动机有重要影响。例如，家庭中的暴力行为可能成为孩子模仿的对象。

（二）受害者心理特征及反应

当校园霸凌发生后，除了对施暴者进行处罚，更应该关注受害者的心理状况，对其提供保护和支持。

1.校园霸凌发生时受害者的心理特征及反应

当校园霸凌发生时，受害者的心理特征及反应可以归纳为以下五点：一是情绪反应。受害者往往会出现强烈的负面情绪，如恐惧、焦虑、愤怒、羞耻和抑郁等。他们可能长时间处于这种情绪状态，难以自拔。二是自我认知出现偏差。受害者可能会对自己的评价过于负面，产生低自尊和自卑感。他们可能认为自己是无能的、不值得被尊重的，甚至可能怀疑自己的价值。这种自我认知的扭曲可能导致受害者陷入自责和自我否定的循环中难以自拔。三是社交退缩。受害者可能会逃避与同学的交往，变得孤僻和退缩。他们害怕再次遭受霸凌，因此选择远离社交场合。这种社交退缩可能导致受害者与同龄人之间的隔阂加深，进一步加剧他们的孤独感和无助感。四是学业成绩下降。受害者可能会因为情绪困扰和心理压力而分散注意力，导致学业成绩下降。他们可能难以集中精力学习，对学业失去兴趣。五是长期影响。校园霸凌对受害者的心理影响可能是长期的。以往研究显示，被霸凌者普遍留下了心理创伤，自我评价体系受到了伤害，严重影响到个人幸福感和生活质量的提升。受害者可能会长期面临焦虑、抑郁等情绪问题，甚至可能出现创伤后应激障碍，表现为经常处于警觉性增高、愤怒、敌意和易激惹状态。

根据调查，受害者大多会选择独自承受霸凌带来的痛苦，而不是寻求帮助。他们可能担心如果告诉家长或老师，会遭到更严重的报复或被视为"告密者"。

然而，这种应对方式往往会使受害者的心理状况进一步恶化。因此，鼓励受害者勇敢地站出来，寻求专业心理咨询和支持是非常重要的。

2.校园霸凌发生后受害者的心理特征及反应

当校园霸凌发生后，受害者的心理特征及反应通常表现为多个方面，这些反应可能因个体的性格、经历和环境差异而有所不同。一是焦虑和抑郁。受到霸凌的学生可能经历持续的焦虑和抑郁状态。由于长期受恐惧、羞愧或绝望等情绪的影响,他们的状态长期低迷,从而出现焦虑、抑郁等心理问题。二是自卑感。霸凌行为往往损害受害者的自尊心,导致他们产生自卑感,觉得自己不值得被尊重和接纳。这种自卑感可能严重影响他们的社交和日常生活。三是社交障碍。经历过霸凌的学生可能会对社交产生恐惧,害怕与他人互动,避免参与社交活动。他们可能选择独处,难以融入群体。四是学业问题。霸凌可能导致受害者学业受损。由于无法集中注意力、专注学业,他们的学习成绩可能受到影响,进一步加重心理负担。五是失去信任感。受害者可能对人失去信任感,怀疑他人的动机,难以建立健康的人际关系。这种信任感的缺失可能对他们的社交和职业发展产生长期影响。六是产生愤怒和攻击性行为。长期受到霸凌可能导致受害者积压愤怒,表现从而出现攻击性行为,对自己或他人造成伤害。这种行为模式可能进一步加剧受害者的孤立感和排斥感。七是有自伤和自杀倾向。霸凌可能使一些学生感到无法承受的痛苦,导致自伤或产生自杀倾向。这是一种极端的心理反应,需要引起高度重视。

需要注意的是,每个受害者的反应都可能有所不同,这些心理特征及反应也可能随时间推移而发生变化。因此,对于校园霸凌的受害者,我们需要提供及时、有效的支持和帮助,以减轻他们的心理负担,促进他们的身心健康。同时,我们也应该加强对校园霸凌的预防和干预工作,营造一个安全、和谐的校园环境。

3. 校园霸凌对受害者的长期心理创伤

校园霸凌对受害者的心理创伤是严重且深远的,这些创伤可能会伴随受害者很长时间,甚至影响他们的一生。校园霸凌对受害者的长期心理创伤主要表现在以下七个方面:一是情感与情绪方面。受害者可能长期感到不安、恐惧,担心再次遭受霸凌,这种情绪可能伴随他们进入成年期。根据研究,长期遭受霸凌的受害者更容易出现抑郁症状,如情绪低落、兴趣丧失、自我价值感降低等。二是自我认知与自尊方面。受害者可能对自己的评价过于负面,认为自己没有价值,不值得被尊重。他们可能经常陷入自我怀疑,对自己的能力、价值产生怀疑,难以自如地融入群体和社会。三是社交与人际关系方面。受害者可能变得孤僻、内向,避免社交，导致社交能力受损。他们可能难以与他人建立信任关系，霸凌行为对其人际关系产生负面影响。四是学业与职业发展。由于情绪困扰和心理压力，受害者的学业成绩可能受到影响，长期下来可能导致学业上的落后。同时，低自尊、自我怀疑等心理问题可能影响受害者的职业发展，导致他们在工作中难以充分发挥自己的潜力。五是出现创伤后应激障碍。受害者可能经常回忆被霸凌的场景，并感到痛苦和不安，导致他们可能变得易怒，对刺激的反应过于强烈，进而出现失眠、噩梦等，影响受害者的睡眠质量。六是存在自杀意念与行为。严重的心理创伤可能导致受害者产生自杀意念，甚至尝试自杀。七是心理健康问题持续存在。校园霸凌给受害者带来的心理创伤往往难以愈合，即使经过长时间的治疗和干预，也可能留下深刻的烙印，他们需要长期的心理支持和治疗，以应对心理创伤带来的负面影响。

（三）霸凌者心理特征及形成因素

校园霸凌给受害者造成了严重的心理创伤，而霸凌事件中的霸凌者为什么会做出霸凌行为值得深思。这里将重点从心理层面讨论霸凌者为什么要实施霸凌行为。

1. 霸凌者的心理特点

校园霸凌者往往缺乏对他人感受的同理心，他们可能无法理解自己的行为对受害者造成的伤害，或者选择无视受害者的痛苦。这种缺乏同理心的心理状态，使他们在实施霸凌行为时更加冷酷和无情。校园霸凌者通常具有自我中心主义的特点，他们过于关注自己的需求和欲望，而忽视他人的感受和权利。这种心理状态使他们在霸凌行为中追求自己的满足感和优越感，而不顾及他人的痛苦和困扰。另外，校园霸凌者可能因无法有效地控制自己的情绪，从而在情绪失控的情况下实施霸凌行为。这种情绪调节能力的不足，使他们在面对挫折、压力或不满时，更容易选择以霸凌行为作为应对方式。

2. 造成霸凌者施暴的心理因素

校园霸凌者施暴的心理因素复杂多样，涉及个人因素、家庭和社会环境等多个方面。在个人因素方面，一些霸凌者可能出于对他人的控制和支配欲而进行霸凌行为，通过霸凌他人来满足自己的权利欲望。通过施暴的行为，他们觉得可以展现自己的地位，建立自己的自我优越感。也有一些霸凌者，因为自己没法控制自己的情绪，如愤怒、挫折感、焦虑等，而将这些负面情绪转移到他人身上，通过霸凌来释放自己的情绪。在家庭环境方面，由于家庭教育的缺失或不当，以及社会对强者的崇拜和对弱者的歧视，也可能助长了校园霸凌的发生。

> **拓展阅读**
>
> 怎么对霸凌者进行教育？
>
> 对于霸凌者，我们千万不要一开始就给他们贴上"坏学生"的标签，最好先进行全面了解。了解他们的霸凌行为具体属于哪一种：力量型？控制型？还是想借此加入某个群体或狐假虎威？
>
> 1. 力量型、控制型的孩子
>
> 当孩子开始使用他的力量时，要让他明白，有力量不是坏事，关键是怎么控制自己的力量并合理有效地使用它。人与人之间要相互尊重和理解，有能力的人要去帮助别人，才能让世界变得更美好。
>
> 尊重和认可他的力量感，让他觉得被接纳和认可，并增加他的归属感和价值感。当他的这两种感觉得到满足时，他会愿意接受你的建议，也更加愿意去帮助别人，再从中得到价值满足，形成一个良好的互动循环。
>
> 2. 借此加入某个群体的孩子或狐假虎威的孩子
>
> 首先要告诉孩子欺负别人的行为不可取，然后要帮助他找到自己的闪光点，鼓励他独立思考，提高判断的能力。当孩子内心有了自己的力量和辨识，他就有勇气拒绝别人的无理要求，而做出属于自己的正确选择。在良好的互动中，他可以获得归属感和价值感，再也不需要依附于别人。

（四）校园霸凌问题中的社会心理因素

校园霸凌问题中的社会心理因素涉及社会中不良参照群体的影响和家庭环境的影响、校园中教师及同伴的影响等多个方面。这些因素相互作用，共同影响了校园霸凌的发生和发展。

1. 社会中不良参照群体的影响

不良参照群体通常指的是那些在社会中具有负面行为模式、扭曲价值观的群体。这些群体的行为和价值观对学生产生直接或间接的影响，可能引发或加剧校园霸凌现象。如不良参照群体的成员通过自身的行为向其他学生展示霸凌是可接受，甚至是值得效仿的行为。这种"示范"效应可能导致更多学生模仿这些行为，从而加剧校园霸凌的严重性。另外，不良参照群体持有的扭曲价值观可能影响学生的道德判断和行为选择。例如，他们可能认为霸凌是显示地位、权力或受欢迎的方式，从而引发或加剧校园霸凌。

2. 消极倾向家庭环境的影响

家庭环境作为孩子成长的首要场所，其氛围和教育方式对孩子的行为模式、情绪表达以及价值观形成具有决定性的影响。消极倾向的家庭环境，如家庭暴力、冷漠、缺乏沟通等，往往会对孩子的心理健康和行为习惯产生负面影响，从而增加他们参与校园霸凌的风险。如家庭暴力环境中的孩子更容易形成攻击性和暴力的行为模式。他们可能将家庭中的暴力行为复制到校园中，成为校园霸凌的加害者。研究显示，来自家庭暴力环境的孩子在校园里表现出更多的攻击性，更容易参与霸凌行为。同时，忽视孩子的情感需求和教育需求，可能导致孩子缺乏道德观念和责任感，也会增加他们参与霸凌行为的可能性。而在冷漠和忽视的环境中成长的孩子往往缺乏安全感和自信心，容易形成自卑、孤僻的性格。这种性格使他们更容易成为校园霸凌的受害者。总而言之，消极倾向的家庭环境对校园霸凌具有显著的影响。家庭暴力、冷漠与忽视以及缺乏沟通与理解等因素都可能导致孩子形成不良的行为模式和价值观，从而增加他们参与校园霸凌的风险。

3. 校园中教师及同伴的影响

教师是学生行为的重要示范者，他们的言行举止对学生有着直接的影响。如果教师能够在日常教学中表现出尊重、公正和关心，学生往往会模仿这些行为，形成积极的人际交往模式，减少校园霸凌的发生。教师是校园霸凌问题的重要干预者。当发现霸凌行为时，如果教师能够及时介入、制止并进行教育，可以有效防止霸凌行为的升级和反复。教师还可以通过与学生沟通、了解霸凌事件的背后原因，提供针对性的解决方案。与此同时，教师也可以通过课堂教学、班会等形式，加大对学生反霸凌教育的力度。他们可以向学生介绍霸凌行为的危害、引导学生正确处理人际关系、教授学生解决冲突的方法等，从而提高学生的自我保护能力和道德水平。教师的态度和语言会直接影响学生的自尊心和自信心。如果教师对学生进行侮辱、羞辱或歧视，学生可能会感到沮丧、失望甚至自卑，从而转化为对其他同学的霸凌行为。因此，教师应该用积极、正面的语言鼓励学生，增强他们的自信心。

同伴之间的相互影响是校园中不可忽视的力量。在日常校园生活中，学生可能会受到同伴群体的压力，被迫参与霸凌行为以符合群体的期望和标准。这种群体压力可能会使学生放弃自己的道德观念，加入霸凌行为。因此，学校和教师应该加强对学生群体的引导和管理，防止不良群体的形成。如通过同伴教育和领导力培训，可以选拔并培养一批具有领导潜质和反霸凌意识的学生，成为同伴教育的积极推动者和实践者。这些同伴领导者可以通过自身的行动来引领和影响其他同学，形成积极的校园文化氛围，减少霸凌事件的发生。

典型案例

校园霸凌深度剖析

校园霸凌是一个复杂的社会现象，其背后往往隐藏着复杂的心理因素。以下是一些校园霸凌的典型案例及其心理剖析。

案例一：网络谣言导致的校园霸凌

在某中学，学生小李因成绩优异而受到同学小张的嫉妒。小张在网上匿名发帖，捏造小李作弊的事实，并号召其他学生一起对小李进行言语攻击。小李的声誉受损，甚至遭受实际的排斥和孤立。

心理剖析：①嫉妒心理。小张因嫉妒小李的成绩而产生了强烈的负面情绪，这种情绪驱使他采取极端的行为来贬低小李，以求得心理上的平衡。②缺乏同理心。小张无法感受到小李因被冤枉和排斥而遭受的痛苦，他的行为显示出对他人感受的漠视。③错误的竞争观念。小张将小李视为竞争对手，而不是学习和成长的伙伴，这种错误的竞争观念导致他采取了不道德的行为。

案例二：身体霸凌导致的心理创伤

小明是一所高中的转校生，因外貌特征与众不同而成为某些不良学生攻击的目标。这些学生经常在课间休息时找机会对小明进行推搡和打击，导致小明受到重伤。

心理剖析：①控制欲。霸凌者可能具有强烈的控制欲望，希望通过欺负他人来展示自己的权力和地位。②缺乏道德观念。霸凌者可能缺乏正确的道德观念，无法认识到自己的行为对他人造成的伤害。③对受害者的心理影响。小明可能因此感到极度的恐惧、无助和自卑，这种心理创伤可能对他的健康成长产生长期影响。

案例三：心理霸凌导致的孤独与焦虑

小红是一名性格内向的学生，长期遭受几名同学的心理霸凌，如被取不雅的绰号、被背后议论等。小红因此感到极大的压力和极度的孤独，开始疏远同学，成绩也逐渐下滑。

心理剖析：①自卑心理。小红可能因长期遭受心理霸凌而形成自卑心理，对自己的评价过于负面。②孤独感。心理霸凌导致小红与同学们的关系疏远，增加了她的孤独感。③焦虑情绪。长期的心理压力导致成绩下滑。

三、防范校园霸凌的心理策略

（一）提升自我保护意识

1. 了解校园霸凌的形式

防范校园霸凌需要具体了解各种霸凌形式的表现。一是语言霸凌。例如，取侮辱性绰号、指责受害者无用、污言秽语；讥讽、贬抑评论受害者的体貌、性取向、宗教、种族等。二是肢体霸凌。例如拳打脚踢、掌掴拍打、推撞绊倒、拉扯头发等身体攻击；干涉个人财产。例如，损坏教科书、衣裳等，并通过这些行为嘲笑受害者。三是社交霸凌。如故意忽视、孤立、排挤受害者，使其感到被边缘化，传播关于受害者的消极谣言和闲话，破坏其声誉。四是网络霸凌。在微信朋友圈、论坛、社交媒体上发表具有人身攻击成分的言论，散播虚假信息，恶意中伤受害者。

2. 培养自我认知

在防范校园霸凌中培养自我认知是一个至关重要的方面。自我认知不仅能帮助学生更好地了解自己的优点、弱点和价值观，还能增强他们的自信心和应对挑战的能力。以下是一些具体的方法：一是认识自我价值，进行自我肯定并建立自尊。可以鼓励学生经常反思自己的优点、成就和独特之处，增强自我肯定感。写下自己的优点和长处，每天阅读一遍，以提醒自己值得被尊重和爱护。教育学生认识到每个人都是独一无二的，拥有自己的价值和尊严，强调自尊不是来自他人的评价，而是源自内心的自我认同和肯定。二是善于识别自身情绪。教会学生识别并表达自己的情绪，包括高兴、悲伤、愤怒、害怕等。鼓励他们在遇到情绪困扰时，及时寻求帮助或进行自我调节。教导学生在面对欺凌时，保持冷静和理智，避免因情绪失控而做出冲动的行为。三是勇于设定个人边界。帮助学生认识到自己的个人空间和隐私的重要性，学会设定并维护自己的边界，教导他们在面对不适当的行为或言语时，勇敢地表达自己的不满或拒绝，强调个人价值观和原则的重要性，鼓励学生坚持自己的信念和立场，在面对欺凌时，不轻易妥协或放弃自己的原则和尊严。四是提升自信与沟通能力。鼓励学生通过参与各种活动，展示自己的才能和成就来增强自信心，与积极、正面的人交往，从他们身上汲取正能量。学习有效的沟通技巧，如倾听、表达、反馈等，以建立良好的人际关系。

3. 增强求助意识

在防范校园霸凌中增强求助意识至关重要。当学生面临霸凌或潜在威胁时，知道如何及时、有效地寻求帮助是保护自己免受伤害的关键。可以从以下四点展开：一是明确求助的重要性。通过课堂教育、主题活动等形式，让学生认识到在遇到霸凌时求助的重要性，强调求助不是软弱的表现，而是保护自己的勇敢行为。同时，在过程中分享真实的校园霸凌案例，特别是那些通过及时求助成功解决问题的例子，让学生理解，及时求助可以避免事态恶化，减少身心伤害。二是了解求助渠道。详细介绍学校内部的求助渠道，如班主任、辅导员、心理咨询师、校园安全办公室等，让学生知道在遇到问题时，可以向这些专业人员寻求帮助和支持。鼓励学生与家人保持开放、诚实的沟通，遇到问题时要及时告知家长。家长应成为孩子最坚实的后盾，必要时提供情感支持和实际帮助。另外，介绍社区、警方、青少年保护组织等外部求助资源，让学生知道在紧急情况下，可以拨打相关热线或报警电话求助。三是学习求助技巧。学生在求助时，要清晰、准确地表达自己的遭遇和需求，练习用简洁明了的语言描述问题，以便他人能够快速理解并提供帮助；学习如何控制情绪，避免因情绪失控而影响求助效果。鼓励学生收集证据，如短信、聊天记录、照片等，以证明自己的遭遇。四是构建求助网络。鼓励学生与信任的同伴建立联系，形成相互支持的网络。在遇到问题时，可以首先向同伴倾诉并寻求建议。

4. 提高心理素质

在提高心理素质方面，可以从以下四点展开：一是增强自信心。鼓励学生积极进行自我肯定，认识到自己的独特价值和优点。参与能展现自己才能的活动，如艺术、体育、学术竞赛等，通过成就感增强自信。二是建立积极的人际关系。与同学建立基于尊重、理解和支持的关系，主动参与集体活动，扩大社交圈子，寻找志同道合的朋友。三是增强情绪管理能力。学生可以学习识别并表达自己的情绪，避免情绪压抑或爆发。掌握深呼吸、冥想等放松技巧，帮助自己在紧张或焦虑时保持冷静，并寻求健康的情绪释放方式。四是不断进行认知重构。当遇到负面评价或欺凌时，学会从多个角度审视问题，避免过度自责，培养批判性思维，学会区分事实和观点，不轻易被外界言论左右。

5. 加强身体锻炼

加强身体锻炼在防范校园霸凌中十分重要。身体锻炼不仅能够增强体质，提高应对突发情况的能力，还能培养自信心和坚韧不拔的精神，这些都是抵御校园霸凌的重要心理防线。以下是一些具体的做法：一是定期参与体育活动。鼓励学生积极加入学校的体育社团或课外体育活动小组，定期参与训练和比赛，这不仅能增强体能，还能学习团队合作、规则意识和竞技精神。这些都是在面对欺凌时能够保持冷静和应对挑战的重要素质。二是学习自卫技能。参加自卫术或防身术课程，如跆拳道、散打、柔道或女子防身术等，这些课程能够教会学生如何在紧急情况下保护自己。三是培养运动习惯。每天安排一定的时间进行锻炼，无论是早晨的晨跑，还是课后的运动，都能让个人的身体保持最佳状态。同时，运动还能帮助身体释放压力，缓解焦虑和抑郁情绪，保持良好的心理状态。

（二）把握人际交往边界

1. 明确自己的边界

防范校园霸凌，提升个人在人际交往中把握边界的能力十分重要。通过表达并坚持自己的边界，向周围人传递出尊重自己和他人的信息，有助于营造一个相互尊重的校园环境。明确边界可以促进真诚、平等和互利的交往，减少误解和冲突，从而建立更加健康、持久的人际关系。那么，如何明确并维护人际交往的边界呢？首先，花时间了解自己，思考什么对你来说是重要的，哪些行为是你不能接受的。这包括你的情绪、身体空间、个人隐私等方面的界限。当感到不舒服或受到侵犯时，勇于并清晰地表达自己的感受和需求。对于不愿意参与的活动或要求，勇敢地拒绝，学会说"不"是维护个人边界的重要一步。其次，当个人难以独自应对霸凌时，不要害怕寻求老师、家长或朋友的帮助。他们的支持和建议能够为你提供额外的力量和支持。

2. 尊重他人的边界

尊重他人的边界是建立良好人际关系的基础。霸凌往往源于对他人边界的忽视和侵犯，通过教育和引导学生尊重他人边界，可以减少霸凌行为的发生。如何尊重他人边界呢？首先，要倾听他人的意见和感受，理解他们的需求和边界。在与他人交往时，保持开放和包容的心态，尊重他们的差异和独特性。在物理和心理上都要尊重他人的个人空间，不要随意触碰或侵犯他人的身体空间，也不要在言语上侵犯他人的心理边界。如果个人不确定他人的边界在哪里，可以通过积极沟通来了解，以礼貌和尊重的方式询问他人的意见和需求，并根据他们的反馈来调整自己的行为。

3. 保持冷静和理智

防范校园霸凌时，保持冷静和理智在把握人际交往的边界中起着十分重要的作用。这是因为冷静和理智的态度能够帮助我们更有效地应对冲突，避免情绪升级，从而减少霸凌行为的发生或恶化。在面对紧张局面或冲突时，尝试进行深呼吸练习，这有助于放松身心，减轻紧张和焦虑感，使我们更容易保持冷静。在即将做出反应之前，给自己几秒钟的时间来思考，这个短暂的暂停可以帮助我们避免冲动行事，并能够更理智地评估形势并做出决策。如果感到自己无法保持冷静和理智，不妨寻求他人的帮助和支持，与信任的朋友、家人或老师交流，听取他们的建议和意见，可以帮助我们更好地应对困境。当情绪高涨时，尝试将注意力从当前的问题上转移开，可以通过散步、听音乐、阅读等方式来放松自己，缓解紧张情绪。

4. 建立健康的人际关系

防范校园霸凌需要建立健康的人际关系，因为它直接关系到学生之间的相处方式和校园环境的和谐度。健康的人际关系建立在相互尊重、理解和信任的基础上，这有助于减少学生之间的冲突和误解，从而降低霸凌行为的发生风险。在健康的人际关系中，学生之间能够相互关心、支持和鼓励，这种情感支持可以帮助学生建立自信心，增强抵抗霸凌的能力。

（三）培养心理韧性

校园霸凌往往伴随着受害者的负面情绪，如恐惧、愤怒、无助等，培养心理韧性可以帮助受害者更好地应对这些情绪，减少它们对心理健康的负面影响。可以从以下几个方面展开：一是认知重建。帮助学生认识到校园霸凌并非他们的过错，而是施暴者的行为问题。通过心理辅导和自我认知训练，引导学生正视自己的优点和长处，树立积极的自我形象，从而减少自我否定和消极情绪。二是学习情绪调节技巧。在情绪激动时，通过深呼吸和放松训练来平复情绪，也可以通过转移注意力到其他事物上来缓解情绪，如听音乐、看书、运动等。三是寻求专业帮助。对于情绪调节困难或心理问题严重的学生，应及时寻求学校心理辅导师或专业心理医生的帮助，通过系统性的心理治疗，帮助我们更好地应对情绪问题，提高情绪调节能力。

（四）增强自我效能感

支持与鼓励能够帮助学生建立自信心，让他们相信自己有能力应对挑战和困难，在面对校园霸凌时，自信心强的学生不容易被负面情绪所影响，能够更坚定地维护自己的权益。通过持续的支持与鼓励，学生可以逐渐增强自我效能感，即面对逆境时能够保持积极心态并有效应对的能力。同时，在得到他人支持与鼓励的过程中，学生更愿意主动与他人交流、建立良好关系，有助于减少被孤立和被欺凌的风险，形成积极的自我认知，这种积极的自我认知能够帮助学生更好地应对负面评价和挑战，从而减少校园霸凌的负面影响。

鼓励学生参与反霸凌行动，能够激发他们的主动性和责任感。当学生意识到自己有能力并应该站出来反对不公正行为时，他们会感到更加自信和有力量，这种感受直接增强了他们的自我效能感。通过实际参与反霸凌行动，学生可以在实践中学习和成长，无论是通过策划活动、宣传教育还是直接干预霸凌事件，学生都能积累宝贵的经验和技能。学校可以鼓励学生自发成立反霸凌小组或社团，为他们提供必要的支持和资源，小组成员可以共同策划和组织反霸凌活动，如宣传周、讲座、研讨会等，鼓励学生参与反霸凌教育与宣传活动，如制作海报、视频、手册等宣传材料。通过这些活动，学生可以将自己的知识和技能传授给其他同学，增强他们的社会责任感和使命感。

典型案例

校园宿舍霸凌事件

湖北某职教中心男生宿舍内发生一起霸凌事件，15岁的邹某与同班同学曹某因琐事发生冲突，随后曹某与同班其他几个学生在宿舍内对邹某进行殴打，并拍下视频传播，视频中，邹某后背有大片明显的伤痕。（案例中均为化名）

案例剖析：

（1）事件经过：邹某与曹某的冲突迅速升级，从言语冲突发展到肢体冲突，并涉及多名学生参与，这表明学校在学生管理和冲突解决方面存在不足。

（2）影响与后果：事件不仅给邹某造成了身体上的伤害，更在其心理上留下了深刻的创伤，同时，视频的传播也引发了广泛的社会关注，对学校声誉造成负面影响。

（3）防范措施：学校应加强对学生的法制教育和心理健康教育，提高学生的法律意识和自我保护能力，建立有效的学生冲突解决机制，及时发现并制止校园霸凌行为。

（4）家长责任：家长应加强与孩子的沟通，了解孩子的在校情况，鼓励孩子在遇到问题时及时寻求帮助。同时，家长也应积极参与学校的教育活动，共同营造和谐、安全的校园环境。

四、行为管理与预防措施

（一）社会层面

1. 弘扬社会主义核心价值观和道德规范

通过弘扬社会主义核心价值观和道德规范来防范校园霸凌是一个重要且有效的策略。将社会主义核心价值观融入课程，让学生深刻理解其内涵，明白友善、公正、和谐等价值观的重要性。开展主题教育活动，如讲座、研讨会、辩论赛等，引导学生讨论校园霸凌问题，并思考如何用核心价值观来指导自己的行为。在德育课程中强调尊重他人、团结友爱、互助合作等道德规范，让学生明白这些规范是维护校园和谐的基础。设立道德模范评选活动，表彰那些遵守道德规范、积极帮助他人的学生，树立榜样。

2. 加强社区建设

社区作为学生生活的重要场所，其环境、氛围和文化对学生行为有着深远的影响。首先，应提高社区对校园霸凌的认识。在社区开展宣传教育活动，让家长了解校园霸凌的严重性，并学习如何与孩子沟通、发现并及时干预校园霸凌事件。其次，积极主动构建安全和谐的社区环境。增加社区巡逻频次，确保社区的安全稳定。对发现的校园霸凌行为及时干预和制止，保护学生的安全。再次，加强社区与学校的合作。社区与学校之间建立信息共享机制，及时交流学生在校内外的情况，共同关注学生的成长和发展。最后，加强对特殊关爱群体的关注。对社区内的留守儿童、单亲家庭等特殊群体给予特别关注和关爱，并提供必要的帮助和支持，减少他们成为校园霸凌受害者的风险。在社区建立心理咨询服务中心，为有需要的学生和居民提供心理咨询和疏导服务，帮助他们解决心理问题，减少因心理问题导致的校园霸凌事件。

3. 增强媒体宣传力度

媒体作为信息传播的重要渠道，对于提升公众对校园霸凌的认识、传递防范校园霸凌的方法和经验具有重要意义。通过增强媒体宣传，可以广泛传播校园霸凌的危害性，提高社会对校园霸凌问题的关注度，从而营造全社会共同关注、共同防范校园霸凌的良好氛围。首先，明确媒体宣传的目标受众，包括学生、家长、教师、社区成员等，确保宣传内容能够覆盖各个群体。其次，根据目标受众的特点，选择适当的媒体宣传渠道，如电视、广播、报纸、网络等，确保宣传信息能够广泛传播。再次，结合校园霸凌的典型案例和心理剖析，制定具有针对性和吸引力的宣传内容，包括校园霸凌的危害、防范方法、成功案例等。最后，实施具体的媒体宣传活动。如定期举办以"防范校园霸凌"为主题的宣传活动，如讲座、展览、公益广告等，吸引公众参与并传递相关信息；通过权威媒体发布关于校园霸凌的权威信息，如法律法规、政策文件、研究报告等，提高公众对校园霸凌问题的认识和理解；积极报道成功的校园霸凌防范案例，展示防范校园霸凌的积极成果，激励更多学校和个人采取有效措施防范校园霸凌；通过媒体宣传倡导尊重、友爱、互助等正面价值观，引导学生树立正确的价值观和道德观，从源头上减少校园霸凌的发生；等等。

总之，防范校园霸凌需要从多个方面入手，其中加强媒体宣传是重要的一环。

4. 完善法律法规建设

完善法律法规建设是防范校园霸凌的重要基础。通过明确法律法规的针对性、加强法律责任的追究、完善法律保障机制、强化法律法规的宣传教育以及结合实际情况不断完善法律法规等措施，可以构建一个更加安全、和谐的校园环境，有效防范和减少校园霸凌事件的发生。针对校园霸凌问题，考虑制定专门的反校园霸凌法律或条例，以明确校园霸凌的定义、类型、法律责任和处罚措施。在现有法律法规中，如《中华人民共和国刑法》《中华人民共和国未成年人保护法》等，进一步细化与校园霸凌相关的法律条款，确保法律能够精准打击校园霸凌行为。

法律应明确规定学校、家长、政府等各方在校园霸凌问题中的责任和义务，确保责任主体能够切实履行防范和处置校园霸凌的职责。对于实施校园霸凌的行为人，法律应规定相应的法律责任和处罚措施，如罚款、拘留、社区服务等，以震慑潜在的校园霸凌者。在政府部门或教育机构中设立专门负责校园霸凌防治的机构，负责协调各方资源、制定防治策略、提供法律支持等。为受校园霸凌影响的学生提供法律援助和心理援助，确保他们的权益得到及时有效的保障。通过学校、社区等渠道，定期开展普法活动，向学生和家长普及校园霸凌相关法律法规，提高他们的法律意识和自我保护能力。制作并发放校园霸凌法律法规宣传手册、海报等宣传材料，提高公众对校园霸凌问题的认识和重视程度。定期收集和分析校园霸凌相关数据，如发生频率、类型、施暴者和受害者的特征等，为法律法规的完善提供数据支持。总结各地区在防治校园霸凌方面的实践经验，提炼成功做法和有效措施，为法律法规的完善提供实践依据。

（二）家庭层面

1. 建立信任和沟通

父母应多陪伴孩子，倾听他们的心声，理解他们的需求和困扰，让孩子感受到家庭的温暖和支持。鼓励孩子表达自己的想法和感受，并给予积极的反馈和支持，培养孩子积极向上的心态。父母应定期与孩子进行深入的交流，了解他们在学校的生活、学习和人际关系等情况。当孩子遇到问题时，父母应耐心倾听他们的困扰和疑虑，给予积极的建议和支持，鼓励孩子提出自己的意见和建议，培养他们的独立思考和表达能力。教育孩子尊重他人的权利和尊严，不歧视、不欺负他人，鼓励孩子与同学之间建立友好的关系，互相帮助、互相支持，引导孩子勇于承担自己的责任，不推卸责任、不逃避问题。多留意孩子的情绪变化，及时发现并处理孩子的心理问题，当孩子遇到心理困扰时，父母应给予积极的心理支持和帮助，如陪伴、倾听、鼓励等。如果孩子的心理问题较为严重，父母应及时寻求专业心理咨询师的帮助。

2. 教导正确的价值观和行为

家长应该明确并强调正确的价值观，教育孩子尊重他人、友善互助、诚实正直等。教给孩子一些基本的社交技巧，如如何与人建立联系、如何维护友谊、如何解决冲突等。明确告诉孩子暴力不是解决问题的途径，任何形式的暴力都是不可接受的，遇到冲突时保持冷静，通过沟通、协商等方式积极解决问题，避免使用暴力或恶意报复。引导孩子结交品德好、有共同兴趣爱好的朋友，避免与有不良行为的人接触。组织定期的家庭会议，让孩子参与家庭决策，增强他们的责任感和归属感。当孩子遇到问题时，耐心倾听他们的困扰和疑虑，给予积极的反馈和支持。与孩子建立亲密的信任关系，让他们愿意向家长分享自己的经历和感受。

3. 培养自信心和应对能力

从家庭层面培养孩子自信心和应对能力做起，是确保孩子面对校园霸凌时能够自我保护、勇敢应对的关键。家长可以通过鼓励与支持、增强自理能力、提供成功体验等方式培养孩子的自信心，通过教授社交技巧、培养同理心、教会自我保护方法等方式提升孩子的应对能力。家长应时常鼓励孩子，对他们的努力和成就给予正面反馈，让孩子感受到自己的价值和能力，从而建立起内在的自信心。培养孩子的生活自理能力，让他们能够独立完成一些日常任务。这种能力的增强不仅能帮助孩子在生活中更加独立，还能增强他们的自信心，让他们在面对困难时更加从容不迫。为孩子创造一些可以成功的机会，如让孩子参与一些适合他们年龄和能力的比赛、活动等。成功的体验能够增强孩子的自信心，让他们更加相信自己能够应对各种挑战。教导孩子如何建立积极的社交关系，包括如何与人友好相处、如何解决冲突等。这些社交技巧能够帮助孩子在面对校园霸凌时，更加从容地应对和处理。教育孩子理解他人的感受和需求，培养他们的同理心。这样，当孩子在面对校园霸凌时，能够更加理解和同情受害者，从而更加积极地寻求解决方案。

4. 加强监督和管理

从家庭层面加强对孩子的监督和管理做起，是确保孩子远离霸凌风险、培养健康成长习惯的重要环节。家长需要建立明确的家庭规则和价值观，加强对孩子的日常监督，与孩子保持沟通，培养孩子的自我保护能力，并与学校和社会保持联系。明确告诉孩子家庭中的行为准则和期望，如尊重他人、友善待人、不参与或容忍任何形式的霸凌等。留意孩子的情绪状态，如有异常应及时与孩子沟通，了解原因并提供帮助。与孩子沟通，了解他们的朋友和同学，确保孩子与积极健康的人建立友谊。教育孩子安全上网，注意网络礼仪，避免在网络上参与或传播负面信息。与孩子保持定期的沟通，了解他们在学校的生活、学习和人际交往情况。当孩子遇到问题时，耐心倾听他们的困扰和疑虑，并给予理解和支持。鼓励孩子分享自己的经历和感受，让他们感受到家庭的温暖和支持。帮助孩子识别校园霸凌的不同形式，如言语霸凌、身体霸凌和网络霸凌等。如发现孩子可能遭受霸凌，及时与学校沟通并寻求帮助。

拓展阅读

《中华人民共和国家庭教育促进法》中的家庭责任

《中华人民共和国家庭教育促进法》于 2022 年 1 月 1 日起施行，是我国首部家庭教育立法，具有非常重要的意义。家庭教育促进法的实施，是大力弘扬中华民族家庭美德的法治体现，也是促进未成年人健康成长和全面发展的法治保障。

家庭教育不再是家庭内部的私事。家庭教育促进法具有诸多亮点，如首次清晰界定了"家庭教育"的概念；明确了作为家长应当树立家庭是第一个课堂、家长是第一任老师的责任意识，承担对未成年人实施家庭教育的主体责任，用正确思想、方法和行为教育未成年人养成良好思想、品行和习惯。

该法明确规定家庭教育的主要内容有六个方面，包括"教育未成年人爱党、爱国、爱人民、爱集体、爱社会主义"，"帮助未成年人树立正确的成才观"，"关注未成年人心理健康"，等。同时，也明确规定了家庭教育的九种方式方法，如"亲自养育，加强亲子陪伴"，"相机而教，寓教于日常生活之中"，"潜移默化，言传与身教相结合"等内容。

作为未成年人的家长应当树立正确的家庭教育理念，自觉学习家庭教育知识，担起家庭教育的主体职责。只有先做好家长，才能做好家庭教育。我们都应该依法教育子女，从我做起，从身边事做起，严格依法履行自己的监护人责任，争做榜样模范家长，做合格的守法公民。

（三）学校层面

1. 制定明确的校园霸凌防治政策

学校层面制定明确的校园霸凌防治政策是应有之义。

首先，制定目标。确保学校环境安全，减少和消除校园霸凌事件的发生。

其次，制定具体措施。成立学生霸凌治理委员会，明确委员会的组成、职责和工作流程。负责对霸凌行为进行认定，并依法依规进行处理。制定细化校纪校规，明确不同霸凌行为的相应惩戒举措，确保规定具体可行。定期评估校纪校规的适用性和有效性，并根据需要进行调整。开展预防教育活动，每班每学期至少组织两次学生霸凌防治主题班会，教育学生掌握预防霸凌的知识和做法。邀请公安、司法等相关部门人员到校开展法治教育，提升学生的法治意识和自我保护能力。加强校园视频监控管理，在楼道、天台、储物间等隐蔽场所，做到视频监控全覆盖。定期对视频监控设备进行检查和维护，确保其正常运行。开展专题培训，面向所有教职员工和家长定期开展学生霸凌防治专题培训，提升他们的识别、应对能力以及干预处置水平。加强对特殊学生的关心关爱，及时做好生活照料、心理疏导、家庭教育指导等。

最后，严格落实与监督。明确各部门和个人的责任分工，确保防治霸凌政策得到有效执行。定期对政策执行情况进行监督检查，发现问题及时整改。对在防治校园霸凌工作中表现突出的个人和集体给予表彰和奖励；对工作不力、造成严重后果的，依法依规追究责任。

2. 加强教育培训

学校可以在学生教育培训方面有效加强校园霸凌的防治工作，增强学生的防范意识和应对能力，为学生营造一个安全、和谐、友爱的学习和成长环境。

首先，制订系统的教育培训计划。教育培训的内容应涵盖校园霸凌的定义、类型、危害、识别和应对方法等方面，确保学生全面了解校园霸凌的相关知识。根据学生的年龄特点和认知水平，制订分阶段的教育培训计划。

其次，加强课堂教育。将校园霸凌防治内容融入道德与法治、心理健康教育等课程中，使学生在学习学科知识的同时，接受相关的教育。在相关课程中设置专门的校园霸凌防治教学模块，通过案例分析、角色扮演等形式，使学生更加深入地了解校园霸凌的危害和应对方法。

最后，建立反馈机制。鼓励学生积极向学校反映自己或他人遭受的校园霸凌情况，学校应及时处理并向学生反馈处理结果。建立家长反馈渠道，鼓励家长向学校反映学生在校外遭受的校园霸凌情况，以便学校及时采取措施进行干预和处理。

3. 建立有效的监测和报告机制

首先，建立检测机制。在校园内关键区域（如走廊、操场、食堂等）安装高清摄像头，确保监控无死角。定期对视频监控系统进行检查和维护，确保其正常运行。设立专门的监控室，由专人负责实时观看视频画面，及时发现异常情况。鼓励教师和学校工作人员在日常教学和管理工作中关注学生的行为变化，尤其是可能存在的霸凌迹象。定期开展学生心理健康检查，以便及时识别并处理与霸凌相关的心理问题。设立匿名举报箱、热线电话、电子邮件等举报渠道，鼓励学生积极举报霸凌行为。对举报信息进行严格保密，确保举报学生的安全。

其次，建立报告机制。当发现或收到霸凌行为的举报时，教职员工应立即将情况报告给学校的管理层或学生霸凌治理委员会。报告内容应包括霸凌行为出现的时间、地点、涉及人员、具体经过等信息。学校管理层或学生霸凌治理委员会在收到报告后，应立即启动调查程序，对事件进行核实。对于确认的霸凌行为，学校应迅速采取措施，如与涉事学生进行谈话、对施暴者进行教育惩戒、为受害者提供心理支持等。对于严重的霸凌事件，学校应及时向上级教育主管部门报告，并通报给家长和社区。在处理过程中，学校应保持与家长的沟通，共同商讨解决方案。

最后，不断完善监测与报告机制。学校应定期对监测和报告机制进行评估，检查其是否有效运行、是否存在漏洞或需要改进的地方。根据评估结果，学校应及时调整和完善监测和报告机制。

4. 加强校园安全管理

学校应成立专门的校园安全委员会，该委员会应由学校领导、教师、家长代表、校外专家等人员组成，负责全面监督和指导校园安全管理工作，并明确校园安全的各项规定，包括学生行为准则、教职工行为规范、校园安全巡查制度等，确保校园安全有章可循。学校应安排专人负责校园安全巡查，特别是在课间、午休、放学等易发生欺凌行为的时间段，加大巡查力度。一旦发现欺凌行为，校园安全委员会应立即启动应急预案，迅速采取措施进行处理。鼓励学生积极举报欺凌行为，学校应设立举报箱、热线电话等渠道，确保举报渠道畅通无阻。对于举报的欺凌事件，学校应迅速展开调查，根据调查结果对涉事学生进行相应的教育和处理。学校应加强与当地公安、城管等部门的合作，共同维护校园周边环境的安全和秩序。在校园周边设立安全区域，限制外来人员进入，确保学生的安全。

（四）心理防范与干预

1. 强化心理健康意识

定期开展心理健康课程，让学生了解心理健康的重要性，掌握基本的心理调节方法。通过宣传让学生知晓校园霸凌对受害者心理造成的负面影响，提高学生对校园霸凌危害性的认识。设立心理咨询室，配备专业的心理咨询师，为学生提供个性化的心理咨询服务。通过热线电话、网络咨询等方式，为学生提供便捷的心理健康支持。对受害者进行心理疏导，帮助他们减轻心理压力，恢复自信，重新建立积极的心态。对施暴者进行心理教育和引导，帮助他们认识到自己的错误行为，并学习如何正确处理人际关系。定期对受害者和施暴者进行心理评估，确保他们得到持续的心理支持和帮助。加强与家长的沟通与合作，共同关注孩子的心理健康问题。鼓励家长积极参与心理干预过程，为孩子提供必要的支持和关爱。

2. 培养积极健康的社交心态

通过心理防范与干预措施的实施，可以有效培养学生的积极健康社交心态。这包括增强心理健康教育、培养积极社交观念、建立积极校园文化以及为受害者和施暴者提供及时的心理干预和支持。学校定期开展心理健康课程，确保学生了解基本的心理健康知识，如自我认知、情绪管理、压力应对等。通过案例分析和讨论，使学生认识到校园霸凌对个人和社会的危害，增强防范意识。教育学生树立正确的友谊观、合作观和竞争观，强调互助、尊重和包容的社交原则。鼓励学生主动参与集体活动，培养团队合作精神和社交技能。教师和学校工作人员应密切关注学生的情绪和行为变化，及时发现可能的欺凌行为。对疑似欺凌行为进行心理评估，了解受害者和施暴者的心理状态和需求。

3. 进行心理评估和筛查

防范校园霸凌，从心理防范与干预方面实施心理干预措施，是确保学生心理健康、减少校园霸凌行为发生的关键环节。学校应定期向家长反馈学生的心理健康状况，共同制订个性化的心理干预方案。对受害者和施暴者进行长期跟踪和关注，确保他们得到持续的心理支持。定期进行心理评估，了解他们的心理状态和需求变化，提供必要的心理咨询服务和治疗支持，帮助他们克服心理创伤和困难。

典型案例

浙江温州未成年人霸凌案宣判 7 名少女获刑

多人对女孩进行侮辱施暴，只因"不顺眼"。2016 年 2 月 18 日晚上，19 岁的女孩徐某、蹇某，17 岁的小琴等 6 人聚在一起，找到与她们有过节的 15 岁女孩小婷，强行把小婷带到一家酒店。在房间里，徐某等人轮流对小婷扇耳光、踢肚子，随后又将小婷带到卫生间，用冷水淋湿其身体。之后，小婷被迫下跪道歉。直到 19 日上午 9 点，这群女孩才让小婷离开。经法医鉴定，小婷面部、左肩部及四肢多处皮肤软组织损伤，构成轻微伤。

更让人想不到的是，18 日晚上将小婷欺凌并拘禁在酒店后，徐某还带着 4 个同伴，又另外约了一个女孩，前往酒吧跳舞。这期间，这 6 人看到并不认识的 17 岁女孩小娟也在跳舞，因为觉得不顺眼，就借口把小娟拉到酒吧门口的通道里，轮流扇她耳光、用脚踢，并强迫小娟脱光上衣跳舞。徐某等人还拍下视频，并上传至微信群里。也就是说，18 日晚上到 19 日上午，短短十几个小时，徐某等 7 人就有两次欺侮其他未成年人的行为。

法院宣判：被告的 7 名女孩，其中 1 人不满 16 岁，4 人 16~18 岁，另外两人年满 18 岁，分别因强制侮辱妇女罪、非法拘禁罪，最重的被判处有期徒刑六年半，最轻的也判了 9 个月。（案例中均为化名）

案情剖析：

1. 量刑依据

先看年龄。在法律上，这几个年龄段有着不同的意义。16 岁以上的人犯罪负完全刑事责任，14~16岁只有犯 8 项重罪时才负刑事责任。另外，出于对未成年人的保护，已满 14 周岁不满 18 周岁的人犯罪，应当从轻或减轻处罚。

再看罪名。根据《中华人民共和国刑法》，强制侮辱妇女罪，处五年以下有期徒刑或拘役，但如果是聚众或者在公共场所犯此罪，处五年以上有期徒刑，属于加重情节。非法拘禁罪，处三年以下有期徒刑，有殴打、侮辱情节的要从重处罚。若造成实际伤害后果，如受伤、死亡等，还将提高刑期，也就是三年以上。

2."施暴者"有其共性

父母离异、缺少关爱、曾遭受暴力，是这些小"施暴者"们的一些共同之处。案件中，7 名女孩的父母中有 6 对离异，并跟父亲生活。心理专家认为，在母爱缺失的单亲家庭中，青春期女儿对于父母尤其是母亲的仇恨会越发强烈，转而将情绪转嫁到同龄女性身上，通过一些极端的行为来达到情绪宣泄的目的，这也是这几名女孩连续犯案的原因之一。

参考文献

[1] 黄声华，尹弘飚. 青少年社会情感能力发展现状及其相关因素研究：学生减负之后的"加法"问题初探 [J]. 中国人民大学教育学刊，2024（3）：96-109.

[2] 赵福菓，何壮. 基于大样本的青少年校园霸凌潜在类别与应对策略分析 [J]. 贵州社会科学，2021（11）：113-119.

[3] 张智华，段文婷. 论近几年中国涉案题材电视剧的价值取向与艺术表现 [J]. 艺术百家，2021，37（5）：170-180.

[4] 赵福菓，何壮，袁淑莉，等. 校园霸凌行为问卷的编制 [J]. 心理学探新，2021，41（1）：64-68，90.

[5] 吴光芸，黄小龙. 我国校园霸凌治理政策的议程分析：基于多源流理论的视角 [J]. 青年探索，2021（1）：56-68.

[6] 许钟灵.修复式司法在校园霸凌中的适用[J].当代青年研究,2021(1): 115-121.

[7] 郝美萍,陈巍,李黎.具身模拟的校园霸凌:影视暴力影响霸凌的教育神经学反思[J].教育发展研究,2019,39(4):72-79.

[8] 朱焱龙.校园霸凌的社会生态和协同治理[J].中国青年研究,2018(12):93-101.

[9] 张子豪."校园霸凌"防治路径探索[J].学校党建与思想教育,2018(5):66-68.

[10] 孙晓冰,柳海民.理性认知校园霸凌:从校园暴力到校园霸凌[J].教育理论与实践,2015,35(31):26-29.

[11] 汤盛苗.校园霸凌问题中旁观者的角色建构研究:以S市×中学为例[D].南京:南京师范大学,2022.

[12] 黄伟.校园霸凌旁观者霸凌接触频次与一般偏差行为关系研究:从社会工作介入出发[D].南京:南京大学,2018.

[13] 刘旭东.以学校为主导:台湾校园欺凌治理经验[J].河南师范大学学报(哲学社会科学版),2018,45(3):143-150.

[14] 张国平.校园霸凌的社会学分析[J].当代青年研究,2011(8):73-76,66.

[15] 李思.校园欺凌概念的法治界定:兼论校园欺凌、校园霸凌、校园暴力的关系[J].大连海事大学学报(社会科学版),2019,18(6):67-72.

第二章

性骚扰与心理应对

思维导图

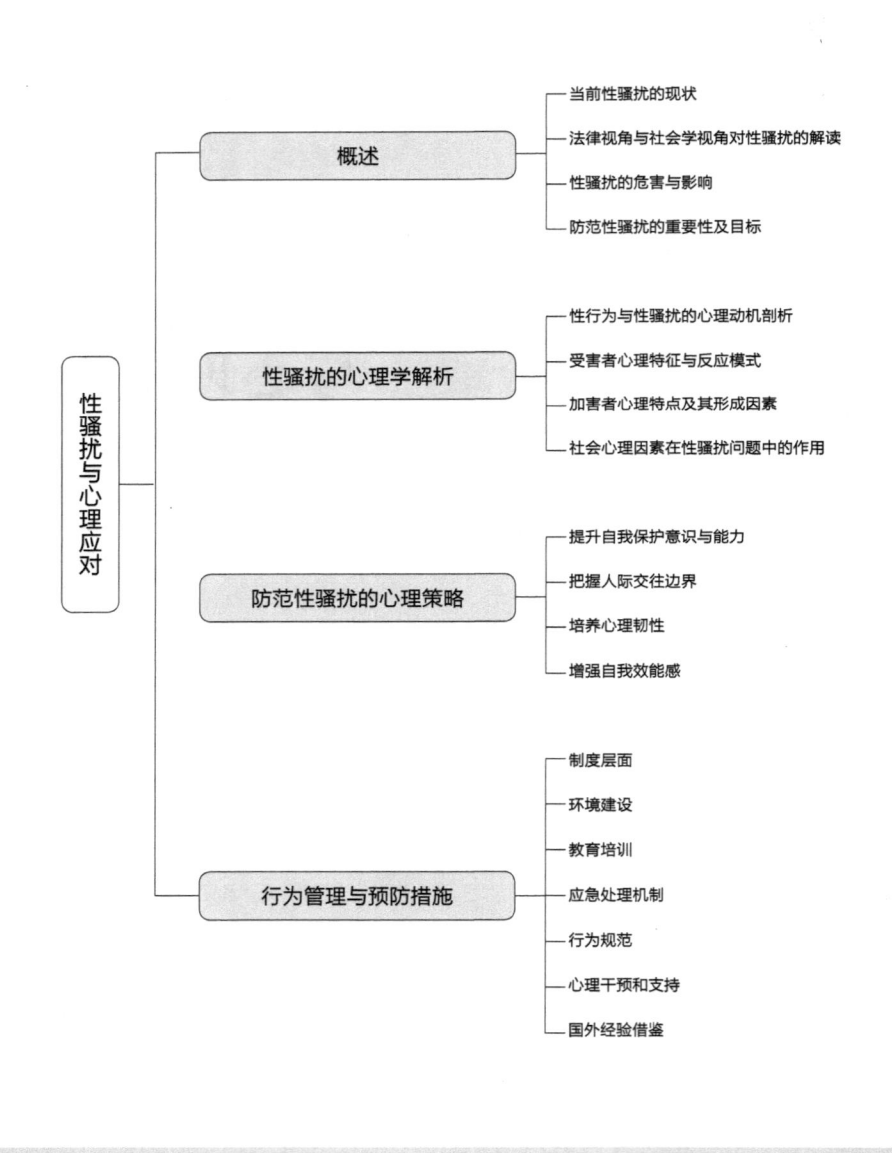

性骚扰与心理应对
- 概述
  - 当前性骚扰的现状
  - 法律视角与社会学视角对性骚扰的解读
  - 性骚扰的危害与影响
  - 防范性骚扰的重要性及目标
- 性骚扰的心理学解析
  - 性行为与性骚扰的心理动机剖析
  - 受害者心理特征与反应模式
  - 加害者心理特点及其形成因素
  - 社会心理因素在性骚扰问题中的作用
- 防范性骚扰的心理策略
  - 提升自我保护意识与能力
  - 把握人际交往边界
  - 培养心理韧性
  - 增强自我效能感
- 行为管理与预防措施
  - 制度层面
  - 环境建设
  - 教育培训
  - 应急处理机制
  - 行为规范
  - 心理干预和支持
  - 国外经验借鉴

> 📌 **学习目标**
>
> 1. 了解性骚扰的定义和危害。
> 2. 掌握性骚扰在心理学方面的表现以及在个人层面防范性骚扰的心理建设。
> 3. 了解防范性骚扰的具体举措和性骚扰的应急处置机制。

❋ 案例导入

王某（化名），一位在知名互联网公司担任产品经理的才华女性，遭遇了性骚扰。她的上司，看似友好的中年男子李某，私下对她进行了不适当的行为。起初，李某（化名）在工作场合用带有性暗示的言语评价王某的工作时，她并未意识到这是性骚扰。

随着时间的推移，李某的行为愈发过分。他开始在工作场合对王某进行身体接触，如无故触碰她的手臂、肩膀等部位，甚至在一次团队聚餐后，试图拥抱王某并亲吻她的脸颊。王某感到极度不适和恐惧，但她却不敢公开反抗，担心这会影响自己的职业前景和声誉。王某的内心备受煎熬，她开始感到焦虑、抑郁，甚至出现了失眠的症状。她渐渐地对工作失去了热情，开始避免与李某单独接触，甚至考虑辞职离开这个环境。在一次偶然的机会下，王某向一位信任的朋友倾诉了自己的遭遇。朋友鼓励她勇敢站出来，维护自己的权益。在朋友的支持下，王某决定向公司的人力资源部门举报李某的性骚扰行为。

经过调查，公司确认了李某的性骚扰行为，并对他进行了严肃处理。同时，公司也加强了对性骚扰问题的重视和预防，为员工提供了更加安全的工作环境。

> **思考题**
> 1. 案例中王某和李某的心理和行为分别发生了怎么样的变化？
> 2. 你觉得王某的做法对吗？

一、概述

（一）当前性骚扰的现状

国际上，性骚扰是一个全球性问题，它跨越了文化、国界和社会阶层。根据联合国妇女署的数据，全球约有35%的女性在其一生中都经历过某种形式的性骚扰或性暴力。这个数字揭示了性骚扰问题的普遍性，并且强调了对这一问题采取行动的紧迫性。在职场环境中，性骚扰同样是一个不容忽视的问题。一项针对美国职场的调查显示，约48%的女性报告称在工作中遭受过性骚扰。这些行为不仅包括不适当的言语评论，还可能包括身体接触、不受欢迎的性挑逗，甚至是性侵犯。在教育领域，性骚扰同样是一个严重的问题。一项研究显示，约20%的大学生报告称在校期间遭受过性骚扰。这些行为可能来自同学、教师，甚至是校园工作人员。性骚扰不仅损害了学生的教育体验，还可能对其学业成绩和未来职业发展产生负面影响。

性骚扰的严重性在于它对受害者的身心健康造成的深远影响。长期遭受性骚扰的个体可能会经历焦虑、抑郁、睡眠障碍，甚至是创伤后应激障碍。此外，性骚扰还可能破坏职场的公平性和生产效率，影响组织的声誉，并可能导致法律诉讼和经济损失。

国内，性骚扰依然是一个严重且普遍的社会问题，它不仅对受害者的身心健康造成影响，还破坏了职场环境和社会文化，主要现状包括以下几点：

1. 性骚扰案件判决数量与实际发生数量的差距大

据《人民日报》报道，我国性骚扰案件年均判决数仅100件左右。从2001年至2018年，法院性骚扰案件相关判决书、裁定书共计479份。从判决时间上看，2009年以前，"性骚扰"相关纠纷很少，在2014、2015年两年判决数量快速增长后，

2016年判决数量达119件。但实际发生的性骚扰案件数量可能远大于法庭审判数量。这表明，尽管性骚扰案件的判决数量在某些年份有所增长，但仍有许多案件未被报告或未进入司法程序。

2. 性骚扰的表现形式越发多样

到底做了什么才算性骚扰？国内司法、学术、妇女等各界的界定和表述各有不同，通常而言，性骚扰表现形式一般认为有口头、行动、人为设立环境三种方式。然而大众往往不认为言语骚扰、强行纠缠等方式是性骚扰的一种。据中国人民大学的调查，在中国成年人里，无论男女异性还是同性之间，人们对"身体接触"更敏感。

3. 性别和性取向的广泛性

性骚扰不仅限于异性之间，同性性骚扰和男性受害者的案例也存在，但往往被社会忽视。中国人民大学性社会学研究所调查显示，在自报受到过言语性骚扰的人中，女性报告受到女性的性骚扰的比例在2000年是24.7%、2006年是10.9%、2010年是19.6%，男性受同性之间的言语性骚扰比例分别是64.9%、59.1%和57.6%；而在2000年自报受到过动作的性骚扰的人里面，被同性别的人骚扰的，在女性中占1.5%，在男性中占2.8%；到2006年，这一比例在女性中占0.6%、男性中占3.8%；再到2010年则分别为7.1%和5.9%。这表明：其一，同性的动作性骚扰的比例在10年间有上升；其二，在2010年，女性中的同性动作性骚扰不但比男性中的还多，而且增长幅度也大于男性间；其三，超过一半的言语性骚扰发生在男性与男性之间。

4. 我国在法律层面对性骚扰的规定不断完善

《中华人民共和国妇女权益保障法》和《中华人民共和国民法典》等对性骚扰进行了规定，但职场性骚扰的举证难度较大，导致许多受害者难以通过法律途径维权。因此，已有一些地方性法规围绕"性骚扰"行为做出了更加具体的规定。例如，湖南省立法规定给妇女发黄段子短信也可构成性骚扰；广东省为保证女士遭性骚扰有投诉渠道，要求有关部门收到维权书后60天内要答复；上海市在《上海市实施〈中华人民共和国妇女权益保障法〉办法（草案）》中对有关"禁止对妇女实施性骚扰"的条款进行细化；2009年，北京市出台的《北京市实施〈中华人民共和国妇女权益保障法〉办法》第三十三条规定："禁止违背妇女意志,以具有性内容或者与性有关的语言、文字、图像、电子信息、肢体行为等形式对妇女实施性骚扰。"

5. 性骚扰可发生在任何场所和情境

事实上,性骚扰涉及各种社会关系,如客户、合作者、亲戚等。骚扰者可能地位较高,但也有地位相同或更低的情况。性骚扰不分性别、年龄或背景,可能在人多或无人的场合发生。多数情况下,骚扰者知道自己行为不当,但有时他们可能不自觉。受害人有时也可能不确定是否遭受性骚扰,尤其是当骚扰表现为口头玩笑时。然而,当身体接触涉及敏感部位时,受害人通常能明确识别出性骚扰。

6. 受害者的困境依然艰难

许多受害者在面对性骚扰时选择沉默,原因包括担心被指责、名誉受损、缺乏有效的法律保护和社会支持等。性骚扰在 20 世纪 60 年代女权运动兴起后得到了广泛的重视,也深刻影响了法律政策的制定和实施。但是,法律条款界定抽象、执法流程不完善、惩罚机制缺乏,往往造成性骚扰没人管或管不到位的情况。加上保密措施不到位、社会道德审判扩大化,很多维权行为最终两败俱伤,施害者与受害者所付出的代价和承受的压力,不可同日而语。

（二）法律视角与社会学视角对性骚扰的解读

1. 法律视角

在法律层面,性骚扰通常被界定为一种特定类型的侵权行为,它侵犯了个人的人格尊严和性自主权。根据不同国家的法律,性骚扰的定义可能有所差异,但一般都包含以下几个要素。

一是违背他人意愿。性骚扰是指未经受害者同意,以言语、文字、图像或肢体行为等方式进行的不受欢迎的性本质侵权行为。《中华人民共和国民法典》自 2021 年 1 月 1 日起实施,受害者有权要求行为人承担民事责任,并要求相关单位采取措施预防和制止性骚扰。同年 3 月,深圳市发布了首个防治性骚扰的制度性文件《深圳市防治性骚扰行为指南》,明确了性骚扰的定义及其对受害者心理和工作环境的负面影响。

二是性本质的内容。性骚扰行为包含性暗示、挑逗或暴力，违背受害人意愿，侵犯人格权，造成不良心理感受或不友好环境。《深圳市防治性骚扰行为指南》定义了性骚扰的三个构成要件：性本质内容、违背意愿、侵犯人格权。性骚扰形式包括言语、文字、图像、肢体行为等。言语骚扰，如不当评论、性挑逗、下流笑话；文字和图像骚扰，如发送淫秽信息、展示色情图片；肢体骚扰，如不受欢迎的身体接触、要求性关系、猥亵动作或暴露性器官。

三是产生不良后果。性骚扰行为可能导致受害者产生负面情绪和心理创伤。这些不良后果包括但不限于，受害者感到被冒犯，感到羞辱，出现焦虑、恐惧、抑郁等心理问题，影响正常生活和工作。

四是承担民事责任。根据我国法律法规，受害者有权依法请求行为人承担民事责任。这些民事责任包括但不限于，停止侵害、赔礼道歉、赔偿损失等。

2. 社会学视角

性骚扰并不仅仅是一种个体行为，而且是一种社会文化现象。

首先，性骚扰往往发生在性别权利关系不平衡的环境中。在某些社会和文化中，男性被赋予更高的社会地位和权利，而女性则被期望处于从属地位。这种不平衡的性别权利关系为性骚扰的发生提供了土壤。当男性认为他们有权对女性进行身体上的接触或言语上的骚扰时，这种行为就可能发生。而女性往往因为害怕、羞耻或担心失去工作等原因而选择忍受或保持沉默。因此，性骚扰往往与权力滥用有关，可能发生在上下级、师生、医患等具有权力差异的关系中。

其次，性骚扰也反映了社会对性别角色的刻板印象。在一些社会中，女性被期望扮演柔弱、顺从的角色，而男性则被期望扮演强大、自信的角色。这种性别角色的刻板印象使得一些男性认为他们有权对女性进行骚扰，因为他们认为女性应该服从他们的意愿。同时，女性也可能因为社会期望她们保持沉默而不敢公开反抗性骚扰行为。因此，性骚扰也被视为一种社会控制手段，用以维持和复制性别不平等的权力结构。

> **拓展阅读**
>
> 我国法律法规对性骚扰行为的规定和处罚
>
> 《中华人民共和国民法典》第一千零一十条规定："违背他人意愿，以言语、文字、图像、肢体行为等方式对他人实施性骚扰的，受害人有权依法请求行为人承担民事责任。机关、企业、学校等单位应当采取合理的预防、受理投诉、调查处置等措施，防止和制止利用职权、从属关系等实施性骚扰。"
>
> 《中华人民共和国治安管理处罚法》第四十四条规定："猥亵他人的，或者在公共场所故意裸露身体，情节恶劣的，处五日以上十日以下拘留；猥亵智力残疾人、精神病人、不满十四周岁的人或者有其他严重情节的，处十日以上十五日以下拘留。"
>
> 《中华人民共和国刑法》第二百三十七条规定："以暴力、胁迫或者其他方法强制猥亵他人或者侮辱妇女的，处五年以下有期徒刑或者拘役。"这一条款明确规定了对性骚扰行为的刑事责任。
>
> 《中华人民共和国妇女权益保障法》第四十条规定："禁止对妇女实施性骚扰。单位应当采取措施预防和制止性骚扰行为。"这一条款明确了禁止性骚扰的原则，并要求单位采取措施预防和制止性骚扰行为。
>
> 《中华人民共和国劳动法》第八十九条规定："女职工在劳动过程中遭受性骚扰的，有权向用人单位提出处理要求，用人单位应当及时处理。"这一条款明确了女职工在遭受性骚扰时的权利和用人单位的责任。

（三）性骚扰的危害与影响

性骚扰的危害和影响是多方面的，涉及受害者的身心健康、职场环境以及社会文化等多个维度。

1. 身心健康方面

性骚扰对受害者的心理健康造成严重影响，受害者往往会陷入强烈的负面情绪旋涡，如恐惧、羞耻、无助和绝望，可能导致焦虑、抑郁、睡眠障碍、自卑感和自杀倾向等问题。一项发表在 *JAMA Internal Medicine* 的研究显示，性骚扰和性侵犯的受害者在一生中患抑郁症、焦虑症、睡眠不佳、高血压的风险更大。研究人员招募了超 300 名年龄在 40~60 岁的女性，调查了她们曾遭受性骚扰的经历，考虑到对身体健康的影响，有 19% 的志愿者表明曾遭遇过性骚扰，22% 的志愿者经历过性侵犯。那些经历过性侵犯的人患抑郁症的可能性是失眠者的 3 倍以上，患焦虑症和睡眠质量不佳的可能性是失眠者的 2 倍。长期遭受性骚扰的个体可能会经历创伤后应激障碍，这是一种在经历了创伤性事件后可能发展的心理健康状况，表现为持续的恐惧、失望和噩梦。

2. 职场环境方面

职场性骚扰破坏了工作环境的和谐与尊重，一个存在性骚扰现象的工作环境会使员工之间的关系变得紧张，团队合作氛围受到破坏，造成工作场所的紧张和敌意。受害者往往因为害怕被报复或失去工作而选择沉默，这种沉默又可能被误解为对骚扰行为的接受，这无疑助长了性骚扰行为的扩散，从而形成一种恶性循环。此外，性骚扰还可能影响员工的工作效率，导致企业员工流失率上升，对企业长期发展构成威胁。因为它不仅影响受害者的工作表现和职业发展，还可能导致其他员工的士气下降和工作效率降低，受害者可能会选择离开工作以逃避骚扰，最后优秀员工不断流失。

3. 社会文化方面

性骚扰的存在反映了社会中性别不平等和性别角色刻板印象的问题。它强化了对女性的物化和性别歧视，影响了性别平等的社会进步。性骚扰还可能影响公众对性犯罪和性别暴力的看法，降低社会对这些问题的敏感性和认识。在一些文化中，性骚扰的受害者可能会受到指责和羞辱，这种"受害者有罪"的态度加剧了性骚扰的负面影响，并阻碍了受害者寻求帮助和正义。性骚扰对社会文化产生了深远负面影响。它挑战了社会的道德底线，破坏了公序良俗。性骚扰的存在使女性在职场和社会中的地位受到质疑，延缓了性别平等的进程。同时，性骚扰也可能引发公众对性别关系的误解和偏见，加剧性别歧视现象。

（四）防范性骚扰的重要性及目标

在现代社会中，防范性骚扰已成为一项至关重要的任务，也是一项长期而艰巨的任务。它不仅关乎个体的尊严和权利，还涉及职场环境的和谐、社会文化的平等、法律的遵从以及社会责任的承担。

首先，防范性骚扰的重要性在于保护每个人的尊严和权利。从个体角度来看，性骚扰是一种对个人尊严和权利的严重侵犯。每个人都有权决定自己的身体和心灵如何被对待，而不受他人的无理侵犯。

其次，防范性骚扰的目标是为所有人创造一个安全、和谐的社会环境。从职场环境来看，性骚扰的存在会破坏工作场所的和谐与尊重，造成工作场所的紧张和敌意。一个安全的社会是每个人都能够自由、平等地生活和工作的基础。在这样的社会中，人们不再担心因为性骚扰而遭受伤害，他们可以更加专注于自己的发展和成长。

再次，防范性骚扰还需要我们关注受害者的权益和心理健康。从法律遵从角度来看，许多国家和地区都有法律禁止性骚扰，防范性骚扰有助于组织遵守相关法律法规，避免法律风险和经济损失。同时，当性骚扰发生时，受害者往往需要得到及时的支持和帮助。因此，我们应该建立完善的援助机制，为受害者提供心理咨询、法律援助和社会支持等服务，帮助他们走出困境，重新获得生活的信心和勇气。

最后，从社会文化角度来看，性骚扰的存在反映了社会中性别不平等和性别角色刻板印象的问题。它强化了对女性的物化和性别歧视，影响了性别平等的社会进步。因此，防范性骚扰对于推动性别平等和消除性别歧视具有重要意义。

二、性骚扰的心理学解析

（一）性行为与性骚扰的心理动机剖析

性行为与性骚扰的心理动机是心理学和社会学研究中的重要议题。性行为是人类基本的生物性需求之一，而性骚扰则是一种不受欢迎且带有侵犯性质的行为。理解这两种行为背后的心理动机，对于预防性骚扰、促进性别平等和建设健康社会关系至关重要。

> **拓展阅读**
>
> 一位女大学生的自我救助
>
> 事件背景:
>
> 李梅(化名)是一位女研究生,在攻读博士学位期间,她不幸在实验室遭受了导师的性骚扰。这些行为包括不当的肢体接触、言语上的挑逗,以及暗示性的行为。李梅对此感到极度恐惧和困惑,她害怕自己的学术生涯受到影响,同时也担心如果公开此事会遭到报复。
>
> 求助过程:
>
> 在经历了多次性骚扰后,李梅决定向学校的心理咨询中心求助。她匿名预约了咨询时间,并在约定的时间来到了咨询室。心理咨询师张老师接待了她,为她提供了一个安全、舒适的环境,让她能够自由地表达自己的感受和经历。在咨询过程中,张老师首先通过专业的评估工具和李梅的自述,对李梅进行了心理评估,了解了她的心理状态和受到的创伤程度。接着,张老师对李梅进行了情绪疏导,通过倾听、理解和支持,帮助她缓解了内心的恐惧和焦虑。张老师还教给她一些应对策略,如何避免再次遭受性骚扰、如何保护自己的权益,以及如何面对可能的后果等。
>
> 恢复过程:
>
> 在多次咨询后,李梅的心理状态逐渐好转。她学会了如何调整自己的情绪,如何面对过去的创伤,并逐渐找回了自信和勇气。在咨询师的鼓励下,她也开始考虑如何采取行动保护自己的权益。
>
> 采取行动:
>
> 在心理咨询师的指导和支持下,李梅鼓起勇气向学校相关部门报告了导师的性骚扰行为。学校高度重视此事,立即展开调查。经过调查核实,导师的性骚扰行为得到了确认,他受到了学校的严厉处罚,并被撤销了导师资格。
>
> 通过这个案例,你有什么启发?

1. 性行为的心理动机

性行为是成年人之间基于相互同意的亲密行为，其动机多种多样，但一般来说主要包括以下几点：

一是生理需求。性行为是人类的基本生理需求，它与身体的欲望和性激素水平有关。

二是情感联结。性行为可以作为情感亲密和爱的表达方式，增强伴侣间的情感联系。

三是寻求认同。在一些情况下，性行为也可以被视为寻求认同和归属感的方式。通过性行为，人们可以感受到被接受和被爱，从而满足自己的心理需求。

四是生育目的。从生物学角度来看，性行为在很多物种中都是生育后代的基本方式。

当然，也有部分人由于好奇心驱使，言语诱惑，获得经济好处等原因发生性行为。

2. 性骚扰的心理动机

性骚扰则是指不受欢迎的性行为或性暗示，其背后的心理动机可能包括以下几点。

一是权力展示。麦金农在20世纪70年代提出"性骚扰"概念时，就将性骚扰与职场中男性对女性的权力联系起来，认为性骚扰是处于权力不平等关系下所强加的性要求，它直接产生于受害者的女性地位，既是男性权力的结果，又加强了男性的权力。一些性骚扰者可能出于对权力的渴望，通过性骚扰来展示和行使控制力，满足自己的虚荣心和优越感。

二是性别歧视与双重标准。性骚扰可能基于性别角色的刻板印象和性别不平等的社会结构。麦金农提出"性骚扰"概念时强调两个方面：一是权力关系构成了性骚扰概念的要素；二是性骚扰是男性权力的表现，其本质是对女性的歧视。也就是说，性骚扰不仅仅是一种个人行为的问题，更是一种社会问题，其根源可能在于性别角色的刻板印象和性别不平等的社会结构。在性别角色的刻板印象中，男性通常被视为强者、决策者、保护者，而女性则被定义为弱者、依赖者、被保护者。这种不平等的社会结构不仅增加了女性遭受性骚扰的风险，而且也使她们在面对性骚扰时更加无助和无力。

三是情感隔离与自我认知不足。性骚扰者往往存在情感隔离,他们可能无法区分自己和他人的界限,也无法意识到自己的行为会对他人造成伤害。性骚扰者也可能对自己的行为缺乏清晰的认知,无法意识到自己的行为会对他人造成伤害。他们可能错误地认为自己的行为是无害的,或者是一种"玩笑"或"亲近"的表达方式。

四是社会化过程学习。性骚扰行为可能通过社会化过程学习,这主要体现在两个方面。一方面是观察模仿:人们往往通过观察他人的行为来学习如何行事。如果个体在成长过程中接触到性骚扰行为并被视为"正常"或"可接受"的,他们可能会模仿这种行为。另一方面是社会反馈:当个体实施性骚扰行为时,如果得到了他人的积极反馈(如笑声、赞许等),他们可能会认为这种行为是受欢迎的,从而进一步强化这一行为。相反,如果得到了负面反馈(如批评、指责等),他们可能会减少或避免这种行为。

因此,性行为与性骚扰在本质上是不同的。性行为是在双方自愿、平等、尊重的基础上进行的,而性骚扰则是一种侵犯他人权益、违背他人意愿的行为(图2-1)。

性行为是在双方自愿、平等、尊重的基础上进行的。

性骚扰则是一种侵犯他人权益、违背他人意愿的行为。

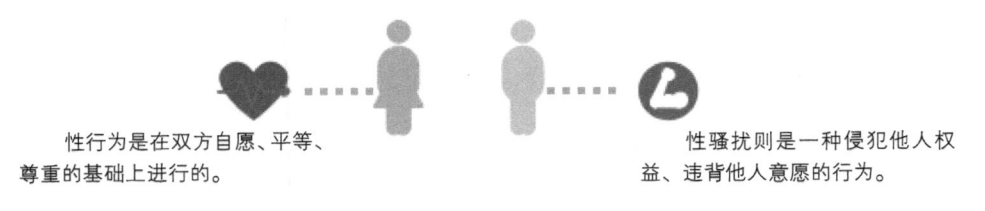

图 2-1 性行为与性骚扰的区别

(二)受害者心理特征与反应模式

性骚扰对受害者的心理影响是深远和复杂的,涉及多个层面的心理特征和反应模式。

1. 性骚扰发生时受害者心理特征与反应

性骚扰是一种侵犯他人尊严和人身安全的不良行为,对受害者造成严重的心理和生理伤害。当性骚扰发生时，受害者往往会经历一系列复杂的心理反应，这些反应表现为震惊、愤怒、羞耻、恐惧等多种情绪。

首先，性骚扰事件发生时，受害者往往会首先感到震惊和难以置信。这是因为性骚扰行为往往突然且出乎意料，使受害者无法及时做出反应。在日常生活中，人们往往很难想象自己会成为性骚扰的受害者，因此当事件发生时，受害者很难立刻接受这一现实。

在震惊和难以置信之后，受害者会迅速产生愤怒和羞耻感。他们可能会为自己的权益受到侵犯而感到愤怒，同时因被置于不适当的性关注下而感到羞耻。在此期间，受害者还会经历强烈的情绪波动，包括恐惧、羞辱、愤怒和震惊。这些情绪可能会使受害者陷入无助和恐慌的状态，不知道如何应对。这种即时的情绪反应常常伴随着生理上的不适，如心跳加速、出汗等，这些都是人体在应激状态下产生的自然反应。

为了应对这种不适和潜在的伤害，受害者可能会本能地采取逃避或抵抗行为，试图减少骚扰行为对他们心理和生活的影响。在此过程中，受害者还可能担心自己的安全，害怕再次受到骚扰，或者担心自己的声誉和职业发展受到影响。这种恐惧和焦虑可能会使受害者陷入心理困境，可能会时刻警惕周围的环境，担心新的威胁出现。这种心理状态对受害者的日常生活和工作表现产生严重影响，使他们无法集中注意力，降低工作和学习效率。

2. 性骚扰发生后受害者心理特征与反应

性骚扰发生后，作为受害者一方，可能会遭受持续的心理压力和困扰。

一是焦虑与抑郁。性骚扰受害者可能会经历长期的焦虑和抑郁状态。焦虑可能表现为对特定情境的过度担忧，而抑郁则可能涉及持续的悲伤、兴趣减退以及能量丧失。

二是自我评价与自卑感。性骚扰的经历可能会使受害者对自己的价值和能力产生怀疑，这种自我贬低的心态可能会进一步加剧其心理困扰，导致自尊心受损和自我价值感降低。

三是自杀倾向。在某些情况下，性骚扰的受害者可能会产生自杀倾向，这是一种极端的心理健康状况，需要立即关注和干预。

四是社会功能受损。受害者心理创伤的影响不仅限于个体内部，还可能导致社会功能的显著受损。由于害怕再次受到伤害，受害者可能会避免社交活动，从而进一步孤立自己。

3. 性骚扰对受害者的长期心理创伤

性骚扰是一种侵犯他人尊严和人身安全的行为，它不仅对受害者的短期心理产生严重影响，而且对其长期心理健康也有着深远的影响。在众多心理创伤中，最显著的表现就是创伤后应激障碍。性骚扰受害者往往会因为遭受侵犯而产生强烈的恐惧、无助和惊慌，这种反应通常伴随着无助感、噩梦、记忆闪回和情绪麻木等症状。这些症状会严重影响受害者的日常生活。

性骚扰受害者之所以会出现创伤后应激障碍，是因为他们在遭受侵犯时，生命安全和社会地位受到严重威胁。这种威胁不仅对受害者的心理产生巨大压力，还可能导致他们在今后的生活中出现焦虑、抑郁等心理问题。研究发现，性骚扰受害者患上创伤后应激障碍的风险因素包括遭受多次骚扰、遭受严重伤害、目睹暴力行为等。

（三）加害者心理特点及其形成因素

性骚扰加害者的心理特点和形成因素是多方面的，Martha Langelan 曾分析过性骚扰者的不同动机。如掠夺型，这种人通常会经常性去骚扰自己锁定的"猎物"，并观察对方的反应。如果受害者没有反抗，可能会受到进一步的强奸。支配型，他们并不是为了从性骚扰中得到性满足，而是为了满足膨胀的自我，为了展现自己的权力。策略型，将性骚扰作为一种策略和手段，实现自己的职业目标。从心理学角度看，在性骚扰过程中，加害者的心理特点和原因涉及个体心理、社会文化以及权力动态等多个层面。

1. 加害者的心理特点

（1）权力欲与控制欲。性骚扰者可能有着强烈的控制欲和支配欲。因此，在权力结构不平等的文化背景中，加害者可能利用职务或地位上的优势进行性骚扰，而在更加平等的文化中，这种行为可能更容易受到社会监督和谴责。

（2）性别歧视与双重标准。性骚扰者内化了性别歧视的观念和双重标准，认为自己作为男性有权对女性进行不当行为，或者对不熟悉的女性更容易产生侵犯的冲动。例如：某些文化传统和宗教信仰可能会对性别关系和性别角色产生深远影响，从而影响加害者的心理特点和行为模式。

（3）情感隔离与自我认知不足。受个人的成长经历和家庭环境影响，性骚扰者存在情感隔离，无法区分自己和他人的界限，也无法意识到自己的行为会对他人造成伤害。

（4）道德观念扭曲。部分性骚扰者可能缺乏道德观念和同理心，无法意识到自己的行为对他人造成的伤害。

（5）自恋倾向。性骚扰者可能有着过分的自我中心和自我膨胀，他们认为自己是最优秀和最有魅力的人，通过性骚扰来满足自己的自尊心和自我价值感。

（6）性冲动。一些性骚扰者可能由于长期性匮乏或性饥渴而实施性骚扰行为，一些性骚扰者可能通过性骚扰来满足自己的性幻想或性需求。

（7）社会规范与权力结构。在某些环境中，性骚扰可能被用作一种工具，以维持或寻求权力，或者惩罚不符合传统性别规范的行为，环境中权力的不平等分配可能为性骚扰提供了机会。

（8）社会化过程。性骚扰者的行为可能通过不健康或有害的社会化过程学习而来。

（9）心理疾病。在某些情况下，性骚扰行为可能与心理疾病相关，如反社会人格障碍等，这需要专业的心理健康服务介入。

2. 加害者心理特点的形成因素

（1）个人经历。加害者个人的成长经历、性格特点、价值观等因素可能影响其成为性骚扰者的可能性。例如，一些人在成长过程中可能遭受了性骚扰或其他形式的侵犯，导致其对性产生扭曲的认知和态度。

（2）家庭环境。家庭环境对一个人的性格和行为模式具有深远影响。如果一个人在成长过程中经历了家庭暴力、性虐待等不良家庭环境，可能会导致其形成扭曲的性观念和道德观念，从而更容易成为性骚扰者。

（3）社会文化因素。社会文化环境对个体的行为和态度也具有重要影响。在一些社会文化背景下，男性被赋予更多的权力和地位，而女性则被视为弱势群体。

这种性别不平等的社会文化环境可能导致男性更容易产生权利欲和控制欲，从而更容易实施性骚扰行为。所在地区法律对性骚扰的定义、预防和惩处不明确或执行不力，也可能导致加害者认为可以逃避责任。

（四）社会心理因素在性骚扰问题中的作用

1. 心理特点与动机

性骚扰者的心理特点和动机往往与社会心理因素密切相关。他们可能具有自我中心、自负和支配欲的心理倾向，这种心理倾向驱使他们实施性骚扰行为以满足自己的权利欲和控制欲。

2. 社会认知与偏见

在一些社会环境中，对性骚扰的扭曲或僵化的认知模式，可能导致对受害者的苛刻否定和替代性伤害。这种社会偏见使得受害者不愿多谈论或揭露性骚扰行为，从而加剧了性骚扰问题的隐蔽性。

3. 社会压力与期望

在某些社会文化背景下，男性被期望展现出强势和支配的地位，而女性则被期望保持柔弱和顺从的角色。这种性别角色刻板印象可能导致男性更容易产生权力欲和控制欲，进而实施性骚扰行为。同时，女性可能因为担心被贴上"受害者"的标签而不敢反抗或举报性骚扰行为。

4. 社会支持与资源

如果社会能够为受害者提供及时的支持和资源，如心理咨询、法律援助等，将有助于减轻受害者的心理压力和困境，同时也有助于促进性骚扰问题的曝光和解决。

典型案例

揭露好莱坞性骚扰丑闻

2017年，美国好莱坞的制片人哈维·韦恩斯坦的性骚扰丑闻如一颗重磅炸弹，震撼了全球。这个在好莱坞拥有举足轻重地位的人物，被数十名女性公开指控进行了多年的性骚扰和性侵犯行为。这些指控如同一把锋利的剑,直指韦恩斯坦的权力与地位,使得他的职业生涯瞬间坍塌。这起事件不仅仅是对韦恩斯坦个人的打击,更是对整个好莱坞乃至全球娱乐产业的警示。

随着丑闻的曝光,全球范围内的 MeToo 运动如火如荼地展开。这场运动鼓励受害者站出来,分享自己的故事,让更多的人听到她们的声音。MeToo 运动的兴起,不仅让受害者们找到了勇气和力量,也让更多的人开始关注这个问题。更多的人开始意识到,性骚扰和性侵犯并不仅仅是个别人的行为,而是一个普遍存在的社会问题。这个问题需要得到重视和解决,而不是被忽视和掩盖。

随着 MeToo 运动的不断发展,越来越多的人开始加入到这个行动中来。他们用自己的行动支持受害者,呼吁社会对这个问题进行深入的反思和改变。在这个过程中,许多企业和组织也开始采取措施,加强对性骚扰和性侵犯的预防和打击。

案例剖析:

哈维·韦恩斯坦的性骚扰丑闻虽然令人痛心,但它也带来了积极的影响。它唤醒了人们对性骚扰和性侵犯问题的关注,推动了社会的进步和改变。随着时间的推移,哈维·韦恩斯坦的性骚扰丑闻逐渐淡出人们的视线,但 MeToo 运动的影响却持续发酵,成了一场全球性的社会变革。这场运动不仅改变了人们对性骚扰和性侵犯的认知,更推动了社会各界对性别平等和尊重的重视。

首先,MeToo 运动促进了公众对性骚扰和性侵犯问题的深入讨论。其次,MeToo 运动也激发了法律制度的改革。许多国家纷纷加强了对性骚扰和性侵犯的打击力度,推出了更加严格的法律法规。同时,一些企业和组织也开始加强对员工的性别平等教育,从源头上预防这类问题的发生。

然而,尽管 MeToo 运动带来了积极的影响,但性别平等和尊重的道路仍然漫长而曲折。在许多地方,女性仍然面临着不平等的待遇和歧视。

在这个过程中,媒体和教育扮演着至关重要的角色。媒体应该如何加强对性别平等和尊重的宣传，让更多的人了解到这些问题的重要性？同时，教育该如何开展性教育？如何培养孩子们的性别平等意识，让他们从小就明白尊重他人、平等对待他人的重要性？

总的来说，哈维·韦恩斯坦的性骚扰丑闻虽然令人痛心，但它也成了推动社会变革的重要契机。通过 MeToo 运动的兴起和发展，我们看到了性别平等和尊重的希望与未来。

三、防范性骚扰的心理策略

心理迁善指的是一个人发生某事造成内心存在不良情绪时，转变思维角度去看待发生的问题，稳定情绪继而促使内心生发快乐。防范性骚扰、性侵害，除了了解一些性骚扰和性侵害的基本情况，还应从心理的角度，通过提升保护意识、增强自我效能感等多个途径完成心理迁善，身心合一方能真正抵御性骚扰的侵害。

（一）提升自我保护意识与能力

1. 坚守三观，筑牢思想防线

树立正确的世界观、人生观、价值观，提高自身修养和辨别能力，特别应当消除贪图小便宜的心理，不要轻易接受他人的不明馈赠或单独邀约。在单位中遇到上司给予的与个人工作、学习、业绩不相符的奖赏和提拔，需保持清醒的头脑，慎重对待。

2. 谨慎交友，提高识别能力

交往中要举止大方，谨慎言语，对于那些总是探询个人隐私的异性，不要随便说出自己的真实情况；对于过分迎合奉承自己，目光和举止异样的人，尽量避免与其单独相处。不要与不熟悉的人去酒吧、歌舞厅等娱乐场合，避免饮酒。参加社交活动与男性单独交往时，要理智地、有节制地把握好自己。

3. 提高警惕，加强防范意识

夏天，单身女性不宜在行人稀少的街巷行走，平时尽可能不穿暴露过多的衣服，不要单身搭乘陌生男子的机动车，不要单身上偏僻处的公共厕所，乘车时不要随便打瞌睡，不要玩"征友"游戏或网聊。一旦发现某异性对自己不怀好意，甚至动手动脚或有越轨行为，一定要严厉拒绝、大胆反抗，并立即报警，以便及时制止。

4. 行为端正，拒绝沉默和退缩

对性骚扰要采取主动应对态度，不要忍让与宽容，不能保持沉默与退缩。例如，在汽车上碰到性骚扰，可大声呵斥"放尊重些！"或怒目而视，从心理上给予威慑；在家接到男性骚扰电话，可找家中男士代听电话，以此警告对方勿轻举妄动。

（二）把握人际交往边界

1. 学会设置自己的边界

明确列出你对于陌生人、同事、朋友、家人和伴侣的认知、情感、肢体和精神边界分别是什么。检查过去使你感觉不舒服、恼怒、排斥、厌恶或沮丧的场景和体验，这些感受都可能因为别人的言语或行为触犯了你的边界所致。每个人的边界标准是会动态变化的，及时更新自己的个性化表格也很重要。

2. 维护边界的立场要坚定

列表明确自己的边界后，就要将表格中列明的事项落到生活的实处。有意识地说"不"。对于不想做或者做不到的事情，要果断地拒绝。很多时候，我们的不拒绝不是因为善良，而是因为怯懦。要让别人知道他们的言语行为越界了，最实在的方法就是直接和对方说明。

3. 只有坚持才会有效果

如果以往你都是妥协退让的，那么当你开始学着坚强起来时，无须担心别人会不会认为你刻薄或者粗鲁。因为，声明你的立场和边界意味着相比其他人的看法，你更重视自己，更在意自己的需求和感受。立场坚定并不意味着对待他人不友善、不近人情，表明立场不等于就是吵架冲突，只是表明你在保持平和、自尊的同时，对待他人也是公平和真诚的。

（三）培养心理韧性

心理韧性即个体能够承受高水平的破坏性变化并同时表现出尽可能少的不良

行为的能力。培养心理韧性，增强面对压力、抵抗侵犯的能力和应对策略，有助于个体从消极经历中恢复过来。

1. 培养成长型思维

成长型思维，是美国心理学教授卡罗尔·德伟克提出的，与之相对的是僵固型思维。这两种基本的思维模式为我们塑造了完全不同的心理世界，进而深刻影响着我们的行为。具有成长型思维的人，他们相信一个人可以通过投入热情、教育、努力和坚持来发展自己的品质和才能。他们的心理韧性更强，愿意迎接挑战，越是在困境里做得越好。

2. 敢于突破人生逆境

勇敢是一种特质，勇敢并不意味着不害怕或不会失败，而是当我们面临困难、逆境或挑战时，依然能够坚持自己的信念和目标，勇往直前。勇敢的人通常能够更好地摆脱逆境和面对挫折，他们拥有坚定的信念和积极的心态。勇敢的人能够挑战和突破自己的局限，不断拓展自己的能力和潜力。

3. 不断提高解决烦恼的能力

烦恼是一种复杂的心理状态，涉及不满、忧虑、不安或焦虑等情绪反应。正是因为有了烦恼，我们被迫不得不去解决，随着解决的烦恼越来越多，我们思考和解决问题的能力也就慢慢得到提升。烦恼即转变为推动自我成长和完善的动力，最终，我们将能够以更加健康、平衡的心态面对生活。

4. 主动承担责任

随着心理压力变得越来越大，我们在责任承担方面越来越成熟，我们自然也能够应对自如，而这一切都需要我们主动去改变，因为生活工作中的责任都是随着时间在慢慢发生变化，这一切都是需要我们去随机应对的。

（四）增强自我效能感

1. 及时进行交流宣泄

受骚扰后，内心的恐惧、不安、屈辱等，要及时和知心朋友进行交流宣泄。前提是这个朋友不会伤害自己，并让自己感觉安全。当创伤已经形成多年，感觉严重影响自己的生活时，要勇于跨出心理求助这一步，和心理咨询师进行沟通，寻求心理支持，修复创伤，解开心结，从阴影中走出来。

2. 正确认识事情的发生

很多被性骚扰或性侵害的人，往往会产生性羞耻感和强烈的自责，觉得是自己的错。遭遇性骚扰，需要我们从内心明白，自己的无助、恐惧，以及遭受的伤害，错不在自己。

3. 与大脑合作，提升自我效能感

一个人自我效能感强，他就能够扛住各种压力、挫折和打击，甚至他会把各种压力、挫折、打击当作证明自己的机遇。想要提升效能感，就要和大脑紧密合作。就像演讲，如果你是一个懂得跟自己的大脑思维紧密合作的人，你在上台前会懂得调整心态，给自己鼓气。甚至在演讲之前，你就已经在头脑里演绎了一遍该如何面对这种场面。你将不再战战兢兢、不知所措，而是游刃有余、从容淡定，并最终突破局限，把事情做好。

4. 从社会支持系统中寻求帮助

向你信任的人求助。朋友、亲人和伴侣，甚至是对你存有善意的陌生人，不要害怕向他们寻求帮助，他们通常都非常愿意帮助你。请求他人帮你理清思路，做出应对决策。性骚扰会影响个体对自我的评价，受害人常常会产生自我怀疑。这时候，更需要有人相信和爱护受害者，帮助受害者走出自我怀疑的泥潭。

典型案例

北京女研究生揭露导师猥亵事件

2022年7月，北京某大学一名女研究生发文举报导师多次对她进行猥亵、性骚扰。文中表示，在发文之前，她曾向学校反映情况，但此后长达一个月都未能得到妥善处理。最终，她只好在网络发文举报。翌日，该学校相关学院的教职工职业道德和纪律委员会办公室发表声明：针对某同学举报导师的情况高度重视，成立专项调查组，已完成初步调查。之后已开展全面调查。该同学的导师已报警，学院亦将全力配合警方调查。

案例剖析：

此案例中女研究生遭遇性骚扰后，并没有选择忍气吞声，在向学校反馈无果后，毅然选择通过网络曝光，事件才进入了大众视野。但实际情况是：发生在象牙塔里的性骚扰，从来不是罕见事件。

2014年，《中国妇女报》曾刊文，全国妇联一项针对北京、南京等城市15所高校大学生的调查发现，经历过不同形式性骚扰的女性比例达到57%；有学者调查了1200名女大学生，其中有531名女性（占总数44.3%）表示曾遭遇性骚扰，而且不少受害者遭受过两次甚至三次以上的性骚扰。

2017年，广州性别中心发布的《中国高校大学生性骚扰状况调查》显示，近七成的受访大学生遭受过性骚扰。

或许有人觉得，自己所在的高校环境并没有如此多的性骚扰。然而，这可能是因为大量的受害者没有发声。经历性骚扰后，出于性羞耻（不愿意或拒绝在公开场合谈及有关自身的性话题），抑或出于个人前途的考虑，近半数受害者选择沉默忍耐。北京大学的一项调查发现，43.8%的学生对性骚扰的态度是"不主动解决"。至于沉默的原因，超过25%的学生认为"不认为骚扰者会因此而受到惩罚"。中国政法大学一项针对7所普通高校的调查发现，大部分未经历过性骚扰的学生，都认为遭到性骚扰的学生应该采取积极措施抵抗，只有4.3%人选择"当作没发生，忍气吞声"。然而实际经历过性骚扰的学生中，有33.6%的都选择了沉默。

四、行为管理与预防措施

（一）制度层面

在制度层面，建立和完善反性骚扰制度和政策，强化执行力度，是预防和处理性骚扰行为的关键措施。

1. 制度建设的必要性

性骚扰是一种侵犯他人人格权和身体权的行为，它给受害者带来心理和情感上的伤害，严重时甚至会影响到受害者的工作和生活。因此，建立一套完善的反性骚扰制度和政策，对于保护个体权益、维护工作环境的公正与尊严至关重要。

（1）保障个人权益。性骚扰侵犯了个人的尊严和权利，建立和完善反性骚扰制度和政策，能够为受害者提供法律保障，维护其合法权益。

（2）促进社会和谐。性骚扰问题不仅影响个人，还对整个社会的和谐稳定造成威胁。制度的建立有助于形成文明、健康的社会风尚，提升社会整体文明程度。

（3）规范行为准则。明确的制度和政策能够为人们提供行为准则，引导人们自觉遵守社会规范，减少性骚扰行为的发生。

2. 建立制度的内容

一个全面的反性骚扰制度应当包括以下几个方面：

（1）明确界定性骚扰的范围和形式，包括但不限于言语、肢体接触、视觉、电子信息等多种形式。

（2）设立专门的投诉渠道和处理机构，确保受害者可以便捷、匿名地提出投诉。

（3）制定详细的投诉受理、调查、处理和反馈流程，确保每一起投诉都能得到公正的处理。

（4）加大对性骚扰行为的惩处力度，包括行政处罚、经济赔偿、法律责任等多重手段。

（5）开展性骚扰预防教育，提高员工对性骚扰的认识和防范意识。

3. 强化执行力度的措施

（1）制定明确的法律法规。政府层面出台相关法律法规，明确性骚扰的定义、表现形式、法律责任等，为打击性骚扰行为提供法律依据。

（2）建立投诉举报机制。设立专门的投诉举报渠道，方便受害者及时反映问题，同时保障其隐私权和信息安全。

（3）加强宣传教育。通过媒体、学校、社区等渠道，广泛宣传反性骚扰知识和法律法规，提高公众对性骚扰问题的认识和重视程度。

（4）建立预防和干预机制。企业、学校等组织应建立预防和干预机制，通过培训、教育等方式增强员工和学生的防范意识，及时发现和制止性骚扰行为。

定期对制度进行审查和更新，确保其与时俱进，反映最新的法律法规和社会认知。

加强对员工的培训，特别是对管理层和人力资源部门的培训，使他们能够正确识别和处理性骚扰事件。

建立监督机制，如定期审计和评估反性骚扰制度的执行情况，及时发现并解决执行过程中的问题。

鼓励受害者和见证者举报性骚扰行为，并对举报人给予必要的保护，防止报复行为的发生。

对于违反反性骚扰制度的个人或单位，应公开曝光并给予严厉处罚，以起到震慑作用。

拓展阅读

国内和国际反性骚扰的制度和政策

《中华人民共和国民法典》：民法典人格权编第一千零一十条明确规定了性骚扰行为的规制规则，分别从赋予受害人权利和明确用人单位义务两个角度进行规定，保护主体不再局限于女性，男女均可成为被保护的对象。

《中华人民共和国妇女权益保障法》：首次将"反性骚扰"入法，并在2012年的《女职工劳动保护特别规定》中首次在行政法规层面规定了用人单位预防和制止性骚扰的义务。

《深圳经济特区性别平等促进条例》：规定了市性别平等促进工作机构应当定期发布反性骚扰行为指南，并要求用人单位采取措施预防、制止性骚扰。

《消除对妇女一切形式歧视公约》：联合国通过的国际性公约，旨在消除对妇女的一切形式的歧视。该公约要求各国采取措施预防和打击性骚扰，保护妇女的权益。

《欧洲理事会防止和打击暴力侵害妇女行为和家庭暴力公约》：欧洲理事会在2011年通过了该公约，旨在预防和打击对妇女的暴力行为，包括性骚扰。公约要求缔约国采取各种措施，包括立法、司法、教育和预防等，以保护妇女免受性骚扰的侵害。

美国《民权法案》：该法案禁止雇主、教育机构和其他组织基于性别、种族、肤色、宗教等理由歧视员工和学生。此外，美国还有多个州通过反性骚扰的地方性法规。

加拿大《就业平等法》：该法规定雇主不得因性别、性取向、婚姻状况等原因歧视员工。此外，加拿大还出台了《性行为骚扰防治法》，对性骚扰的定义、预防、调查和处理等方面做出了详细规定。

澳大利亚《性别歧视法》：该法规定了性别歧视的定义、禁止行为和救济措施。同时，澳大利亚还出台了《性骚扰和性别歧视预防指南》等文件，为雇主和员工提供了详细的指导。

这些国际制度和政策共同构成了全球反性骚扰的法律体系，旨在保护公民的合法权益，营造一个安全、健康、平等的工作和社会环境。

（二）环境建设

营造尊重、公平、无骚扰的工作和生活环境是一个复杂而重要的任务，它涉及文化、政策、教育以及个人行为等多个方面。

1. 构建尊重文化

（1）树立尊重他人的价值观。强调尊重他人是每个人的基本素养，鼓励员工之间相互尊重、理解、包容。

（2）建立开放的沟通渠道。鼓励员工积极表达意见和建议，建立有效的沟通机制，确保信息畅通无阻。

（3）举办培训活动。定期组织尊重文化的培训活动，提高员工对尊重文化的认识和重视程度。

（4）设立榜样。树立尊重他人的典范人物，通过表彰和奖励来激励员工向榜样学习。

2. 制定公平政策

（1）制定明确的规章制度。确保公司政策公平、透明，禁止任何形式的歧视和骚扰行为。

（2）设立投诉处理机制。建立有效的投诉渠道和处理机制，确保员工在遇到不公平待遇时能够及时寻求帮助。

（3）加大监管和执法力度。对违反公平政策的行为进行严肃处理，维护组织的公正性和权威性。

（4）关注弱势群体。对弱势群体给予更多关注和支持，确保他们在工作中得到公平对待。

3. 加强教育引导

（1）普及法律知识。加强员工对法律法规的了解，增强法律意识，提高自我保护能力。

（2）推广性别平等观念。宣传性别平等理念，消除性别歧视和偏见，营造平等的工作环境。

（3）倡导多元包容。尊重不同文化、背景和价值观的员工，建立多元包容的工作环境。

（4）加强心理健康教育。关注员工的心理健康问题，提供必要的心理支持和辅导服务。

4. 促进个人行为改变

（1）提高个人素质。鼓励员工不断提升个人素质和能力水平，树立良好的职业形象。

（2）倡导积极行为。倡导员工积极参与组织的各项活动，发挥个人优势为组织发展做出贡献。

（3）加强自我约束。要求员工自觉遵守公司规章制度和道德准则，维护组织的良好形象。

（4）建立互助合作关系。鼓励员工之间建立互助合作关系，共同解决问题和面对挑战。

> **拓展阅读**
>
> 学校制定和执行针对校园内发生的性骚扰事件的明确步骤
>
> 1. 事件报告
>
> 受害者/目击者向指定部门（如辅导员、学生事务办公室、安全部门等）报告性骚扰事件。可以通过匿名渠道或直接报告。
>
> 2. 初步评估
>
> 接收报告的部门进行初步评估，确定是否构成性骚扰。
>
> 记录报告的详细信息，包括时间、地点、涉及人员等。
>
> 3. 信息收集与保护
>
> 收集相关证据，如文字记录、图片、视频或目击者陈述。
>
> 确保受害者的隐私和安全得到保护。
>
> 4. 初步行动
>
> 对涉嫌性骚扰行为的个体采取临时措施，如暂停或限制其参与学校活动。
>
> 通知学校法律顾问和/或高级管理层。
>
> 5. 调查
>
> 成立由专业人员组成的调查小组。
>
> 进行详细调查，包括采访受害者、嫌疑人和可能的证人。
>
> 6. 结果分析
>
> 调查小组基于收集的证据和调查结果进行分析。
>
> 确定是否存在性骚扰行为以及严重程度。
>
> 7. 处理决定
>
> 如果确认存在性骚扰，根据情节轻重采取相应纪律处分，可能包括警告、停学、开除等。
>
> 提供受害者支持服务，如心理咨询、法律援助等。
>
> 8. 后续监督与预防
>
> 对被处分者的行为进行监督。

> 加强性骚扰防范教育和培训，提高全校师生意识。
> 9. 反馈与改进
> 向报告者提供调查结果和采取措施的反馈。
> 根据经验教训，改进反性骚扰政策和程序。
> 温馨提醒，每所学校的流程可能会有所不同，但必须遵守当地的法律法规。

（三）教育培训

教育培训在预防性骚扰中扮演着至关重要的角色，定期进行反性骚扰教育培训，提高全体成员的认知和警惕性，是构建安全、健康工作环境的重要一环。这样的培训不仅有助于成员了解性骚扰的严重性，还能教会他们如何预防和应对这类行为。

1. 提高认知

教育培训能够提高成员对于性骚扰定义、形式和后果的认识。通过教育培训，成员能够深刻理解性骚扰对个人和社会造成的负面影响。这样的教育能够增强员工的道德责任感，促使他们主动维护一个尊重和平等的工作环境。

2. 提高警惕

定期开展性骚扰防范培训，有助于增强成员对性骚扰的警觉性，让他们在遇到或目睹性骚扰行为时能够迅速做出反应。通过培训，成员可以掌握应对性骚扰的基本知识和技巧，从而降低受害风险。

3. 明确个人界限

教育培训让成员认识到个人界限的重要性，并鼓励他们勇敢地表达自己的界限。在培训过程中，成员将学习如何识别性骚扰的迹象，包括言语、行为等方面的暗示。同时，教育成员尊重同事的界限，提高他们识别和应对性骚扰行为的能力。

4. 普及法律知识

通过培训，成员可以深入了解与性骚扰相关的法律法规及公司政策，明确性骚扰是违法行为，并了解违反相关规定的严重后果。这将有助于提高成员的法治意识，增强他们维护自身权益的信心。

5. 培育尊重文化

教育培训有助于营造一种尊重和包容的工作氛围，让每个人都明白相互尊重和专业行为的重要性。通过倡导文明礼仪、加强团队沟通，消除职场歧视和偏见，创造一个公平、安全、舒适的工作环境。

6. 鼓励报告和干预

培训可以提供关于如何报告性骚扰以及在目击性骚扰时如何有效干预的指导。这样的培训能够增强成员的自我保护意识，降低性骚扰事件的发生率。

7. 提供资源和支持

教育培训还可以向员工介绍可用的资源和支持系统，比如，人力资源部门、员工援助计划和外部咨询服务。当然，除了公司内部资源外，在反性骚扰教育培训中，还可以告知成员如何找到法律咨询、心理咨询等这些外部资源，并强调在必要时寻求专业帮助的重要性。

8. 加强组织承诺

通过定期培训，组织展示其对预防性骚扰的承诺，这有助于建立成员的信任感，并鼓励他们参与到反性骚扰的行动中。这将有助于营造一个尊重多样性、倡导平等、反对歧视的工作氛围，为公司的长远发展奠定坚实的基础。

9. 促进持续学习

教育培训不仅仅是一次性的活动，而是一个持续的过程。通过定期复习和更新知识，可以不断强化反性骚扰的意识和技能。

（四）应急处理机制

应对性骚扰事件，建立一个有效的应急处理机制是至关重要的。联合国妇女署提供的指导文件详细讨论了如何建立针对性骚扰的投诉机制，包括渠道设置、程序制定和快速响应等方面。设立有效的投诉渠道和程序对于预防和应对性骚扰事件极为重要，通过建立完善的应急处理机制，对性骚扰事件进行迅速响应和妥善处理，才能维护组织的公正和透明，保护成员的权益和安全。

1. 设立投诉渠道

（1）匿名投诉渠道。提供匿名投诉的方式，如匿名信箱、在线匿名表单等，以保护投诉者的隐私和权益。

（2）公开投诉渠道。提供公开透明的投诉方式，如专门的投诉热线、电子邮箱等，以便员工可以公开、正式地提出投诉。

2. 制定投诉程序

（1）接收投诉。确保投诉渠道畅通无阻，投诉信息能够迅速、准确地传达给相关部门或负责人。

（2）初步调查。在接收到投诉后，应立即进行初步调查，了解事件的经过和情况。初步调查应由专业人员进行，以确保调查结果的客观性和公正性。

（3）紧急处理。在初步调查过程中，如发现涉及紧急安全问题的，应立即采取相应的紧急措施，保护员工的身心健康和安全。

（4）详细调查。在初步调查基础上，进行深入详细的调查，收集证据、听取双方陈述、进行现场勘查等。详细调查应尽可能全面、客观、公正，确保调查结果的可信度和权威性。

（5）处理结果反馈。在调查结束后，应将处理结果及时反馈给投诉人和被投诉人，并告知双方相关的权利和义务。同时，也应将处理结果在公司内部进行公示，以维护公司的公正和透明。

3. 快速响应和妥善处理

（1）迅速响应。在接收到投诉后，应立即启动应急处理机制，确保迅速响应事件。相关部门或负责人应尽快介入处理，避免事件进一步恶化或扩大。

（2）妥善处理。在处理过程中，应尽可能保护投诉者和被投诉人的隐私和权益，避免给他们造成不必要的伤害或损失。同时，也应遵循法律法规和公司规章制度，确保处理结果的合法性和公正性。

（3）跟进和评估。在处理完事件后，应对处理过程进行跟进和评估，总结经验教训，完善应急处理机制。同时，也应关注员工的反馈和意见，不断改进和优化公司的管理和服务。

（五）行为规范

行为规范是组织或社会中不可或缺的一部分，它明确了在各类场合下的行为准则，并提倡文明礼貌的互动方式。明确的行为规范对于维护社会秩序和人际关系的和谐至关重要。

1. 明确行为准则的重要性

行为准则是指导人们行为的基本原则和规定，它有助于维护组织的正常秩序，促进人际关系的和谐发展。

2. 各类场合的行为准则

（1）工作场合。应保持专业、敬业的态度，尊重他人，遵守公司规章制度。与同事沟通时，应使用文明礼貌的语言，避免使用粗俗或侮辱性的言辞。

（2）社交场合。应注重礼仪，尊重他人的风俗习惯和个人隐私。与人交往时，应保持真诚、友好的态度，避免过于张扬或冒犯他人。

（3）公共场合。在公共场所，应遵守公共秩序，尊重他人的权益。排队、让座、保持环境卫生等都是基本的公共行为规范。

3. 提倡文明礼貌的互动方式

（1）尊重他人。在与他人交往时，应尊重对方的观点、感受和权利，避免贬低或侮辱他人。

（2）倾听与表达。良好的沟通需要倾听和表达。在交流中，应认真倾听对方的意见，理解对方的想法，同时清晰、有礼貌地表达自己的观点。

（3）礼让与包容。在发生分歧或冲突时，应保持冷静、理智的态度，通过协商、妥协等方式解决问题。

（六）心理干预和支持

1. 心理干预和支持的作用

性骚扰不仅是对受害者身体上的侵犯，更是对他们心理和情感的严重打击。心理干预和支持在帮助受害者康复过程中起着至关重要的作用。

（1）缓解心理创伤。心理干预能够提供一个安全的环境，让受害者倾诉自己的经历和感受，从而减轻他们的心理负担，缓解心理创伤。

（2）增强自我认知。心理干预可以帮助受害者重新审视和评估自己的经历，理解性骚扰是施害者的行为，而非自己的问题。这有助于增强受害者的自我认知，提高他们的自尊和自信。

（3）提高应对能力。心理干预还可以为受害者提供应对性骚扰的技巧和方法，如如何拒绝不适当的接触、如何寻求帮助等。

（4）建立社会支持。心理干预可以为受害者提供一个社交平台，让他们与有类似经历的人交流，分享彼此的感受和经验，增强他们的情感联系，减轻孤独感和无助感。

（5）促进法律维权。心理干预可以为受害者提供法律咨询和维权支持，帮助他们了解自己的权益和可行的法律途径。

（6）预防长期心理问题。如果得不到及时的心理干预和支持，性骚扰受害者可能会长期受到心理问题的困扰，如患抑郁症、焦虑症等。心理干预可以帮助受害者及时识别和处理这些问题，避免它们发展成为更严重的心理障碍。

2. 心理干预和支持的过程

通过心理干预和支持协助性骚扰受害者康复的重要性不言而喻。但是，性骚扰受害者的心理康复是一个复杂而敏感的过程，需要专业的干预和细心的支持。

（1）建立信任关系。包括提供安全的环境，让受害者在一个安全、无威胁的环境中接受帮助，倾听他们的经历，对他们的感受表示理解和同情，让他们感到被接纳和支持。

（2）提供情绪支持。通过倾听、安慰和鼓励，帮助他们缓解这些情绪，让他们感到被理解和支持。同时，教授受害者放松技巧、正念冥想等自我照顾方法，帮助他们管理压力和焦虑。

（3）认知重构。帮助受害者重新审视和评估他们对性骚扰事件的看法和感受，引导他们认识到性骚扰不是他们的错，他们有权保护自己的尊严和权益。同时，帮助他们建立积极的自我认知，增强自信心和自尊心。

（4）逐步暴露。在受害者准备好的情况下，逐步帮助他们重新参与可能引起不适的社会活动或融入工作环境。同时，为受害者提供应对性骚扰的技巧和方法。

（5）创伤后应激障碍干预。如果受害者遭受了严重的心理创伤，可能需要专业的创伤后应激障碍干预。这包括创伤专注的认知行为疗法（TF-CBT）等心理治疗、药物治疗和放松技巧等，以帮助他们缓解焦虑、抑郁和其他症状。

（6）社交支持。鼓励受害者与家人、朋友和同事分享自己的经历，寻求他们的支持和理解。

（7）法律咨询和维权。为受害者提供法律咨询和维权支持，帮助他们了解自己的权益和可行的法律途径。这可以包括报警、起诉骚扰者、申请赔偿等。

（8）长期跟踪。康复可能是一个长期过程，需要定期跟踪受害者的进展，并根据需要调整治疗计划。

（七）国外经验借鉴

国外在防范性骚扰方面已经积累了一定的经验，这些经验可以为我们在构建更加安全、和谐的社会环境中提供重要的借鉴。

1. 明确的法律法规

许多国家都制定了明确的法律法规来打击性骚扰行为。美国是最早提出性骚扰问题的国家之一，美国性骚扰的主要法律依据是《1964年民权法案》第七条（Title VII of the Civil Rights Act of 1964），该条款禁止基于性别（包括性骚扰）的就业歧视。此外，美国教育部实施的《第九法规》（Title IX）也适用于教育机构中的性骚扰问题。根据具体情况，性骚扰者可能面临民事赔偿、罚款、监禁等处罚。英国关于性骚扰的主要法律是《平等法案2010》（Equality Act 2010）。该法案定义了性骚扰，并规定了雇主在防止性骚扰方面的责任。日本在《劳动基准法》和其他相关法规中规定了禁止性骚扰的条款。此外，日本还制定了《男女雇佣机会均等法》等法律，旨在消除职场中的性别歧视和性骚扰。在日本，性骚扰者可能面临民事赔偿、罚款、解雇等处罚。印度与其他国家一样，也有着健全的关于性骚扰的法律规定。这些国家通过专门的法律条款对性骚扰行为进行定义，并规定了相应的处罚措施。通过法律条款不仅明确了性骚扰的界限，也为受害者提供了法律保护和救济途径。同时，确定性骚扰的法律构成要件，明确相关责任方的法律责任，赋予受害者损害赔偿请求权，对依法严厉打击性骚扰行为有一定的借鉴意义。

2. 完善的投诉机制

在国外，有许多国家和地区已经建立了完善的投诉机制，这些机制的建立都在帮助受害者及时报告性骚扰行为，维护受害者权益。在美国，建立了大学校园投诉机制、工作场所投诉和匿名报告系统。许多美国大学都设有专门的办公室或热线来处理性骚扰投诉。例如，加州大学伯克利分校的"防止骚扰和歧视办公室"（office for prevention of harassment and discrimination, OPHD）负责接收和处理性骚扰的投诉；哈佛校方在 20 世纪 80 年代建立了性骚扰问题委员会，以与师生合作处理性骚扰问题。澳大利亚的学校和大学通常也有类似的机制来处理学生的性骚扰投诉。瑞典不仅设有性别平等局（gender equality agency），负责处理与性别平等和性骚扰相关的投诉，还有强大的法律制度对性骚扰有严格的定义和处罚，并鼓励受害者及时报告。印度规定，成立的公司只要有 10 名以上员工，就要设立内部投诉委员会，专门负责处理职场性骚扰的问题，并由公司里女性高层管理人员担任委员会负责人。这些国家通过建立完善的投诉机制，方便受害者及时报告性骚扰行为。同时，这些机构也会及时对投诉进行调查和处理，确保受害者得到公正对待。

3. 全面的教育培训

许多国家重视性骚扰防范的教育培训。美国在性教育方面采取了多元化的方法，从幼儿园开始就有性别教育，一些州将性教育纳入必修课程，并提倡禁欲教育和安全性行为。美国《教育法》修正案第九条，要求接受联邦资助的教育机构必须采取措施预防和处理性骚扰事件。该法规要求学校进行定期的教育培训，以确保学生和教职员工了解性骚扰的界定、如何举报以及防止性骚扰的措施。美国公平就业机会委员会提供关于性骚扰的教育培训，教育员工如何识别性骚扰行为，以及如何采取行动来防止工作场所的性骚扰。许多美国公司，如摩根大通和苹果公司，会定期给职员上课，教授他们如何避免职场性骚扰。瑞典是性教育的先驱国家，其性教育实践被国际社会广泛认可。英国法律规定对 5 岁儿童开始进行性教育，所有公立中小学根据"国家必修课程"进行性教育，内容涵盖人体器官、生殖、性健康等。日本幼儿园会利用游泳课进行性别教育，小学到高中都有性教育课程，内容涉及性别差异、性行为、避孕和性病知识等。这些国家通过课堂教育、专题培训等多种形式向公众普及性骚扰的危害和防范知识。这种教育培训不仅提高了公众的防范意识，也促进了社会对性骚扰问题的关注和重视。

典型案例

张同学的心理康复之路

张同学，一名刚入职不久的女大学生，在一家知名互联网公司担任实习生。然而，随着工作的深入，她发现自己频繁受到来自某名男同事的性骚扰。这些经历让张同学感到极度不安和困惑，她的心理健康受到了严重影响。

1. 心理干预与支持过程

（1）求助与初步评估。张同学偶然发现公司提供心理咨询服务，决定尝试。初次咨询时，她分享了经历和对未来的担忧。咨询师评估后，决定提供个性化心理支持。

（2）建立信任关系。心理咨询师耐心关怀地与张同学建立了信任，确保了安全私密的咨询环境，让张同学自由表达，通过倾听和共情，传递了理解和支持。

（3）认知行为疗法。心理咨询师对张同学实施了认知行为疗法，帮助她改善负面思维，提升情绪控制，减轻焦虑。同时，她还接受了性骚扰应对技能培训，学习了如何识别和拒绝不当行为，以及如何保留证据和举报。通过实践，张同学增强了自信，勇敢面对不适当行为。

（4）创伤处理与情绪释放。针对张同学的性骚扰经历，心理咨询师使用了创伤处理技巧，包括叙事疗法和情绪释放疗法；还鼓励她通过写日记、绘画等方式宣泄情绪，引导她释放负面情绪，并教授放松技巧，如深呼吸、冥想。同时，鼓励她勇敢面对过去，讲述经历，以减轻痛苦和缓解压抑情绪。

（5）恢复过程中的挑战与成长。张同学在心理干预中也遇到了挑战，感到无助和困惑，担心职业发展。但心理咨询师的开导和鼓励给了她安慰，同时还帮助她制定了应对策略，并鼓励她寻求社会支持。随着时间的推移，她变得自信，并能主动与同事沟通，学会了拒绝不适当行为与寻求帮助。

她还积极参与社交活动，拓展社交圈。这些变化让她感到充实和满足，工作和生活逐渐恢复正常。

（6）社会支持与网络建立。除了心理干预的支持外，心理咨询师还积极为张同学寻求社会支持。他们联系了学校的心理辅导中心、妇女权益组织等相关机构，为张同学提供了更全面的帮助和支持。这些资源为张同学提供了更多应对性骚扰的方法和策略，也让她感到更加有力量面对未来的挑战。

2. 康复成果

经过心理干预，张同学的心理状态显著改善，走出了性骚扰的心理阴影，找回了自信和勇气。她的情绪调节能力得到提高，能更好地应对压力，并建立了坚实的社交网络。张同学表示，非常感激心理咨询师的耐心倾听和关怀，以及在困难时给予她支持的人。她相信，勇敢面对困难并寻求帮助，就能战胜困难，迎接更好的未来。

3. 总结与反思

本案例展示了心理干预和支持在帮助性骚扰受害者康复过程中的重要作用。通过提供个性化的心理支持、技能培训和社会资源链接等服务，心理干预能够有效地缓解受害者的心理压力和负面情绪，提高他们的自我保护能力和应对能力。同时，本案例也提醒我们，社会应该加强对性骚扰问题的重视和关注，为受害者提供更加全面和有效的支持和保护。

参考文献

[1] 郭晓飞. 性骚扰是性别歧视吗：一个法理的追问[J]. 妇女研究论丛, 2021（1）: 55-69.

[2] 张艳, 李媛. 女大学生婚前性行为的动机类型及其心理压力研究[J]. 保健医学研究与实践, 2016, 13（1）: 22-25.

[3] 瞿灵敏. 单位违反性骚扰防治义务侵权责任的解释论展开：以《民法典》第1010条第2款为中心[J]. 当代法学, 2025, 39（02）: 85-96.

[4] 钟嘉瑶.《民法典》视域下用人单位防治职场性骚扰义务：基于亚当·斯密的道德理论视角[J].广西政法管理干部学院学报，2025，40（1）：121-128.

[5] 林腾蛟.从法律和制度上规范公民行为[J].人民论坛.2018（10）：54.

[6] 李志高.建构理性与感性交融的公共文明[J].当代法学，2007（06）：85-96.

[7] 吴国平.职场性骚扰行为的法律规制研究[J].2023，25（04）：38-52

第三章

违法犯罪与心理应对

思维导图

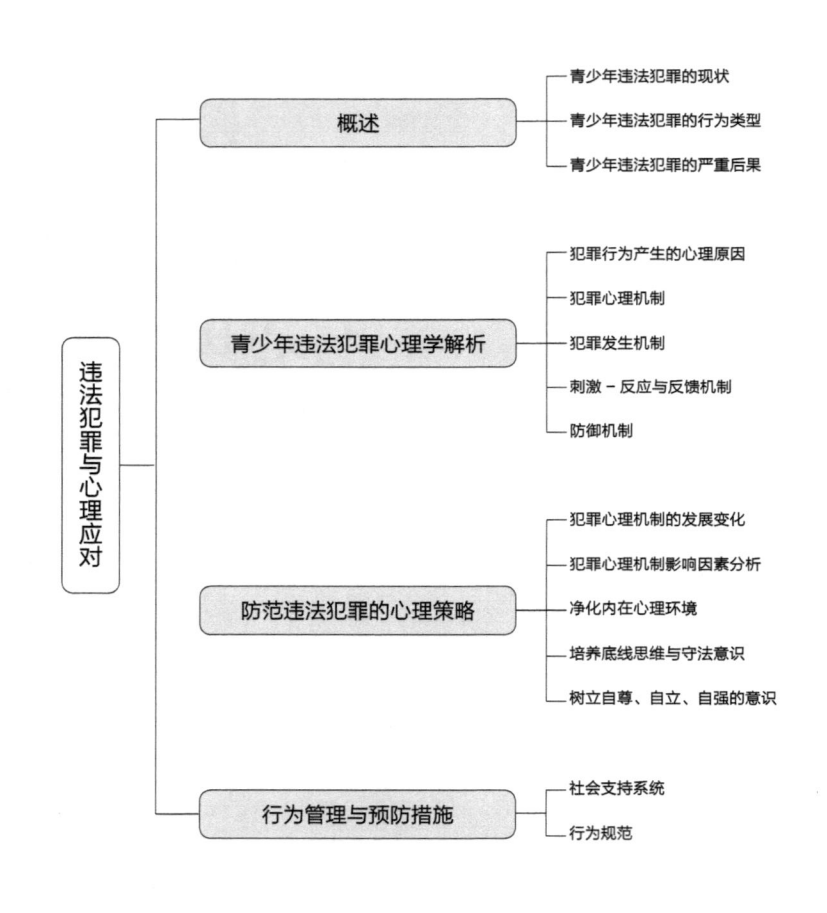

- **违法犯罪与心理应对**
  - **概述**
    - 青少年违法犯罪的现状
    - 青少年违法犯罪的行为类型
    - 青少年违法犯罪的严重后果
  - **青少年违法犯罪心理学解析**
    - 犯罪行为产生的心理原因
    - 犯罪心理机制
    - 犯罪发生机制
    - 刺激-反应与反馈机制
    - 防御机制
  - **防范违法犯罪的心理策略**
    - 犯罪心理机制的发展变化
    - 犯罪心理机制影响因素分析
    - 净化内在心理环境
    - 培养底线思维与守法意识
    - 树立自尊、自立、自强的意识
  - **行为管理与预防措施**
    - 社会支持系统
    - 行为规范

学习目标

1. 树立正确的是非观和价值观，增强对法治社会的认同感。

2. 通过对犯罪预防措施的学习，增强学生的心理承受能力和应对挫折的能力，在面对生活中的各种诱惑和困难时，能够保持健康的心态和积极的行为方式。

3. 培养法制意识和法制思维，能够辨别犯罪行为和不良行为，培养自我控制和约束能力。

案例导入

在河北省某偏远村庄，13岁的初中生小王（化名），一个性格内向的留守儿童，遭遇了来自同班三名同学的极端暴力，最终被残忍杀害并掩埋于村边一处废弃的蔬菜大棚内。

案发当日下午，小王在告知奶奶有同学相约后外出，却再未归家。家人焦急万分，发动亲友彻夜搜寻未果，随即报警。警方介入后，通过监控录像锁定了与小王最后同行的张某、马某、李某三人（皆为化名）。起初，三人矢口否认见过小王，但当警方发现小王曾向张某转账 191 元的记录后，三人终于承认了自己的罪行。原来，三人长期以欺负小王为乐，觉得他老实可欺。案发当天，他们诱骗小王至蔬菜大棚，不仅抢走了他的手机，还转走其账户内的钱款用于充值游戏。为防止罪行败露，三人竟丧心病狂地将小王杀害，并用铁锹毁其面容，随后挖坑埋尸。

公安机关迅速将三名嫌疑人逮捕，并以涉嫌故意杀人罪对他们进行刑事拘留。

最高人民检察院审查后，决定对张某、李某和马某追诉，认定他们虽未成年，但犯罪手段残忍，情节严重，应负刑事责任。

这起案件震惊社会，引发了人们对留守儿童问题的深刻反思。小王与三名犯罪嫌疑人均为留守儿童，长期缺乏父母的关爱与管教，导致他们或成为被欺凌的对象，或形成冷漠残忍的性格。这起悲剧再次敲响了警钟，提醒我们家庭教育和学校监管的重要性，以及加强未成年人犯罪预防和惩治的紧迫性。社会各界应共同努力，为孩子们营造一个安全、健康的成长环境。

> **思考题**
> 1. 如何构建有效的预防和干预机制来减少未成年人犯罪？
> 2. 如果你是小王的家人，你会如何为小王提供更有效的心理支持和保护？

一、概述

（一）青少年违法犯罪的现状

1. 青少年违法犯罪的认定

违法犯罪是一个法律术语，指的是违反国家法律法规的行为，其中包括违反刑法的行为，即犯罪；以及违反其他法律法规的行为，即一般违法行为。犯罪通常具有严重的社会危害性，犯罪行为根据其性质和严重程度，可能会受到不同程度的刑事处罚，如罚金、拘留、有期徒刑、无期徒刑，甚至死刑。与犯罪相比，一般违法行为通常情节较轻，社会危害性较小，不会受到刑事处罚，但可能会受到行政处罚或需承担民事赔偿责任。

青少年通常指的是从儿童期过渡到成年期的阶段，这个年龄段在不同国家和地区的定义可能有所不同。在中国，青少年一般是指年龄在12~18岁之间的未成年人。这个年龄段的划分依据包括生理、心理和社会因素，因为青少年在这个阶段会经历显著的身体发育、心理变化和社会角色的转变。具体来说：12~14岁年龄段的青少年通常处于青春期早期，身体开始发育，但心理和社会成熟度相对较低。15~17岁年龄段的青少年处于青春期中期，身体发育进一步成熟，心理和社会适应能力逐渐增强。18 岁在中国标志着步入成年，青少年开始承担更多的法律责任和义务。

2. 青少年违法犯罪形势严峻

2023 年 6 月，中国最高人民检察院发布的《未成年人检察工作白皮书》（下称"白皮书"）显示，2020 年至 2022 年，检察机关受理审查起诉的未成年犯罪嫌疑人数分别为 54 954 人、73 998 人、78 467 人；2023 年，数字攀升到 9.7 万人，达到近十年来的最高值。

而根据最高人民法院 2024 年发布的最新涉妇女儿童案件情况：未成年人违法犯罪形势依然严峻，校园暴力问题不容忽视。近三年来，未成年人违法犯罪数量总体呈上升趋势，2021 年至 2023 年，人民法院共审结未成年人犯罪案件 73 178 件，判处未成年罪犯 98 426 人，占同期全部刑事罪犯的 2%~2.5%。

青少年犯罪类型相对集中，以盗窃、聚众斗殴、寻衅滋事、抢劫、强奸、诈骗和故意伤害为主。2023 年数据显示，盗窃罪长期位列未成年人犯罪类型第一名，而强奸罪的排位从 2020 年的第六位升至 2023 年的第二位，人数比 2020 年增长了近一倍。低龄未成年人犯罪，即 14~16 岁人群的犯罪数量亦呈现上升趋势。

3. 青少年违法犯罪的特点

一是犯罪手段成人化。青少年求知探索欲旺盛，模仿力极强，尤其对坏事物的接受力强，感染快，再加上现代信息的传播便利，人们的交流增多，使犯罪方式、作案手段在青少年中的传播速度很快，犯罪的方式和手段趋于成人化。

二是犯罪形式团伙化。青少年这一特殊的年龄阶段，决定了他们势单力薄、求众好胜的犯罪心理。他们通过结伙，相互壮胆，增加安全感，减少恐惧感，在同伙之间，互相教唆，互相利用，互相依存。青少年犯罪团伙一般以纠合型为主，他们中的人多为"哥们儿义气"重，与社会上有劣迹的青少年三五成群，拉帮结伙，有预谋地进行团伙犯罪。

三是犯罪成员低龄化。以前青少年犯作案以 16~18 岁年龄段为多，而近几年，则以 13~15 岁年龄段为多，一些青少年犯从十来岁就开始小偷小摸，到十二三岁就已经能"小人作大案"了，不满 14 岁的恶性犯罪屡屡出现，令人震惊。

四是犯罪活动凶残化。青少年正处于人生由幼稚走向成熟的时期。某些青少年对法律知识知之甚少,在走向社会的过程中没有形成健全的人格,容易走向歧途;且由于年轻人的逞强好胜,在进行犯罪活动的过程中,他们往往胆大妄为、不计后果,作案手段残暴。近几年来,青少年在抢劫、伤害、杀人等暴力型犯罪中所占的比例很高。

五是犯罪目的贪婪化。在目前市场经济的形势下,面对激烈的竞争和收入的差距,加之错误的世界观、人生观、价值观的导向,使一些青少年贪图物质生活的享受,陷入对物质利益的极端追求,甚至为达到目的依靠拳头,进行盗窃、抢劫等违法犯罪活动。

六是犯罪方式多样性。随着社会治安形势的变化,青少年犯罪不仅由轻微向严重化、简单向复杂化发展,而且其犯罪类型也呈现出由单一性向多样性发展的特点。例如,由过去的盗窃向抢劫方向发展,由简单的冲动冒险向有组织、有预谋方向发展,等等。

七是犯罪呈现反复性。青少年的思想具有很大的可塑性,极易受外界的影响,往往是"近朱者赤,近墨者黑"。违法犯罪的青少年,经过帮助教育,表现出易于接受教育改造的一面,但也存在较大的反复性。有关资料表明,近年来,青少年重新犯罪率不断升高,突出特点就是所犯新罪往往比以前的犯罪严重得多。

此外,就青少年犯罪而言,还具有突发性、连续性、传导性的特点。突发性主要是由于青少年的犯罪动机往往比较简单,没有经过事前的周密考虑和精心策划,常常是受到某种因素诱发和刺激,或因一时的感情冲动而突然犯罪。这种突发性行为反映了未成年人情感易冲动,不善于控制自己。所谓连续性,是指有偷窃、抢劫等犯罪行为的少年,一般在初次作案得手之后,侥幸心理便得到强化,从而对物质享受产生了贪得无厌的欲求。所谓传导性,是指青少年有强烈的模仿性。由于他们年龄幼小,辨别是非能力薄弱,易感性强。这种传导性在团伙犯罪中表现得最为明显。在团伙中,未成年犯常"以老带新"、"多面手"带单面手,把自己违法犯罪的"技术""经验"传授给新伙伴。所以,有人比喻青少年犯罪像滚雪球一样,越滚越大。

（二）青少年易违法犯罪的行为类型

1. 暴力型犯罪

暴力型犯罪包括但不限于校园暴力、寻衅滋事、聚众斗殴等行为。根据公安机关统计，青少年暴力犯罪在所有青少年犯罪类型中占有相当比例。这些行为往往源于青少年的冲动和对力量的错误认识。

2. 侵财型犯罪

侵财型犯罪主要涉及盗窃、抢夺、抢劫等行为。由于青少年可能缺乏经济来源，面对物质诱惑时，部分青少年可能选择通过非法手段获取财物。

3. 毒品犯罪

在青少年中表现为吸食、贩卖毒品等违法行为。青少年可能因好奇心驱使或在不良群体的影响下尝试毒品，一旦上瘾，可能会为了获取毒品而走上犯罪道路。

4. 性犯罪

性犯罪包括强奸、强制猥亵等行为。由于青少年正处于性心理逐渐成熟期，缺乏正确的性教育和自我控制能力，可能在冲动或误导下触犯性犯罪。

5. 网络犯罪

随着互联网的普及，网络已成为青少年犯罪的一个新领域，包括网络诈骗、网络欺凌、侵犯他人隐私等行为。

6. 其他犯罪行为

除了上述类型外，青少年还可能涉及赌博、故意毁坏公物等其他违法犯罪行为。这些行为可能源于青少年法律知识的缺乏或对行为后果的认识不足。

（三）青少年违法犯罪的严重后果

1. 对个人的负面影响

青少年违法犯罪行为对个人的影响是多方面的，不仅影响他们的学业、人际关系和职业生涯，还会对他们的心理健康和社会责任感产生深远的影响。

（1）对学业的影响。青少年时期的违法犯罪行为往往会中断他们的学业。例如，一些青少年因为犯罪行为被判刑，导致他们无法继续在学校接受教育，甚至可能因此辍学。

（2）对人际关系的影响。犯罪行为会严重影响青少年的人际关系。家庭关系可能会因此破裂。此外，青少年犯罪者在社会中也容易被贴上标签，这会影响他们与同龄人的交往，甚至导致被社会边缘化。

（3）对职业生涯的影响。青少年时期的犯罪记录会对他们的职业生涯产生长远的负面影响。某些职业需要通过背景审查，犯罪记录会直接影响他们从事这些职业的可能性。许多雇主在招聘时会考虑候选人的背景，犯罪记录会大大降低他们的就业机会。

（4）心理健康的影响。青少年犯罪行为往往会让他们感到内疚和自责，长期的心理负担可能会导致抑郁、焦虑等心理问题，对他们的心理健康造成严重伤害。

（5）社会责任感的缺失。青少年犯罪行为还可能导致他们社会责任感的缺失。犯罪行为使他们对社会的规则和法律缺乏敬畏，这会影响他们未来在社会中的表现和贡献。

2. 对家庭的负面影响

（1）家庭经济负担的增加。青少年犯罪后，家庭可能需要承担法律费用、赔偿费用等经济负担，这会给家庭带来额外的经济压力。例如，监护人需要赔偿受害者的经济损失，同时家庭也会因为孩子的犯罪行为而陷入困境。

（2）家庭成员的心理影响。家庭成员，特别是父母，可能会因为青少年的违法犯罪行为而感到羞愧、内疚或焦虑，这对家庭成员的心理健康产生负面影响。

（3）社会关系网的破坏。青少年的违法犯罪行为可能会破坏家庭与亲朋好友、邻居及社会的关系，影响家庭的社会地位和人际关系。青少年犯罪记录极有可能影响家庭其他成员的就业、升学等方面的机会，甚至可能导致整个家庭在社会中被边缘化。

3. 对学校的负面影响

（1）校园安全问题。青少年违法犯罪行为往往会引发校园内的暴力事件和欺凌行为，严重影响校园的安全和稳定。例如，在校园欺凌现象中，网络欺凌日益严重，近半数的相关案件发展为网络暴力。

（2）心理健康问题。青少年违法犯罪行为不仅会对事件中的学生造成心理创伤，也会使围观学生产生心理健康问题。学校需要加强对青少年的心理健康教育，帮助他们调控消极情绪，增强抗挫折的能力。

（3）教育环境恶化。青少年违法犯罪行为会破坏学校正常的教育环境，影响其他学生的学习和生活。

（4）学校形象受损。青少年违法犯罪行为会影响学校的声誉，降低公众对学校教育的信任度，使得学校在社会和家长中的形象受损。这不仅会影响学校的招生和教育质量，还可能引发更多的社会问题。

（5）教育资源被浪费。青少年违法犯罪行为会导致教育资源的浪费。学校需要投入更多的资源来处理这些问题，而这些资源本可以用于提高教育质量和促进学生的全面发展。

4. 对社会发展的负面影响

（1）社会不安定因素增加。青少年犯罪问题一直是全社会关注的热点，同时也是消除社会不安定因素、维护社会稳定的重要课题之一。青少年犯罪案件多以抢劫、盗窃、伤害为主，且犯罪率呈逐年上升的趋势，给社会带来了不安定的因素。

（2）社会资源的浪费。青少年犯罪不仅需要司法机关投入大量资源进行处理，还需要社会各方面的资源进行教育和矫治。这不仅消耗了大量的社会资源，也影响了其他社会事业的发展。

（3）社会风气的恶化。随着青少年犯罪的增加，社会风气也受到一定的影响。拜金主义、享乐主义等不良社会风气的盛行，使一些青少年产生了歪曲的人生观、价值观。崇尚金钱主义，让他们不惜采用犯罪手段。

（4）社会治理难度增加。青少年犯罪的增加也使得社会治理的难度增加。青少年犯罪往往涉及复杂的社会、家庭、教育等多方面的因素，需要全社会共同努力进行综合治理，以控制青少年犯罪增长的势头。

二、青少年违法犯罪心理学解析

（一）犯罪行为产生的心理原因

1. 生理和心理发育尚未成熟

青少年正处于心理和生理发育的关键时期，他们的认识能力、辨别是非能力、抵制不良影响的能力不强；思维敏锐好奇、富于想象、喜欢模仿，不能客观理智地对待各种事物和现象，对比较复杂的社会现象难以正确认识，对自己的行为不能做出正确的估价和评断；因此很容易被别人拉拢、利用，实施犯罪。青少年犯罪的心理原因包括"哥们儿义气"的消极盲从、狭隘和逆反心理的极端反应、自卑和孤独心理的片面发展、消费早熟心理的恶性膨胀、好奇心理和性心理的扭曲等。这些心理因素会导致青少年在面对外界诱惑和压力时，容易做出冲动和不理智的行为。

2. 盲目攀比和嫉妒心理

"嫉妒是人之天敌"，一个人或多或少都会有一点嫉妒心理，有的人与家庭经济方面高收入的人对比，会产生心理不平衡，甚至萌发不良企图，但关键在于人们怎样去控制自己的嫉妒心。不加控制的嫉妒心，如脱缰的野马，势必带来严重危害。未成年人中由于嫉妒而杀人或故意伤人的犯罪，也为数不少。由此可见，嫉妒心危害之大。

3. 逞强好胜与逆反心理

年满14周岁不满18周岁被犯罪心理学家称为"危险年龄段"，其危险性源于他们具有情感极端不稳定性和强烈好胜心，容易偏激，冲动起来不计后果，对正常的交往矛盾习惯采用成人化的暴力手段解决。一些青少年因为成长环境，可能会养成任性、逞强、冲动等不良性格，分辨是非能力差，稍被唆使便容易偏离正道，被坏人利用。其犯罪动机盲目、模糊，只为显示自己，证明自己，不考虑后果如何。

4. 盲目好奇心理和消极模仿心理

青少年对新鲜事物的神秘感有强烈的探知需求和好奇心理，如引导不当也会造成违法犯罪行为的发生。因好奇而模仿武侠小说、碟片中的暴力情节、色情行为而违法犯罪的不计其数。例如，一些青少年由于对异性、对毒品等充满神秘感，在好奇心驱使下寻求刺激，再加之自控力差，进而模仿。目前，吸毒低龄化现象的出现在很大程度上与青少年盲目好奇、消极模仿心理是分不开的。

5.从众结伙心理

在群体压力大，个人心理承受力小时，采取从众行为而获得安全感，是人的一种自然向往和能动适应群体生活的社会属性。从众心理就是基于青少年同龄群体内相同的情感和相似的需要，成员的共同心理是：要偷大家一起偷，要打大家一起打。从众心理还加剧了团伙犯罪，对公安机关公布的相关案例进行剖析，可以发现未成年人组成的抢劫犯罪团伙多数是在从众结伙心理作用下，由起初的几个人发展成犯罪团伙。

6.报仇心理和反社会心理

青少年涉世不深，世界观尚未定型，是人格形成和发展的最关键的阶段，对社会、对人生的认识易表面化、直观化。在当今多元思维并存，各种不良社会风气影响下，青少年容易对法律信任度降低，对社会不满，甚至产生仇视心理。

7.认知取向缺陷

研究表明，青少年罪犯可能存在认知缺陷，如问题解决能力的缺陷、低抽象推理能力，以及中性情境的敌意评估。这些认知缺陷会影响他们在人际交往中的行为选择、理解行为的后果、理解他人的感受和确认实现特定目标的方法。

8.独立意识增强与认知能力较差

青少年在生理上发育较快，但心理发展相对迟缓。他们独立意识增强，但认知能力较差，个人需求急剧增长而受客观可能性的限制，这些因素都可能导致他们在面对挑战时做出错误的选择。

（二）犯罪心理机制

1.犯罪心理概念

犯罪心理机制是指犯罪心理形成和犯罪行为发生的过程、机制和规律，是以内外化机制为主，包括刺激-反应与反馈机制、防御机制等在内的多种机制的综合运作系统。

2. 形成的一般过程

犯罪心理形成的一般过程是一个复杂的心理演变过程，通常涉及多个阶段和因素。以下是犯罪心理形成过程中可能经历的几个关键阶段：

（1）萌芽期。在这个阶段，个体可能开始表现出一些不良的心理倾向和行为特征，这些可能是由于个人的性格特征、早期经历或环境因素造成的。这些初期的不良倾向可能并不直接导致犯罪，但为后续的心理发展埋下隐患。

（2）滋长期。随着时间的推移，个体的不良心理倾向在特定的环境和情境下得到加强和发展。这可能包括与不良群体的接触、社会环境的负面影响、家庭环境的不健全等，这些因素可能导致个体的价值观和行为模式逐渐偏离社会规范。

（3）冲突期。个体在这个阶段可能会经历内心的冲突和挣扎，他们可能意识到自己的欲望和行为与社会规范不符，但同时可能缺乏足够的自我控制力来抑制这些冲动。这种内心的冲突可能导致焦虑和压力。

（4）决策期。在这个阶段，个体可能会做出是否进行犯罪行为的决策。这个决策可能受到多种因素的影响，包括对潜在收益的评估、对被抓风险的判断、对自我控制力的估计等。

（5）准备期。一旦做出犯罪决策，个体可能会开始为犯罪行为做准备，这可能包括策划犯罪行为、寻找同伙、准备工具等。在这个阶段，犯罪动机和目的变得更加明确。

（6）实施期。个体将犯罪计划付诸行动，这个阶段可能伴随着高度的紧张和兴奋，个体可能会采取各种手段来实现其犯罪目的。

（7）后犯罪期。犯罪行为实施后，个体可能会经历不同的心理反应，如罪恶感、后悔、恐惧被捕等。这些心理反应可能会影响个体未来的行为选择，有些个体可能会因此停止犯罪行为，而有些个体则可能继续犯罪。

对于某些个体来说，如果犯罪行为没有受到有效的惩罚或干预，他们可能会逐渐习惯于犯罪的心理形成和生活方式，犯罪心理和行为模式变得根深蒂固。

3. 犯罪心理特征

在犯罪心理特征结构中，存在多个因素容易增加个体走上犯罪道路的风险。以下是一些特别关键的因素：

（1）反社会人格特征。具有反社会人格的个体，通常缺乏同情心、责任感，以及对社会规范的认同，这使他们更容易产生犯罪行为。

（2）家庭背景问题。家庭环境对个体的心理发展至关重要。家庭暴力、忽视或对父母犯罪行为的模仿都可能增加个体犯罪的可能性。

（3）情绪调节困难。无法有效管理情绪和冲动的个体，可能更容易在压力或愤怒的驱使下做出犯罪行为。

（4）认知偏差。如对犯罪行为的合理化、对受害者的去人性化等认知偏差，可能导致个体降低对犯罪的自我约束。

（5）社会化缺陷。未能成功社会化的个体可能不了解或不认同社会规范和法律，这增加了他们犯罪的风险。

（6）同伴压力和群体影响。同伴的影响在青少年中尤为显著，不良同伴群体可能促使个体参与犯罪行为。

（7）心理障碍。某些心理障碍，如反社会型人格障碍、冲动控制障碍等，可能与犯罪行为有较高的相关性。

（8）经济压力和物质需求。贫困和物质需求的无法满足，可能导致个体为了生存或追求物质享受而犯罪。

（9）道德发展水平低下。道德判断不成熟或道德水平低下的个体可能无法充分认识到其行为的后果和不当性。

（10）心理防御机制的滥用。如否认、投射等心理防御机制的滥用，可能使个体无法正视自己的行为问题。

（11）学习与模仿。通过观察和模仿他人，特别是犯罪行为，个体可能学习到不良行为模式。

上述的因素通常不是孤立作用的，它们在个体的生活中相互作用，共同影响个体是否最终走上犯罪道路。

（三）犯罪发生机制

1. 犯罪心理的内化机制

内化机制是犯罪心理形成过程中的关键环节，它涉及个体如何将外部的消极因素转化为内在的心理状态和行为模式。了解内化机制有助于我们更好地理解犯罪心理的发展过程，并采取有效的预防和干预措施。

（1）消极因素吸收。个体通过与不良群体的接触、媒体影响、家庭环境等途径，接触到负面信息和行为模式，包括暴力行为、攻击性行为、反社会态度等。

（2）价值观和信念转变。随着消极因素的吸收，个体的价值观和信念可能开始发生转变，逐渐接受并认同那些与社会主流价值观相悖的观念，比如对法律的蔑视、对不公正现象的冷漠等。

（3）个性特征改变。内化机制还涉及个体性格特征的变化。长期暴露于消极环境中的个体可能发展出冲动性、缺乏同情心、自我中心等不良性格特征。

（4）认知和情感调整。个体在内化过程中，其认知模式和情感反应也会发生调整，发展出一套有利于犯罪行为的认知框架，比如合理化自己的行为、对受害者缺乏同情等。

（5）行为模式形成。随着消极因素的内化，个体可能开始形成与犯罪行为相一致的行为模式，包括逃避责任、对抗权威等。

（6）自我认同构建。在内化机制的影响下，个体可能构建起一种与犯罪行为相一致的自我认同，将自己视为"反叛者"或"受害者"，从而为自己的犯罪行为找到心理支持。

（7）防御机制激活。为了应对内心的冲突和外界的压力，个体可能会激活各种心理防御机制，如否认、投射、合理化等，以减轻心理不适和维持心理平衡。

（8）犯罪心理巩固。随着时间的推移，内化机制可能导致犯罪心理的巩固和稳定。个体的犯罪倾向变得更加根深蒂固，犯罪行为变得更加频繁和自然。

2. 犯罪心理的外化机制

犯罪心理的外化机制是指个体将内在的犯罪心理状态转化为具体犯罪行为的过程。这一机制涉及心理动机、认知评估、行为决策和实际行动等多个方面。

（1）犯罪动机形成。个体在内化了消极因素后，会形成犯罪动机，这些动机可能源自个人需求、欲望、不满或其他心理因素。

（2）认知评估。个体会对其犯罪动机进行认知评估，考虑犯罪行为的可能后果、风险和收益，包括对成功可能性的判断、对法律惩罚的评估等。

（3）行为决策。在认知评估的基础上，个体做出是否实施犯罪行为的决策。这一决策受到个人价值观、道德标准、自我控制能力等因素的影响。

（4）行为计划。决定实施犯罪后，个体会制订详细的犯罪计划，包括选择目标、确定时间和地点、准备工具和方法等。

（5）情绪激发。在准备实施犯罪行为的过程中，个体会经历情绪激发，如兴奋、紧张、恐惧等。这些情绪可能影响其行为表现和决策过程。

（6）行为实施。个体将犯罪计划付诸行动，这一阶段会伴随着高度的警惕性和适应性，以应对可能出现的意外情况。

（7）行为反馈。犯罪行为实施后，个体会根据行为结果和外界反馈进行自我评估。如果犯罪行为得逞，会强化其犯罪心理；如果失败或受到惩罚，会抑制或改变其犯罪倾向。

（8）心理适应。在犯罪行为实施后，个体会进行心理适应，以应对可能的法律后果和社会评价，包括否认责任、合理化行为、寻求心理安慰等。

（9）习惯化与固化。对于重复实施犯罪行为的个体，外化机制可能导致犯罪心理和行为的习惯化和固化。犯罪行为变得更加自然和自动化，个体可能逐渐丧失对犯罪行为的道德抑制。

（四）刺激-反应与反馈机制

刺激-反应与反馈机制是心理学中描述个体如何对环境刺激做出反应，并根据这些反应的结果调整行为的理论。在犯罪心理学中，这一机制尤为重要，因为它涉及犯罪行为的发生和持续。

1. 刺激-反应

个体可能遭遇各种外部刺激，如社会不公、同伴压力、经济困难等，这些刺激可能诱发个体的负面情绪和反应。个体的心理状态，如情绪不稳定、冲动性、缺乏自我控制等，会影响他们对环境刺激的感知和处理方式。在刺激的影响下，个体可能会产生不恰当或违法行为作为对环境刺激的反应。例如，面对压力，一些人可能会诉诸暴力或盗窃来解决问题。行为反应之后，个体会体验到行为的后果，这可能包括法律惩罚、社会排斥或个人罪恶感等。

2. 反馈循环

行为后果作为反馈信息影响个体的心理状态,可能导致以下三种情况:

一是正反馈。如果犯罪行为没有受到适当的惩罚或个体从中获得某种形式的满足(如经济利益、权力感等),这可能会强化其犯罪倾向,形成正反馈循环。

二是负反馈。如果犯罪行为导致负面后果(如被捕、社会谴责等),这可能会抑制未来的犯罪行为,形成负反馈循环。

三是心理调整。根据反馈信息,个体可能会调整他们的心理预期和行为策略。例如,如果犯罪行为带来了负面后果,个体可能会在未来避免类似行为或寻找更隐蔽的方法。

(五)防御机制

在犯罪心理学中,防御机制是指个体为了减轻内心冲突、焦虑或压力而采取的无意识心理策略。这些机制有助于个体保护自己免受负面情绪的影响,但有时也可能导致不健康或反社会的行为。常见的防御机制如表3-1所示。

表3-1 常见的防御机制

防御机制	具体表象
否认	拒绝承认现实中的某些方面,尤其是那些引起痛苦或焦虑的事实
投射	将自己不接受或不认同的情感或动机归咎于他人,认为是他人拥有这些情感或动机
合理化	为自己的行为找到看似合理但往往是虚假的解释,以掩盖真正的动机
转移	将情绪从原本的对象转移到另一个较安全或更易接受的对象上
抑制	将痛苦的记忆或感受从意识中排除,使其下沉到潜意识中
分裂	将人或事物完全看作是全好或全坏的,无法接受它们同时具有正面和负面的特质
幻想	通过构建幻想世界来逃避现实中的不满或压力
反向作用	以与真实感受相反的行为或情感来隐藏自己的真实感受
自我隔离	将情感从思想或记忆中分离出来,以避免感受到痛苦
抵消	通过做一些与原先的不当行为相反的事情来试图消除罪恶感
同化	模仿或采纳他人的行为、态度或特质,尤其是那些被个体认为具有力量或权威的人
升华	将不可接受的冲动转化为社会上更可接受或有价值的行为或活动

在犯罪心理中,这些防御机制可能被用来处理与犯罪行为相关的内心冲突,

例如，犯罪者可能会使用否认来拒绝承认自己的犯罪行为，或者使用投射来将责任归咎于他人或社会。

典型案例

侮辱他人会受到法律处罚吗？

小初从小性格就比较张扬，上初中后是班里有名的"大姐大"，在她身边还有艳艳、小帆等跟班。有一天，班上一名叫阿卓的女生和小初穿了同一款外套，小初看到后非常不高兴，要求阿卓脱掉。阿卓不脱，小初就和她吵了起来。在同学的劝说下，小初不再强迫阿卓。大家本以为事情就此结束了，没想到，晚上回到宿舍，小初和艳艳、小帆等人闯进阿卓的宿舍，将阿卓的外套抢走，还四处宣扬阿卓的外套是偷来的。经过这件事后，阿卓的身心受到重创，时常觉得同学们都用异样的眼光看她，她只好选择休学。请问，小初等人这种侮辱他人的行为应该受到法律处罚吗？（案例中均为化名）

案例解析：

人格尊严权，是指公民的名誉和公民作为一个人应当受到他人最起码的尊重的权利。侵犯他人的人格尊严，会对其身心健康、精神状态产生极大影响，甚至会引起他人自杀、精神失常等严重后果。所以，我国宪法第三十八条规定，中华人民共和国公民的人格尊严不受侵犯。禁止用任何方法对公民进行侮辱、诽谤和诬告陷害。民法典第一百一十条第一款规定，自然人享有生命权、身体权、健康权、姓名权、肖像权、名誉权、荣誉权、隐私权、婚姻自主权等权利。《中华人民共和国刑法》第二百四十六条第一款规定，以暴力或者其他方法公然侮辱他人或者捏造事实诽谤他人，情节严重的，处三年以下有期徒刑、拘役、管制或者剥夺政治权力。小初等人抢夺阿卓的外套并散播不实言论的行为属于公然侮辱阿卓的行为，构成侮辱罪，因为小初等人未满16周岁，对该罪依法不负刑事责任，但是她们的父母需对阿卓的损害承担赔偿责任，公安机关应责令她们的父母严加管教。

三、防范违法犯罪的心理策略

（一）犯罪心理机制的发展变化

犯罪心理结构的发展变化，主要是指犯罪主体在已经形成的犯罪心理的基础上，在犯罪实施过程中所经历的动机变化、深度变化和心理结构变化。这些变化可以是良性的，也可以是恶性的，具体取决于内外因素的影响。这些变化可能包括消极、不良的心境，以及实施犯罪时的异常心理状态，如激情、应激状态等。

1. 动机变化

动机变化是指犯罪人在实施犯罪过程中和犯罪行为完成后，其动机和需求种类可能会发生更迭、重合或转换。

（1）从动机到行为的发展变化。动机是行为的直接动因。犯罪动机的形成和发展变化，经历了从犯罪意向、明确而具体的犯罪动机、犯罪决意到犯罪实行几个阶段。由朦胧意向到决意实施犯罪，体现了犯罪心理由潜在到外显、由心理到行为的转化过程。

（2）犯罪动机的多极化趋向。犯罪动机的发展的基本形式是由单一化到多极化的发展变化，即犯罪人的犯罪欲求是不断扩大和加深的。譬如，由贪污犯罪动机所获得的钱财难以满足其享乐欲望，则有可能再发展到诈骗、绑架、抢劫杀人等犯罪动机；或者由贪婪引起的经济犯罪动机发展到出卖国家机密情报的犯罪动机；等等，都体现了犯罪动机和需求种类的变化及其扩大和加深。

（3）动机变化带动其他心理因素变化。动机是需求的直接体现，反映了需求的强度和实现愿望的迫切性。动机的发展变化，又推动着需要、利益、情感、价值观及行为方式、行为习惯等其他心理要素的发展变化。这是由人的个性的整体性和结构性所决定的，即所谓牵一发而动全身。同时也是由动机在人的个性中的特殊地位所决定的。犯罪动机是犯罪心理中最活跃的成分，犯罪动机的加深或减弱，同样能够起到带动其他心理因素发展变化的作用。

2. 深度变化

深度变化指的是犯罪心理的加深或淡化，即犯罪心理结构的强化或弱化。这种变化可能受到刑罚惩罚的正面效应、教育与综合治理、生活环境变化等外部因素，以及行为人良知与罪责感的萌发、需要的转换等内部因素的影响。

（1）深度变化带动人格状况的发展变化。犯罪心理的固化和犯罪行为深度的变化，必然会带动行为人整个人格状况的恶化。如果说，在初犯阶段，犯罪心理仅仅是行为人心理生活中的一部分，随着时间的推移和犯罪行为的多次实施，犯罪心理在其中的地位和作用不断扩大，常态心理随之减退。最终，犯罪心理结构与其整个人格结构基本上融为一体，产生了犯罪人格，即达到了犯罪心理人格化的程度，这便进入了惯犯和职业犯的阶段（图3-1）。

```
犯罪心理    → 初始阶段 → 犯罪动机形成 → 动机实现/ ┬ 实现    ┐         犯罪行为
结构形成                               派生/转移 │         ├→        深度变化
                                              └ 派生/转移 ┘
犯罪行为终止/社会适应性增强 ← 人格状况发展转化 ← 犯罪心理结构弱化 ← 淡化
犯罪行为频率增加/犯罪手段多样化 ← 人格状况发展变化 ← 犯罪心理结构强化 ← 加深
```

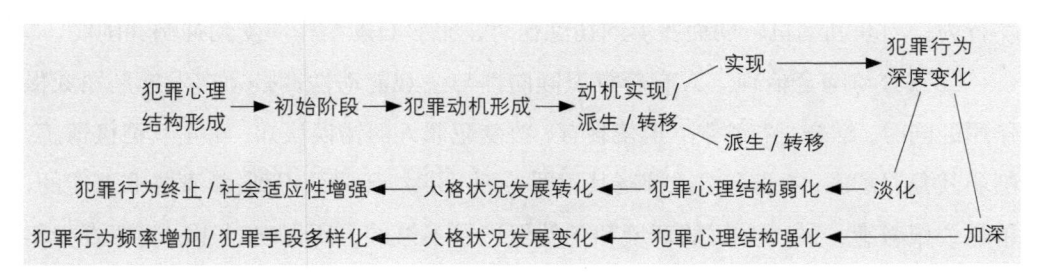

图3-1　犯罪心理结构形成

犯罪行为深度带来的其他变化。

一是犯罪行为的加剧。随着犯罪心理的强化，犯罪行为可能变得更加频繁、更加大胆或使用更复杂的手段。

二是犯罪心理结构的固化。经过多次犯罪活动，犯罪人的心理结构可能变得更加稳定和难以改变，形成一种犯罪习惯或模式。

三是社会关系的恶化。犯罪行为深度变化可能影响犯罪人与社会的关系，导致社会支持网络的丧失和孤立感的增加。

（二）犯罪心理机制影响因素分析

犯罪心理结构的发展变化，不是来自天赋观念的驱使，不是来自头脑本身的变化，而是主体内外诸种因素相互影响、相互作用的结果。主体内外的积极因素可以使犯罪心理结构弱化，主体内外的消极因素将使犯罪心理结构强化。

1. 主体外因素

主体外因素，即犯罪主体之外的各种刺激和情境。

（1）外界积极因素。

①惩罚的正面效应。按照强化理论，如果一种行为经常伴随着抑制其增强的负强化物出现，行为主体感受到该行为带来的痛苦体验超过愉快体验，则该行为必然呈现负强化（削弱）状态。就多数犯罪人而言，当他们萌发犯罪动机的时候，就已经意识到他们面临的是一场赌博，所施行的是一种为社会所禁止的行为，既有可能获取一时利益，又面临着被逮捕、判刑的可能，犯罪人必然要在这两者之间进行权衡抉择。当获利动机与侥幸心理占上风时，就会产生犯罪决意和实施犯罪行为；当获利动机较弱而畏惧刑罚惩罚时，犯罪心理结构便受到抑制和削弱。

②教育与综合治理。人有着意识倾向性与主观能动性，必须在发挥刑罚威慑作用的同时，结合进行法制、道德教育，改变犯罪人的错误认知，矫正其消极情感，削弱其犯罪意志，才能有效地抑制其犯罪心理。同时，还要认识到，教育并非万能的，单靠说服教育，缺少必要的环境和条件保证是不够的。所以在对违法犯罪青少年实行有效矫正、辅导的同时，应当做好社会治安的综合治理。如加强社会主义精神文明的建设，净化社会风气；为刑满释放人员拓宽就业门路，帮助他们学会一技之长，妥善安置就业等。只有各种力量齐抓共管、多种措施并举，才能收到应有的效果。

③情境变化。犯罪行为有着复杂的社会、外在原因，但直接的原因是犯罪人生活在其中的小环境因素与情境因素的影响。家庭、学校、亲友的耐心规劝教育，给以更多的关怀、爱护，使犯罪人获得必要的经济条件和收入，改善犯罪人家庭、学校、工作单位的气氛和条件，改善和优化生活环境，切断犯罪人与犯罪集团及团伙成员之间的联系等，对抑制犯罪心理是必不可少的。

在动机斗争中，如果反对作案的动机占据优势，则其犯罪心理结构就会向良性转化，终止犯罪活动，乃至逐渐建立起新的个性心理结构和良好的心理品质。

（2）外界其他影响因素。

①犯罪机遇和现场条件的变化。犯罪人蓄意作案，但来到现场后，发现已错过犯罪机遇。例如，原来疏于防范的薄弱环节已经加强警戒或加固安全措施，致使犯罪人无从下手，就可能被迫暂时放弃犯罪动机。如果犯罪机遇、现场条件变得比事先估计的更为有利，则有可能加强犯罪动机或产生新的犯罪动机。

②犯罪目标或侵害对象的变化。包括犯罪目标的消失、侵害对象的警觉等，对犯罪动机会起到暂时的遏制作用。如果犯罪动机过于强劲，原有侵害对象虽然消失，却出现了新的侵害对象，则有可能迁怒无辜。

③被害人的态度。被害人采取的态度对犯罪动机有时也会产生重要的影响。如果被害人态度坚定，坚持反抗，有可能迫使犯罪人心慌意乱、放弃作案；也可能因犯罪人态度顽固和反抗，导致其犯罪动机恶化，遂用暴力残害对方。如果被害人态度怯懦、忍气吞声、逆来顺受，将助长犯罪人的嚣张气焰，使其在犯罪得逞后，又产生新的犯罪动机，进一步加害对方。

④共同犯罪人的影响。两人或两人以上的共同犯罪，在其实施过程中，如果同案人态度发生变化，中途退出现场，将不同程度地影响其他成员的作案心理，削弱其犯罪动机。如果同案人态度凶残，实施新的犯罪，同样会对其他成员的犯罪动机产生恶化影响。

⑤惩罚的负效应。毫无疑问，对犯罪行为的揭露和惩罚，将会对其犯罪心理产生抑制作用。但一味地使用重刑，不断地扩大打击范围和增加刑罚的严厉程度，也将使许多犯罪人产生逆反心理，甚至出现不畏惧刑罚的反应。例如，犯罪分子在过于严厉的惩罚下认为"杀死一个人判死刑，不如多杀几个人"。

2. 主体因素

制约与影响犯罪人心理结构发展变化的内在因素很多，主要来源于其内部主导性需要所产生的驱动力，同时也与其个性特征以及生理因素有关。

（1）个性心理结构中的积极因素。

①良知与罪责感的萌发。在犯罪个性结构中，良知尚未泯灭，某些道德观念尚未丧失，虽然个人非法欲望居优势地位，但对荣誉、前途、家庭仍有一定程度的重视；本人有一定的上进心和某些有益兴趣，或者有一技之长；犯罪后时而出现罪责感和负疚感，即对所犯罪行产生一种自我谴责的情感等，这些都对犯罪心理起抑制作用。

②需要的转换、满足与代偿。犯罪人需要结构的偏颇与不合理，是产生犯罪动机的直接原因。应当在适当满足他们基本的生理需要与社会需要外，注意运用新的适合于社会道德和法律规范的需要，来取代其原有的畸形需要，实行需要的

转换、满足与代偿。如对于违法犯罪青少年，要用参加正当文体活动的高尚情趣取代沉溺于违法犯罪生活的低级情趣，用学习科学文化知识的需要取代传看黄色书刊的需要，用健康的审美需要取代歪曲的颓废的审美需要，用参加生产竞赛的集体荣誉感取代打架斗殴、称王称霸的欲求，等等。

③条件限制。包括生理条件限制、心理条件限制和强制性条件限制，达到对违法犯罪"非不为也，实不能也"的程度，如犯罪人体弱多病或年老体衰，无力作案；犯罪人对作案能否成功缺乏信心，畏惧刑罚惩罚；犯罪人受到禁锢限制，无法接近作案目标或缺少作案工具等。条件限制在一定程度上也会促使犯罪心理结构弱化。

（2）主体其他影响因素。

①需要。需要是个体因内部缺乏某种东西所引起的身心方面的不平衡状态。犯罪人在实施犯罪过程中动机的发展变化，首先同主体的需要及其强度有关。如果主体某方面的欲求强劲而不可得，个体社会化又存在着严重的缺陷，就会不惜冲破道德、法律的约束，决意实施犯罪。如果某方面的欲望减弱，反对动机增强，就会中止犯罪或完全停止犯罪活动。

②情绪。在多数情况下，不安、嫉妒、恐惧、愤怒等消极情绪，将会加速犯罪动机的形成和滋生。有时，某种强烈的情绪感受也有可能引起反对动机，从而抑制犯罪的实施。例如，在实施犯罪过程中，由于对犯罪后果产生恐惧或由于对被害人产生同情、怜悯，而骤然中止犯罪行为。

③认识。犯罪人在认识上的偏差，易引起犯罪动机的恶化和产生新的犯罪动机。例如，某青年与人斗殴，原来只打算"教训"一下对方，不料对方"不服"，该青年认为这是"藐视"他，顿生恶念，抽刀将其杀害。

④意志。人的意志活动不仅有强弱之分，还有正确意志与错误意志的区别。行为人在正确方向上的控制力薄弱，错误方向上的控制力畸形发展，将会进一步强化犯罪动机，促成犯罪动机的恶性转化，敢冒风险，不计后果。例如，某高中学生厌恶学习，经常逃学，显示出意志薄弱，无法自控；但在团伙唆使下，竟以自伤、自残来显示其"英雄"气概，在与他人殴斗中，敢于下手，残害对方。

⑤犯罪经验。有无犯罪经验，犯罪经验的多少、深浅以及个人犯罪史上成功与失败的概率，都会制约犯罪人犯罪动机的变化和发展。犯罪经验丰富者，在犯

罪现场应变能力强，往往做出有利于自己的犯罪抉择，连续实施犯罪行为。缺少犯罪经验的人易于惊慌失措，放弃作案动机，或者为了保护自己，做出鲁莽的恶性犯罪选择。例如，盗窃犯在夺路而逃时杀人，因其缺少犯罪经验，又难免在现场留下踪迹。

⑥犯罪习惯。某种犯罪习惯一旦形成，便成为一种癖好和需要。如有些盗窃恶习很深的作案人，往往出现一种游离于盗窃财物动机之外的"为偷而偷"的自动化反应倾向，他们在盗窃得手后，有特殊的欣快感、愉悦感。犯罪习惯形成后，一遇到犯罪机会，往往无须经过动机斗争，便产生新的作案动机。即使经过教育，在认识方面有了提高，恶习一时也难以改正，并且极易出现反复。

⑦犯罪模仿。在青少年犯罪者中，由于其年龄特征，较普遍地出现对坏榜样的模仿和认同现象。这种模仿和认同，能强化犯罪心理结构，加速新的犯罪动机的产生。比如，在团伙犯罪中，首犯或骨干分子的行为，往往成为一般成员模仿的榜样。当他们表现出凶狠残暴，或实施新的犯罪行为时，由于模仿的作用，也会使得一般成员凶狠残暴和实施新的犯罪行为。

⑧犯罪准备。犯罪人犯罪动机的发展变化，有时还与其犯罪准备状况有关。比如，在犯罪过程中忽然发现缺少犯罪工具或犯罪工具不适用，又无替代办法，会导致犯罪动机的弱化，引起犯罪行为中止，或者向新的犯罪动机转移。有些犯罪人事先对意外情况估计不足，对可能的退路、藏身处等未作考虑，一旦遇到意外，易于惊慌失措，并可能将情境矛盾推向尖锐化，促使犯罪动机的恶化。

⑨生理状况。犯罪人在实施犯罪行动时，突发疾病难以支持或精神恍惚，无法集中注意力，不得不暂时放弃犯罪动机；或者因行为失误而受伤，疼痛难忍，不得不停止作案。随着犯罪人年龄的变化，带来生理状况的变化，也会在一定程度上影响犯罪动机和犯罪行为的变化。例如，青少年性器官成熟后，特别是性欲冲动性较强的时期，如果道德、法治观念欠缺，在一定情境下易于产生性犯罪动机。

（三）净化内在心理环境

从预防犯罪的角度来看，净化内在心理环境是一个重要的策略，因为它涉及个体心理层面的积极变化，有助于降低犯罪倾向和行为。

1. 增强自我认知

增强自我认知是个人发展和心理健康的重要组成部分，它涉及了解自己的内心世界、情感、信念、价值观和行为模式。通过自我反思和内省，个体能够更好地了解自己的需求、动机和行为模式。这有助于识别可能导致犯罪行为的心理因素，如冲动、愤怒或挫败感。

以下方法可以用来增强自我认知：自我反思，定期花时间思考自己的行为、决策和情感反应，理解它们背后的原因；明确自己的长期和短期目标，了解自己的动机和追求；通过写日记记录日常经历和感受，有助于清晰地观察自己的思想和情绪模式；开放地接受来自他人的意见和反馈，这可以提供关于自己的不同视角；学会识别和命名自己的情绪，理解情绪如何影响自己的行为和决策；练习冥想和正念，帮助集中注意力，提高对自己内心体验的觉察；通过阅读、旅行、艺术创作等活动探索自己的兴趣和激情。如果需要，寻求专业心理咨询师的帮助，通过谈话治疗，了解自己更深层次的需求和冲突。

2. 做好情绪调节

情绪是人类体验的核心，是我们与世界互动的桥梁。它们不仅影响我们的思维和行为，还塑造了我们的人际关系和生活轨迹。情绪调节是个人发展和维护心理健康的关键技能，是一种可以控制或影响自己有哪些情绪、什么时候有这些情绪，以及如何经历和表达这些情绪的能力。相对应地，情绪失控或失调是指尽管尽了全力，却还是无法改变自己有哪些情绪、什么时候有这些情绪，以及如何经历和表达这些情绪。有效的情绪管理策略：识别和接受自己的情绪，而不是压抑或忽视它们；学会区分不同情绪之间的细微差别，比如挫败感和愤怒；找到健康的方式来表达情绪，比如与信任的朋友或家人交谈。改变对情绪的负面认知，以更积极的方式看待情绪体验，将负面情绪转化为积极行动的动力，使用情绪来激励自己实现目标和克服挑战。定期检查自己的情绪状态，了解情绪变化的模式；避免触发因素，识别并远离那些可能引发负面情绪的人或环境。在调节情绪方面：可以使用深呼吸、冥想、正念练习等技巧来平静情绪；通过写作、绘画、音乐等创造性活动表达情绪；参与体育活动或其他形式的身体锻炼来释放紧张和压力。还可以通过阅读书籍、参加研讨会或在线课程来学习更多关于情绪管理的知识。发展情绪智力,包括同情心、共情能力以及理解他人情绪的能力。如果情绪问题难以自行处理,寻求心理健康专业人士的帮助,与能够提供情感支持的人建立联系。

情绪调节是一个持续的过程,需要时间和实践来发展这些技能。通过有效的情绪调节,可以提高生活质量,增强人际关系;尤其是学会有效调节负面情绪,可以减少因情绪失控而导致的犯罪行为。

拓展阅读

情绪调节的难点

调节情绪是一个复杂且具有挑战性的过程,因为有许多因素可能会使这一过程变得更加困难。以下是一些调节情绪的常见难点及其详细解释。

1. 基因和生理因素

生物因素可能会使情绪调节变得更加困难。例如,有些人天生就更容易出现情绪波动,这可能与他们的神经系统、基因或激素水平有关。生理上的差异可能导致某些人比其他人更难控制他们的情绪。

2. 缺乏技能

调节情绪需要一些具体的技巧和方法,但并不是每个人都能掌握这些技能。很多人不知道如何识别和描述自己的情绪,或者不知道如何通过深呼吸、冥想或者其他方法来平复自己的情绪,那么当情绪波动时,他们会感到无所适从。因此,缺乏情绪调节的技能会让情绪调节变得非常困难。

3. 行为强化

在某些情况下,环境会对情绪反应进行强化,进一步加剧情绪波动。例如,有时候,不良的情绪反应可能会带来短暂的好处,比如通过愤怒来获得别人的关注,那么我们就会意识到越强烈的情绪越容易让人们注意到,结果可能导致我们习惯性地夸大自己的情绪,而且难以改变这些反应。

4. 情绪波动

情绪波动也会影响情绪调节策略。当一个人的行为更多地受到当前情绪的控制,而不能理性地思考和判断时,他们很难采取有效的情绪调节策略。

例如，一个人可能在愤怒时做出冲动的决定，而不是冷静地分析情况。

5. 情绪过载

情绪过载是指情绪的强度达到了一个临界点，使得个人的情绪调节技能无法发挥作用。当情绪过于强烈时，人们往往会感到被情绪淹没，无法有效地执行情绪调节的步骤。过度的反思和担忧也会加剧负面情绪，影响情绪调节，在这种情况下，情绪调节变得几乎不可能。

6. 关于情绪的错误观念

关于情绪的错误观念也会干扰情绪调节的过程。比如，我们总觉得表达自己的不安是软弱的表现，在工作中遇到困难时，从不向同事或朋友寻求帮助，导致压力越来越大，最终影响了工作效率和心理健康。表达情绪并寻求支持其实是一种勇敢的表现，我们可以尝试与信任的朋友分享自己的感受，这种交流不仅减轻了压力，也增强了朋友之间的关系。还有些人可能认为极端的情绪反应是自己性格的一部分，无法改变。这些观念会阻碍他们尝试调节情绪的努力。

3. 塑造积极的价值观和信念体系

塑造积极的价值观和信念体系对于个体的心理健康和社会行为具有深远的影响，如尊重他人、公平正义和社会责任，可以增强个体的道德约束力，降低犯罪的可能性。如何塑造积极的价值观和信念体系？

一是从小接受正面的教育，了解法律、道德和社会规范，形成尊重他人和遵守社会规则的意识，增强法律意识，明白违法行为的后果，自觉遵守法律法规。二是积极参与社区志愿活动，通过参与社区服务、志愿活动等，培养对社会的责任感和归属感。三是培养批判性思维能力，注重接触正面的文化作品，如书籍、电影、艺术等，吸收其中的正面价值观，尤其是在浏览网络上的信息时，学会甄别审视相关内容是否符合内心的价值观和信念，学会区分不同价值观的优劣，拒绝负面诱惑。四是寻找并学习正面榜样，如历史人物、社会领袖、亲朋好友等，模仿他们的行为和思想，并通过自我激励，强化积极行为和价值观，形成正向反馈循环。

五是关注社会问题，培养对不公正现象的敏感性和改善社会的决心；不断学习新知识，开阔视野，理解多元文化和价值观；参与道德和价值观的讨论，加深对不同价值观的理解和认识，并将道德理念转化为实际行动，通过实践来巩固和深化价值观。

4. 培养积极心态

培养乐观、积极的心态，有助于个体面对生活中的挑战和压力，减少因绝望或无助感而产生的犯罪行为。有效的培养策略包括设定清晰、可实现的个人目标，这有助于提供动力和方向，减少因迷茫或绝望而可能产生的犯罪行为。培养乐观的思维方式，关注生活中的积极方面，减少悲观和消极情绪。定期进行感恩练习，比如写感恩日记，这有助于提升幸福感和生活满意度。学习自我激励技巧，比如设定奖励机制，以正面的方式激励自己完成任务和挑战。从经历中学习和成长，将挑战视为成长的机会，而不是仅仅看作障碍。接受自己的不完美，认识到每个人都有缺点和局限性，学会宽恕自己。保持健康的生活习惯，如规律的饮食、充足的睡眠和定期的体育活动，这些都有助于维持情绪稳定。培养心理韧性，即使在逆境中也能保持积极和适应性。积极参与社交活动，与他人建立积极的关系，这有助于获得社会支持和减少孤立感。保持好奇心和学习欲望，不断学习新知识和技能。远离可能带来负面影响的人和环境，减少接触暴力、犯罪和消极信息。培养解决问题的能力，面对困难时能够积极寻找解决方案，而不是逃避或采取不当行为。

通过上述措施，个体可以逐步净化内在心理环境，建立起更加健康和积极的心理状态，从而在根本上预防犯罪行为的发生。

（四）培养底线思维与守法意识

1. 底线思维与守法意识的重要性

底线思维是一种预防性思维模式，它要求人们在面对各种情况时，从最坏的可能性出发，做好充分的准备，以确保在任何情况下都能够保持稳定和安全。这种思维方式强调了对潜在风险的预见性和应对措施的周密性，是提高个人和组织应对危机能力的重要策略。守法意识是指公民对法律的尊重和遵守，它是社会秩序和稳定的基础。一个具有强烈守法意识的社会，能够有效减少犯罪行为，提高社会治理效率。守法意识的培养对于预防犯罪具有根本性的作用，它能够帮助人们认识到遵守法律的重要性，从而在行为上自我约束，避免触犯法律。

2. 底线思维在预防犯罪中的应用

底线思维在预防犯罪中发挥着重要作用，它要求我们在制定策略时考虑到最坏的情况，并为之做好准备。

（1）风险评估。运用底线思维对可能的犯罪风险进行评估，识别潜在的犯罪诱因和薄弱环节。

（2）预案制定。基于风险评估结果，制定应对预案，确保在面对犯罪时能够迅速有效地响应。

（3）教育培训。通过教育和培训，提高公民的底线思维能力，使他们在面对诱惑和压力时能够坚守法律底线。

（4）社会宣传。通过媒体和公共宣传，普及底线思维的重要性，形成全社会共同防范犯罪的良好氛围。

3. 培养底线思维和增强守法意识的策略

底线思维的培养是一个系统工程，需要政府、社会和个体的共同努力。通过底线思维的培养，可以有效地提高社会的整体防范能力，减少犯罪的发生。

（1）教育与培训的途径。培养底线思维和增强守法意识，首先需要从教育和培训入手，通过系统化的方法来增强个人和集体的底线意识。在学校教育中，应加强法治教育和道德教育，培养学生的法律意识和社会责任感；通过案例教学、模拟法庭等互动形式，让学生在实践中学习法律知识，理解法律的重要性。在职场中，企业应定期开展法律和职业道德培训，强化员工的底线思维；通过培训，员工能够更好地识别潜在的法律风险，做出符合法律和道德要求的决策。在社会普及宣传教育中，通过媒体、社区活动等渠道普及法律知识，提高公众的法律意识。例如，通过公益广告、法律讲座等形式，使底线思维成为社会共识。

（2）社会文化的影响。社会文化对培养底线思维和增强守法意识具有深远的影响。社会应倡导尊重法律、遵守规则的价值观念。通过文化作品、公共宣传等方式，弘扬正义、诚信等正面价值观，形成积极向上的社会风气。公众人物和领导者应以身作则，展现底线思维的实践。他们的言行对社会具有示范效应，能够激励更多人自觉遵守法律，维护社会秩序。建设法律环境，一个公正、透明的法律环境是培养底线思维的重要基础。政府应加强法治建设，确保法律的公正执行，让每个人都能在法律框架内行事，从而增强社会成员的法律信仰。

4. 政策与法律框架的支持

（1）法律教育的普及。法律教育是培养底线思维和守法意识的基础。普及法律教育能够确保公民了解法律的基本内容和精神，认识到遵守法律的重要性。在教育内容中，法律教育应涵盖宪法、刑法、民法等基本法律知识，同时注重对特定群体的针对性教育。例如，青少年、企业员工等。在教育方式上，可采用线上和线下相结合的方式，利用多媒体和互动式教学提高教育的吸引力和效果。在教育效果评估方面，可以定期进行法律知识测试和守法行为调查，评估教育效果，及时调整教育策略。

（2）相关法律法规的完善。在预防犯罪方面，法律法规的完善是培养底线思维与守法意识的基础。通过不断修订和完善相关法律，可以为社会成员提供明确的法律指引，增强法律的威慑力和预防犯罪的效果。近年来，我国不断修订《中华人民共和国刑法》《中华人民共和国治安管理处罚法》等相关法律法规，以适应社会发展的需要，明确界定犯罪行为，提高法律的针对性和有效性。

（3）政策导向与激励机制。政策导向和激励机制对于培养底线思维与守法意识具有重要作用。通过制定积极的社会政策和激励措施，可以引导公民自觉遵守法律，形成良好的社会风尚。政府应制定明确的政策导向，鼓励公民积极参与社会治理，提高社会责任感和法律意识。例如，通过表彰守法模范、推广法治教育等方式，营造尊法、学法、守法、用法的良好氛围。建立和完善激励机制，对于遵守法律、积极参与社会治理的个人和组织给予表彰和奖励。这不仅能够提高公民的守法积极性，还能够形成正面的社会示范效应，促进社会和谐稳定。

（五）树立自尊、自立、自强的意识

1. 树立自尊、自立、自强意识的价值

自尊是个体对自己的价值和能力的认可，是个体心理健康的重要组成部分。

自尊的缺失可能导致个体在面对挫折和失败时，采取极端或不合法的手段来维护自我形象。自立是指个体能够独立思考和解决问题，不依赖他人。自立意识的培养有助于个体在面对困难和压力时，能够通过合法和合理的途径寻求解决方案，而不是诉诸犯罪行为。自强是指个体在面对挑战和困难时，能够自我激励，不断努力提升自己。自强意识的培养有助于个体形成积极向上的生活态度，减少因不满现状而产生犯罪的可能性。

（1）自尊可以视为一种内在的保护机制。自尊可以帮助个体维护自我形象，抵御外界的负面影响。高自尊的个体更倾向于通过正面行为驱动，如积极参与社会活动、追求个人成长和发展。自尊意识的强化有助于减少因情绪波动导致的冲动行为，避免因一时冲动而触犯法律。

（2）自立是个体成长和社会适应的重要基石。自立意识的培养能够增强个体的责任感和自我管理能力，从而降低因缺乏自控力而产生的冲动行为和违法行为。自立能够提升个体的自我效能感，即个体对自己完成特定任务能力的信心；有助于个体认识到自己行为的后果，形成强烈的责任感，有助于预防不负责任的行为；自立的个体更能够适应社会环境，有效应对生活中的挑战和压力，减少因适应不良而产生的逃避行为或违法行为，对于预防犯罪具有深远的意义。

（3）自强意识可以增强适应社会变化的能力。个体的内在动机是自强意识形成的核心，包括对自我价值的认同、对成功的渴望以及对挑战的积极态度。强调个人奋斗和自我提升的文化环境可以激发个体的自强精神。

2. 培育自尊、自立、自强意识的方法

（1）培养自尊的方法。个体应加强自我认识，通过自我反思和学习，了解自己的长处和短处，接受并尊重自己。通过学习社会中的正面榜样，模仿其行为和态度，逐步树立自尊意识；通过参与各类活动和挑战，获得成功体验，增强自信心和自我效能感；通过教育和实践活动，鼓励个体发展批判性思维，不盲从他人意见；通过模拟情景和实际操作，训练个体面对问题时的应对策略和决策能力。

（2）促进自立的策略。在日常生活中练习做决策，从小事做起，逐渐承担更多责任。学习如何管理个人财务，包括预算、储蓄和投资。培养自我激励的能力，保持积极向上的态度，面对困难时不放弃。合理安排时间，学会区分紧急和重要事项，提高效率。保持健康的生活习惯，包括合理饮食、适量运动和充足睡眠。培养良好的人际交往能力，学会倾听、表达和合作。学会从失败中吸取教训，而不是逃避或依赖他人。在需要时寻求帮助，同时愿意与他人合作，实现共赢。定期反思自己的行为和决策，不断调整和改进。

（3）实现自强的途径。实现自强意识的途径是多方面的，具体包括：通过不断学习和自我反思，提高自我认知，明确个人目标和价值观，形成坚定的自我信念。通过专业培训和实践锻炼，不断提高个人的能力和技能，增强解决问题和应对挑战的能力。学会从挫折中吸取教训，转化为自我成长的动力，形成坚韧不拔的意志品质。积极参与社会活动，通过社会实践来拓宽视野，增强社会责任感和集体荣誉感。

典型案例

学生因沉迷网络，最终演变成抢劫同学

某县两名学生小周、小段（均为化名）沉迷网络游戏，经常翻墙逃课到学校外面的黑网吧上网。时间久了，父母给的零花钱都用光了，没钱继续上网，两人便商量着找人"借"点钱花花。随后，两人找到平时比较胆小的同学小黄，向其索要钱财，在小黄拒绝后，用刀威胁并殴打小黄，最后用刀将小黄刺伤，抢走其随身携带的500元现金。后经验伤，小黄的伤构成重伤二级。

法条链接：《中华人民共和国刑法》

第十七条【刑事责任年龄】

已满十六周岁的人犯罪，应当负刑事责任。

已满十四周岁不满十六周岁的人，犯故意杀人、故意伤害致人重伤或者死亡、强奸、抢劫、贩卖毒品、放火、爆炸、投放危险物质罪的，应当负刑事责任。

已满十二周岁不满十四周岁的人，犯故意杀人、故意伤害罪，致人死亡或者以特别残忍手段致人重伤造成严重残疾，情节恶劣，经最高人民检察院核准追诉的，应当负刑事责任。

对依照前三款规定追究刑事责任的不满十八周岁的人，应当从轻或者减轻处罚。

因不满十六周岁不予刑事处罚的，责令其父母或者其他监护人加以管教；在必要的时候，依法进行专门矫治教育。

第二百六十三条【抢劫罪】

以暴力、胁迫或者其他方法抢劫公私财物的，处三年以上十年以下有期徒刑，并处罚金；有下列情形之一的，处十年以上有期徒刑、无期徒刑或者死刑，并处罚金或者没收财产：

（一）入户抢劫的；

（二）在公共交通工具上抢劫的；

（三）抢劫银行或者其他金融机构的；

（四）多次抢劫或者抢劫数额巨大的；

（五）抢劫致人重伤、死亡的；

（六）冒充军警人员抢劫的；

（七）持枪抢劫的；

（八）抢劫军用物资或者抢险、救灾、救济物资的。

四、行为管理与预防措施

（一）社会支持系统

1. 家庭责任和作用

（1）家庭环境对青少年的影响。

①家庭结构对青少年的影响。家庭结构的完整性对青少年的心理健康和行为模式有着显著的影响。据研究显示，单亲家庭或离异家庭的青少年比完整家庭的青少年更易出现心理问题和行为偏差。家庭结构的不完整可能导致青少年缺乏必要的情感支持和行为规范，从而增加其违法犯罪的风险。

②家庭教育方式的重要性。家庭教育方式对青少年的成长至关重要。权威型家庭教育模式，即父母在给予关爱的同时，设定明确的规则和期望，被证明能够

有效降低青少年的不良行为。相反，放任型或忽视型的家庭教养方式可能导致青少年缺乏自我控制能力，更容易受到负面影响。

③家庭经济状况与青少年发展。家庭经济状况直接影响青少年的物质生活和受教育机会。经济困难可能导致青少年无法获得充分的教育资源和健康的生活条件，从而影响其全面发展。研究表明，贫困家庭的青少年更可能涉及违法犯罪行为。

④家庭文化氛围的塑造。家庭文化氛围，包括家庭成员的学习习惯、价值观念和生活方式，对青少年的价值观形成和行为选择具有深远影响。一个注重学习、崇尚知识和重视道德的家庭文化氛围，能够为青少年提供正面的榜样和行为准则。

⑤家庭成员间的关系。家庭成员间的关系，尤其是父母与子女之间的关系，对青少年的情感发展和社会适应能力有着直接的影响。亲密、支持性的家庭关系能够为青少年提供安全感和归属感，有助于其形成积极的人生观和社会观。

⑥家庭对青少年心理健康的支持。家庭是青少年心理健康的第一道防线。家长的敏感性和响应性对于识别和应对青少年的心理问题至关重要。家庭提供的情感支持和心理咨询资源能够有效预防和减少青少年的心理问题，从而降低其违法犯罪的可能性。

（2）优化家庭教育方式。

①家庭教育方式存在的问题。当前家庭教育方式存在多种问题，这些问题可能导致青少年行为偏差，甚至违法犯罪。主要问题包括：过度满足孩子的物质和情感需求，忽视对孩子责任感和独立性培养的溺爱教育。家长因工作忙碌等原因，忽视与孩子的沟通和情感交流，导致孩子缺乏安全感和归属感。使用体罚或言语侮辱等粗暴手段，这不仅会伤害孩子的自尊心，也可能引发孩子的逆反心理。

②科学的家庭教育方式。在社会快速变化的背景下，家庭需要不断适应新的教育和教养方式，以满足青少年不断变化的需求。一是尊重孩子，认识到孩子作为独立个体，拥有自己的思想和情感，家长应尊重孩子的意见和选择。二是正面激励，通过表扬和奖励来鼓励孩子的良好行为，增强孩子的自信心和积极性。三是有效沟通，与孩子建立开放、平等的沟通渠道，了解孩子的内心世界，帮助孩子解决成长中遇到的问题。

（3）家庭应成为青少年情感保护的港湾。家庭在青少年成长过程中的情感保护作用是全方位的，它不仅关系到青少年的即时情感需求，更影响着他们长期的心理发展和社会适应能力。一个稳定和充满爱的家庭环境为青少年提供了必要的安全感，使他们能够自信地探索世界。家庭是青少年在面对外界压力和挑战时的避风港，为他们提供必要的情感支持和安慰。构建亲密的亲子关系和和谐的家庭氛围，有助于培养青少年的责任感，使他们成为有责任感的社会成员。通过构建良好的家庭环境，对青少年的心理健康产生正面影响，减少心理问题的产生，如焦虑、抑郁等。家庭通过积极的亲子沟通和支持，帮助青少年建立自我认同，促进其个性的健康发展。

家长通过日常生活中的互动，教育和引导青少年正确处理人际关系和社会问题，为他们的社会发展打下基础。尤其在青少年的叛逆期，家长应通过理解、尊重和给予适当的自由空间，帮助他们顺利度过这一成长阶段。

2. 学校责任和作用

（1）强化道德与法治教育。学校在对学生进行道德与法治教育方面发挥着至关重要的作用。

①纳入课程体系建设。学校应将法治教育纳入学校课程体系，系统地教授法律知识，培养学生的法律意识；同时开设道德教育课程，教授基本的道德规范和行为准则，培养学生的道德观念。对教师进行专业培训，提高他们在道德和法治教育方面的专业素养和教学能力，鼓励教师参与持续教育，不断更新他们的知识和教学方法。

②纳入校园文化建设。通过举办各种文化活动，营造积极向上的校园文化氛围，培养学生的集体荣誉感和社会责任感。表彰在道德和法治教育方面表现突出的学生，树立榜样，激励其他学生学习。

③纳入实践活动。组织学生参与社会实践活动，如志愿服务、社区服务等，让学生在实践中学习道德和法制知识。开展模拟法庭活动，让学生亲身体验法律程序，增强他们的法律意识。

④做好家校合作。加强与家长的沟通，共同关注学生的道德和法治教育，形成教育合力。为家长提供家庭教育指导，帮助他们更好地参与孩子的道德和法治教育。

⑤开展法治宣传。通过举办讲座、展览等形式，普及法律知识，提高学生的法律意识；紧跟社会热点，及时分析真实法律案例，让学生了解法律的实际应用，增强他们的法律意识。

⑥建立评价机制。建立科学的评价体系，对学生的道德和法治教育进行客观评价，及时反馈教育效果。通过奖励和表彰等方式，激励学生积极参与道德和法治教育活动。

干预不良行为。学校应建立早期预警机制，通过观察和评估学生的行为，及时发现问题并进行早期干预，防止其进一步发展成严重不良行为或犯罪。学校应提供心理咨询服务，帮助学生解决心理问题，预防不良行为。学校还应组织各类活动，教授学生情绪管理技巧，帮助他们正确处理情绪，避免因情绪失控而做出错误决策。

对于有严重不良行为的青少年，学校应参与矫治教育措施的制定和实施，包括心理辅导、行为矫治等。学校应建立严格的管理制度，除了对有不良行为的学生进行特别关注和管理外，同时还要保证教育过程中的公正性，防止学生因被歧视、孤立等导致的衍生问题。学校还应与社会工作者、法律服务机构等合作，为青少年提供必要的专业支持和帮助。

3. 社会责任和作用

（1）完善法治体系，加强法律的落实工作。

①制定和修订专门针对青少年的法律法规。通过法律规定，明确不良行为和严重不良行为的界定，以及相应的干预和矫治措施。例如，自2021年6月1日起施行的《中华人民共和国预防未成年人犯罪法》，是为了保障未成年人身心健康，培养未成年人良好品行，有效地预防未成年人犯罪而制定的法律。强化法律实施监督，通过执法检查、立法后评估等方式，加强对青少年相关法律实施情况的监督，确保法律得到有效执行。

②实施分级预防和干预措施。根据青少年行为的严重程度，实施分级预防和干预措施，加强司法、教育、社会工作等领域专业人员的培训，提高他们对青少年犯罪预防和干预的能力和水平。强化家长的法律责任，通过家庭教育指导，帮助家长建立正确的教育观念和方法，及时发现并纠正青少年的不良行为。构建包

括政府、学校、社区、社会组织等在内的社会支持体系，为青少年提供心理辅导、职业培训、社会融入等多方面的支持。鼓励和支持社会力量参与青少年犯罪预防工作，形成全社会共同参与的良好氛围。

③信息共享与智慧平台建设。建立信息共享机制和智慧平台，整合各方资源，提高预防青少年犯罪工作的效率和效果。通过大数据，对青少年犯罪预防措施进行持续的跟踪和评估，及时调整和优化政策，以适应社会发展和青少年需求的变化。

（2）加强对已违法青年的管理、教育和挽救。加强对已违法青少年的管理、教育和挽救，是一项系统性工程，需要法律、教育、社会等各方面的共同努力。

①完善法律援助体系。确保已违法青少年能够获得必要的法律援助和咨询服务，帮助他们了解自己的权利和义务。司法部已开展"法援护苗"行动，旨在提升未成年人法律援助服务质量，通过设立专门热线、开展专项服务、建设专业队伍、降低援助门槛等措施，为未成年人提供全流程优化、全方位覆盖的法律援助服务。

②专门教育和矫治。对于有严重不良行为的未成年人，通过专门学校进行教育和矫治。专门学校应根据未成年人的具体情况，提供心理疏导和行为矫正，开展分级分类的教育和矫治，包括道德教育、法治教育、心理健康教育，帮助他们认识和改正错误，并根据实际情况进行职业教育。尤其要定期进行心理测评和疏导，有助于他们重新融入社会。注重个性化和针对性的矫治，根据未成年人的个体差异，制订个性化的教育和矫治方案，以提高矫治效果。构建闭环管理体系，在司法过程中，对未成年人实施闭环管理，确保教育矫治措施的有效实施。

③社会参与和支持。鼓励社会力量参与预防青少年犯罪工作，如共产主义青年团、妇女联合会等社会组织，协助做好预防青少年犯罪工作，为预防青少年犯罪培育社会力量，提供支持服务。

④强化管理和监督。公安机关、人民检察院、人民法院、司法行政部门应由专门机构或经过专业培训的人员负责预防青少年犯罪工作，确保对已违法青少年的管理既严格又具有教育意义。

通过上述措施，可以有效地加强对已违法青少年的管理、教育和挽救，帮助他们重新回到正确的人生轨道。

（3）充分发挥大众传媒正面教育作用。在防范青少年犯罪方面，大众传媒可以通过以下方式充分发挥正面教育作用：

①传播正面价值观。大众传媒应积极宣传社会主义核心价值观，通过各种形式的节目和报道，引导青少年树立正确的世界观、人生观和价值观。制作和播放针对青少年的公益广告，宣传积极向上的生活方式和行为准则，倡导健康、文明的社会风尚。通过报道青少年中的优秀典型和励志故事，为青少年提供可学习的榜样，激励他们追求进步，远离不良行为。

②提供宣传教育媒介。利用大众传媒普及法律知识，提高青少年的法律意识，使其了解法律规定，明确行为界限，预防犯罪行为的发生。通过大众传媒提供心理健康知识，帮助青少年了解自身心理状态，学会情绪管理和压力调适，减少因心理问题导致的犯罪行为。教育青少年正确使用和理解媒体信息，培养正确的媒介素养，提高他们对不良信息的辨识和抵制能力，避免受到暴力、色情等负面信息的影响。

③促进家庭、学校和社会的协同教育。大众传媒可以作为连接家庭、学校和社会的桥梁，推动三方在青少年教育方面的合作，针对青少年成长过程中可能遇到的问题，如网络沉迷、校园欺凌等，大众传媒应及时关注并提供解决方案，形成教育合力，共同营造有利于青少年成长的环境。

通过这些措施，大众传媒可以有效地发挥其在青少年犯罪预防中的正面教育作用，为青少年的健康成长提供支持和保障。

（二）行为规范

1. 做守法公民

青少年作为社会的年轻成员，应当遵守国家法律法规及社会公共规范，主动学习相关的法律法规，了解什么是合法行为，什么是违法行为，增强法治意识。树立正确价值观，培养积极向上的价值观和人生观，明确自己的社会责任和道德准则。做好自我约束，提高自控能力，避免受到不良诱惑，如网络成瘾、吸烟、饮酒等。积极参加学校和社会活动，通过参与学校和社会组织的各种活动，培养团队合作精神和社会责任感。选择对自己有正面影响的朋友，避免与有不良行为的人交往。养成良好的生活和学习习惯，如守时、勤奋学习、尊重他人等。增强自我保护意识，遇到危险或犯罪行为时及时报警或寻求帮助。拒绝参与违法行为，坚决不参与任何违法犯罪活动，对不法行为保持警惕和抵制。做好情绪的调节管理，学会正确表达和管理自己的情绪，遇到问题时寻求家长、老师或专业人士的帮助，通过正规途径解决，而不是采取暴力或其他非法手段。

2. 增强自我约束

（1）个体自我约束在预防犯罪中的作用。个体自我约束是青少年健康成长的关键因素之一，它在预防犯罪方面发挥着至关重要的作用。自我约束能力较强的青少年能够更好地控制冲动行为，避免因一时冲动而做出违法的决定。

（2）增强自我约束的策略与方法。

①培养法律意识。青少年应当了解到遵守法律的重要性以及违法行为可能带来的后果。开展法律知识讲座，促使青少年对基本法律有初步了解。通过分析真实案例，让青少年认识到犯罪行为的严重性和法律的威严。通过开展模拟法庭活动，扮演不同角色，让青少年沉浸式体验法律实施过程中各方的权益和责任。

②心理健康教育。有助于青少年建立积极的自我形象，建立正确的自我认知，了解自身需求和潜能，建立自信；掌握识别和表达情绪的技巧；认识压力的来源，并通过运动、冥想等方法来有效缓解压力。

③塑造社会责任感。培养青少年的社会责任感能够促使他们意识到个人行为对他人和社会的影响，从而自我约束行为，积极履行社会责任。鼓励青少年参与志愿服务活动，如社区清洁、帮助老人等，体验助人的快乐和为社会做贡献带来的满足感。通过公民课程和讨论会，教育青少年关于民主、权力与义务的知识，培养他们的公民意识。通过学习社会榜样和英雄人物的故事，激发青少年的责任感和使命感，鼓励他们在日常生活中践行社会责任。

3. 增强辨别是非和自我保护的能力

（1）批判性思维的培养。批判性思维是青少年辨别是非和自我保护的核心能力之一。它涉及分析、评估和推理的过程，使青少年能够独立思考，不盲从他人意见。在信息爆炸的时代，青少年需要具备筛选和评估信息的能力。教育者应教授学生如何辨别可靠信息源，识别逻辑谬误和偏见。通过社会实践活动，让青少年在真实情境中锻炼批判性思维。例如，参与社区服务、青少年提案活动等，使他们在实践中学会独立分析和解决问题。

（2）正确价值观的形成。正确价值观的形成对于青少年辨别是非和提升自我保护能力至关重要，它影响着他们的行为选择和生活态度。青少年时期是形成价值观和世界观的关键时期。青少年应理解和践行社会主义核心价值观，如富强、民主、文明、和谐等，帮助他们建立正确的世界观、人生观和价值观，如尊重他人、诚实守信等。有研究表明，具有正面价值观的青少年更能够抵抗不良诱惑，做出更理智的决策。

（3）多元文化的包容性。在多元化的社会文化背景下，青少年应学会尊重不同的文化和观点，这有助于他们建立开放和包容的心态。根据教育部门的调查，接受多元文化教育的青少年在处理人际关系和冲突时表现出更强的适应性和解决问题的能力。

（4）信息筛选与判断能力。随着媒体在青少年生活中的作用日益增强，媒体素养教育显得尤为重要。它能帮助青少年理解媒体信息，具备筛选和判断信息真伪的能力，避免盲目接受媒体传达的信息。据中国青少年新媒体协会的调查显示，超过半数的青少年在网络上遇到过虚假信息，但只有39%的青少年能够准确识别并避免受到这些信息的影响。针对媒体素养教育效果的研究表明，接受过媒体素养教育的青少年在面对网络谣言和虚假新闻时，有更高的识别和抵制能力。

4. 预测犯罪倾向的心理测量

预测犯罪倾向的心理测量是一种复杂的心理评估过程，旨在通过科学的方法来识别和预测个体的犯罪行为倾向。以下是一些关键的心理测量方法和理论：

（1）犯罪人格结构。犯罪人格结构是指犯罪人的个性倾向和个性心理特征的有机结合。这些特征包括非分的需要、不良兴趣、错误的信念和价值观、世界观等。犯罪人格结构的测量方法主要借鉴于人格的测量方法，包括投射测量、主体测量、自陈量表和行为测量。

（2）艾森克犯罪倾向量表。艾森克犯罪倾向量表是英国心理学家艾森克编制的，用于预测人犯罪倾向性的量表。艾森克认为，犯罪人的人格有三个基本因素：外倾性、神经过敏性、心理变态倾向。这些因素构成了人们不同的人格特征。

（3）人格特质理论。人格特质理论在犯罪风险评估中广泛应用，其基本假设是个体内的行为倾向差异性小于个体间的行为倾向差异性。通过测量个体的人格特质，可以描述出个体的行为倾向，并预测其犯罪风险。

（4）犯罪风险评估工具。犯罪风险评估工具经历了多代发展，从最初的临床评估到现代的人工智能和机器学习技术。第五代犯罪风险评估工具将人工智能、机器学习等新技术引入犯罪风险评估工具的研发中，提升了预测的精确度和科学性。

（5）心理测验。罪犯心理测验是罪犯心理诊断和再犯心理预测的一种方法。一般在罪犯入监时、服刑中期和刑满释放前进行，以确定罪犯的人格缺陷，验证矫治效果和预测再犯罪的可能性。常用的量表包括艾森克人格问卷、明尼苏达多相人格测量表、卡特尔十六种人格因素问卷等。

（6）大数据和人工智能。在大数据背景下，犯罪预测兼有传统犯罪预测原理和大数据分析技术的双重特色。通过分析大量的历史数据，可以预测未来的犯罪活动。例如，美国科学家开发的一种人工智能新算法，通过学习时间和地理位置的模式来预测犯罪，准确率约90%。

（7）犯罪预测模型。犯罪预测模型如近重复理论（near repeat theory）和风险地形建模（risk terrain modeling）被广泛用于犯罪预测。这些模型通过分析犯罪事件的时间和空间坐标，预测未来犯罪的发生概率。

通过这些方法和工具，可以更科学地预测和预防犯罪行为，促进社会的和谐与稳定。

典型案例

未成年人涉嫌故意杀人等罪获刑

2016年3月23日19时许，被告人李某等9人与被害人黄某在桂林市七星区穿山路某出租屋内吃饭喝酒，其间被告人郭某与被害人黄某发生矛盾，并产生肢体冲突，被告人陈某和郭某被被害人黄某用菜刀砍伤。

3月24日凌晨，被告人陈某等3人来到桂林市七星区某网吧，纠集其他7名被告人到李某等人的出租屋拿凶器，于当日凌晨2点，前往被害人黄某住处，由李某用匕首朝黄某头部、颈部、胸部连捅数刀，由陈某用菜刀朝其腰部砍了两刀，致使黄某当场死亡，其余人员均在旁守候。经法医鉴定：死者黄某系被他人用单刃刺器刺击胸部，致心脏破裂大出血合并心脏压塞死亡。

作案后，被告人等均逃离了案发现场。参与作案的被告人李某、陈某找到未参与作案的吴某，将杀人事实告诉吴某并从其手中借到一辆助力车，作为抛尸的交通工具。随后，李某、陈某2人将被害人黄某的尸体用被子包裹抬出案发现场，并置于借来的助力车踏板处，准备驾驶助力车抛尸临桂.当行至象山区翠竹路建设银行附近时，因助力车没油，2名被告人遂将被害人黄某的尸体抛于机动车道与非机动车道之间的隔离带花圃内，后将助力车藏匿于象山区铁西某居民楼下，随后各自潜逃。3月24日9时许，目击整个杀人过程的被告人张某返回案发现场，用拖把将现场遗留的血迹清理干净，将被害人黄某使用的带有血迹的凉席丢弃，并将被告人李某及陈某使用的作案工具和手机藏匿在出租屋楼顶。（案例中均为化名）

案例剖析：

该案件中涉案的青少年杀人手段极其残忍，社会影响恶劣，其法律意识淡薄，遇事冲动，不计后果，在社会上结识不良朋友，受到不良风气的影响是导致其走上犯罪道路的原因。在案件审理过程中，经法院主持调解，7名被告人的法定代理人对被害人父母进行了赔偿。法院通过综合考虑本案的犯罪性质、事实、情节及社会危害程度，以及被告人户籍所在地司法局出具的未成年人犯罪社区矫正调查评估意见，根据《中华人民共和国刑法》的有关规定，该院酌情对涉案的11名被告人（含8名未成年人）予以判处有期徒刑一年十个月到十三年不等的处罚。

虽然这起轰动社会、手段残忍的未成年人杀人案已终结，但留给我们甚至社会的是个大大的惊叹号和无限的反思。家庭监管缺失，过早辍学，混迹于社会，给未成年人犯罪埋下了隐患。未成年人犯罪趋于低龄化、团伙作案特点明显，且较大比例的未成年人犯罪具有突发性、偶然性。未成年人的犯罪警报亮起红灯，青少年的法治教育刻不容缓。

参考文献

[1] 沙闻麟.青少年以案释法读本[M].北京:法律出版社,2017.

[2] 刘若谷.引领与成长:低龄触法未成年人教育矫正研究[M].北京:人民出版社,2019.

[3] 路琦.青少年问题行为研究[M].北京:社会科学文献出版社,2020.

[4] 张萌,李玫瑾.违法青少年与普通青少年道德观念比较研究[J].中国青年社会科学,2018,37(1):83-89.

第四章

肢体冲突与心理应对

思维导图

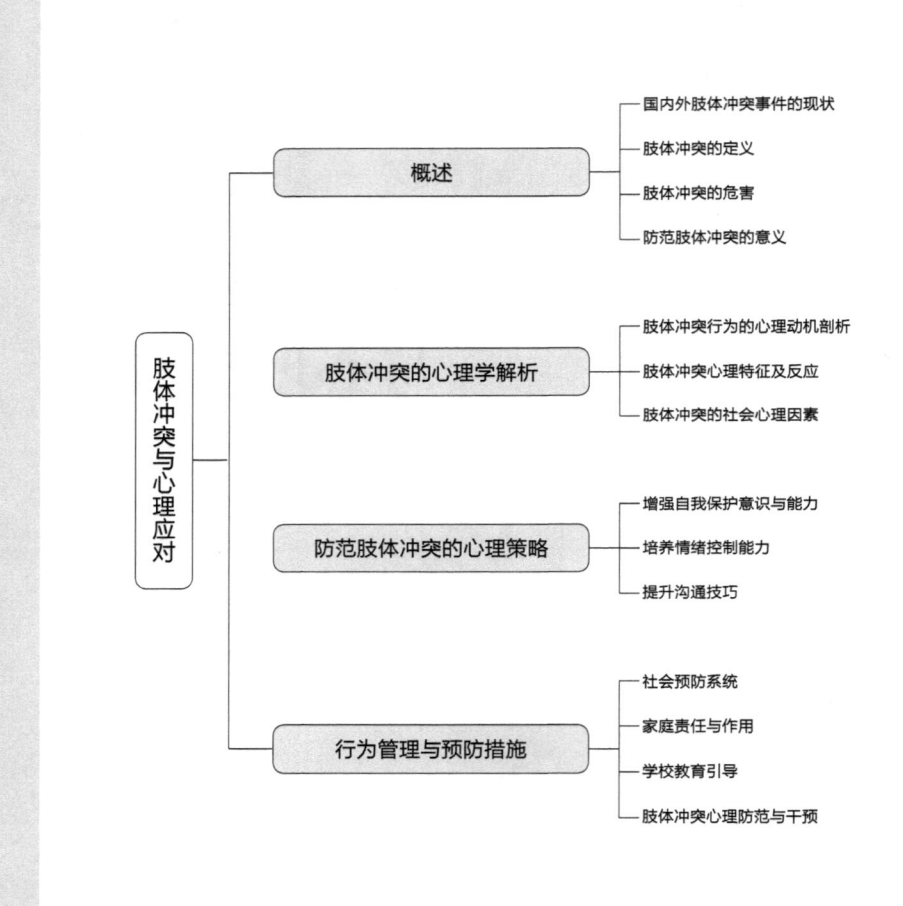

```
肢体冲突与心理应对
├── 概述
│   ├── 国内外肢体冲突事件的现状
│   ├── 肢体冲突的定义
│   ├── 肢体冲突的危害
│   └── 防范肢体冲突的意义
├── 肢体冲突的心理学解析
│   ├── 肢体冲突行为的心理动机剖析
│   ├── 肢体冲突心理特征及反应
│   └── 肢体冲突的社会心理因素
├── 防范肢体冲突的心理策略
│   ├── 增强自我保护意识与能力
│   ├── 培养情绪控制能力
│   └── 提升沟通技巧
└── 行为管理与预防措施
    ├── 社会预防系统
    ├── 家庭责任与作用
    ├── 学校教育引导
    └── 肢体冲突心理防范与干预
```

学习目标

1. 了解肢体冲突的定义和性骚扰带来的危害。
2. 肢体冲突的心理学原理。
3. 掌握防范和处理肢体冲突的心理应对策略。
4. 了解肢体冲突行为管理与预防措施。

案例导入

学生因琐事发生冲突，多人持棍棒互殴

2020年10月30日，某大学校园内，有学生打群架。曝光的视频显示，参与打群架的学生有数十名之多，一方很多人手中持着一米多长的棍子，而另一方几乎都是赤手空拳，显然吃亏。拿棍子的学生出手都非常狠，几个人围住对方后，就是一顿乱棍，即使对方倒地，也照打不误，根本不管打的什么部位，混乱之中难免打在对方头部。视频中最显眼的莫过于一名身穿红色外套的学生，其他人几乎都是穿的黑色衣服，就他一人穿的衣服非常显眼。这名身穿红色外套的学生很快就被打倒在地，被打倒后他也没有挣扎，任凭别人对他进行殴打。

学院发现此情况后，立即选择了报警。此次群殴事件共有5名学生受伤，已经及时送医治疗。学院配合公安部门进行调查，并依据调查结果对涉事学生进行严肃处理。

随即公安机关发布通报：该学院发生一起学生间聚众斗殴案。案发后，公安机关会同职业学院迅速处置，传讯斗殴参与人。经初步侦查查明，当日上午，该学院学生李某琪、李某飞（均为化名）因琐事发生口角，分别组织同学到宿舍楼前小广场，发生殴斗，造成5名参与者轻微受伤。目前，组织者李某琪、李某飞涉嫌犯罪被刑事拘留，案件仍在进一步调查中。

> **思考题**
> 1. 学生校园群殴事件通常由哪些因素触发？
> 2. 学生个体心理和社会环境如何影响校园群殴事件的发生？

一、概述

（一）国内外肢体冲突事件的现状

1. 国外肢体冲突事件现状

在国外，肢体冲突广泛存在于社会各个层面，包括家庭、学校、工作场所及社区等。随着全球化和社会多元化的发展，不同文化背景下的个体更容易因观念差异、利益冲突等因素产生肢体冲突，特别是在一些高压力、高竞争的社会环境中，肢体冲突的发生率更高。

联合国儿童基金会在2018年发布的一篇报告《终结校园暴力：每日的必修课》显示，在全球13~15岁的学生中，有一半人（约1.5亿）表示他们曾遭受过同伴暴力。在全球13~15岁的学生中，略多于三分之一的人曾遭受过欺凌。此外，近乎相同比例的人曾经历肢体冲突；在39个工业化国家中，有近三成学生承认曾欺凌过同龄人；撒哈拉以南非洲48.2%的学生受到过欺凌，北非46.3%的学生遭遇过肢体攻击；近7.2亿学龄儿童生活在尚未完全禁止学校体罚的国家。虽然女孩和男孩同样面临着欺凌风险，但女孩更可能遭受心理上的欺凌，而男孩遭受躯体暴力和威胁的可能性更大。马耳他的一项全国调查发现，61%的实施欺凌的男童报告称，他们对他人实施了身体暴力，而女童的相应比例则为30%；43%的实施欺凌的女童报告称，她们曾故意孤立他人，这在男童中的比例为26%。

身体冲突和欺凌在年轻人中也很常见。一项针对40个发展中国家的研究表明，平均有42%的男孩和37%的女孩遭受欺凌，每年全世界估计有17.6万起凶杀案发生在 15~29 岁的年轻人中，是该年龄组人群的第三大死因。性暴力也影响到很大一部分青少年。例如，每 8 个年轻人中就有 1 人报告受到性虐待。青少年杀人和非致命暴力不仅会大大加重全球的过早死亡、受伤和残疾负担，而且对一个人的心理和社会功能也会产生严重的，往往是终身的影响。这可能会影响受害者的家人、朋友和社区。青少年暴力会导致卫生、福利和刑事司法服务的成本增加及生产力降低。

肢体冲突作为人类社会中一种普遍存在的现象，一直以来都受到不同学科领域的广泛关注和研究。它涉及个体与个体之间、群体与群体之间的直接身体对抗，可能导致身体伤害、心理创伤以及社会秩序的混乱。

2. 国内肢体冲突事件现状

在国内，肢体冲突同样是一个不容忽视的社会问题。近年来，随着经济的快速发展和社会结构的深刻变化，人们的生活节奏加快，竞争压力增大，导致一些人在面对冲突时容易失去理智，采取暴力手段。

家庭暴力、校园欺凌等肢体冲突事件时有发生，给受害者带来了严重的身心伤害，也影响了社会的和谐稳定。全国妇联的统计数据显示，在全国 2.7 亿个家庭中约 25% 存在家庭暴力。其中，90% 的受害者是女性，且受害人平均遭受 35 次家暴后才选择报警，最长的已遭受家暴 40 年。在已公布的暴力案件之外，更多的家暴事件在寂静处上演，更多的受害人在黑暗中沉默。中国青少年研究中心"青少年法治教育研究"课题组在 2020 年至 2022 年，针对 3 108 名未成年学生的调研显示，53.5% 的学生遭受过校园欺凌，其中占比较高的现象包括东西被偷（52.8%）、被取笑或捉弄（37.2%）、被辱骂（33.47%）、遭教师体罚（28.3%）、东西被人故意损坏（20.2%）、被人歧视（19.1%）、不许上课（15.4%）、被人孤立排斥（14.1%）、受到暴力威胁或恐吓（13.2%）等。校园欺凌不同于发生在学校里的短暂暴力行为，而是一种"长期的、持续的、隐秘的、难以直接察觉的"精神伤害，严重侵害未成年人的身心健康。施暴者通过欺凌发泄心中的怨恨，以此消除自身挫折感，或是利用暴力行为证明自己的存在，获得成就感。

近年来，我国法律制度体系也越来越完善，对于防范肢体冲突制定了相关法律法规。比如，在《中华人民共和国刑法》第二百三十四条中规定：故意伤害他人身体的，处三年以下有期徒刑、拘役或者管制。犯前款罪，致人重伤的，处三年以上十年以下有期徒刑；致人死亡或者以特别残忍手段致人重伤造成严重残疾的，处十年以上有期徒刑、无期徒刑或者死刑。本法另有规定的，依照规定。

在《中华人民共和国未成年人保护法》第一百条公安机关、人民检察院、人民法院和司法行政部门应当依法履行职责，保障未成年人合法权益。

在《中华人民共和国治安管理处罚法》第四十三条规定：殴打他人的，或者故意伤害他人身体的，处五日以上十日以下拘留，并处二百元以上五百元以下罚款；情节较轻的，处五日以下拘留或者五百元以下罚款。有下列情形之一的，处十日以上十五日以下拘留，并处五百元以上一千元以下罚款……

在家庭暴力立法方面，主要制定了《中华人民共和国反家庭暴力法》，具体条款包括：

第十四条：学校、幼儿园、医疗机构、居民委员会、村民委员会、社会工作服务机构、救助管理机构、福利机构及其工作人员在工作中发现无民事行为能力人、限制民事行为能力人遭受或者疑似遭受家庭暴力的，应当及时向公安机关报案。公安机关应当对报案人的信息予以保密。

第十五条：公安机关接到家庭暴力报案后应当及时出警，制止家庭暴力，按照有关规定调查取证，协助受害人就医、鉴定伤情。

第十六条：家庭暴力情节较轻，依法不给予治安管理处罚的，由公安机关对加害人给予批评教育或者出具告诫书。

第二十三条：当事人因遭受家庭暴力或者面临家庭暴力的现实危险，向人民法院申请人身安全保护令的，人民法院应当受理。

肢体冲突的危害是多方面的，国内在防治肢体冲突立法方面虽然有了一定的法律依据和具体条款，为受害者提供了不同程度的法律保护和救济途径，然而，随着社会的不断发展和变化，相关法律法规也需要不断完善和更新，以更好地适应现实需求。

（二）肢体冲突的定义

1. 法律视角下肢体冲突的定义

肢体冲突，是指人与人之间由于某种原因产生的身体接触，可能表现为推搡、拉扯、殴打等行为。肢体冲突可能短暂而激烈，也可能持续而温和。这种冲突可能是由误解、愤怒、敌意、恐惧或者其他情绪导致的，也可能是由争夺资源、权力、地位等因素引起的。肢体冲突可以是单方面的，也可以是双方或多方参与的。在这种冲突中，双方都可能对对方造成某种程度的伤害，并且根据具体情况，双方都可能需要承担相应的法律责任。

从法律的角度来看，肢体冲突的定义通常包括以下几个方面：首先，肢体冲突是发生在个人之间的，其参与者必须具有行为能力；其次，肢体冲突是直接的，参与者必须有意识地进行身体上的对抗或者攻击；最后，肢体冲突必须是违法的，即其违反了刑法或者民法的规定。

2. 社会学视角下肢体冲突的定义

（1）基本定义。从社会学角度看，肢体冲突不仅是个人之间的冲突，更是社会结构、文化、价值观等多种因素相互作用的结果。肢体冲突是一种行为导向的、公开的、非制度化的冲突形式，它涉及身体接触和力量的使用，通常伴随着心理对抗，可以表现为对他人身体的直接攻击，如殴打、推搡等，也可以表现为对他人身体空间的侵犯，如侵占、破坏等；可能发生在个人之间，也可能发生在组织内部，如企业内部、学校内部等；不仅可能导致个体受伤，还可能引发社会不公、社会不平等问题。

（2）主要特征。

①互动性。肢体冲突是社会互动的一种极端形式，它涉及双方或多方的直接身体接触和对抗。在肢体冲突中，每一方的行为和反应都会直接影响到对方，形成了一种动态的、即时的互动过程。这种互动性不仅体现在物理层面的身体接触和对抗上，还包括心理层面的情绪交流、意图解读和策略调整。

②非自愿性。与日常社交中的肢体接触不同，肢体冲突通常是双方不自愿的，会引起对方的反感或抵触。非自愿性是肢体冲突与日常社交中肢体接触的重要区

别之一。在日常社交中，人们之间的肢体接触往往是出于友好、亲密或礼貌的目的，是双方自愿的、和谐的互动。而肢体冲突则不同，它通常是在双方存在分歧、争执或敌意的情况下发生的，是一种不自愿的、强制性的身体接触。这种非自愿性不仅体现在冲突的起因上，还体现在冲突过程中双方可能面临的被迫抵抗或反击的情境。

③潜在伤害性。肢体冲突可能导致身体伤害，甚至可能升级为更严重的暴力事件。由于肢体冲突涉及双方或多方的直接身体接触和对抗，因此很容易导致身体伤害。这种伤害可能是轻微的擦伤、瘀青，也可能是严重的骨折、内脏损伤甚至死亡。此外，肢体冲突还对参与者的心理造成长期的影响，如恐惧、焦虑、抑郁等。更严重的是，肢体冲突有时可能升级为更广泛的暴力事件，对社会稳定和安全造成威胁。

（三）肢体冲突的危害

1.肢体冲突对身心健康的伤害

肢体冲突的发生往往伴随着侮辱、挑衅等言语和行为，这种冲突会对个体的人格发展产生负面影响。长期的肢体冲突可能导致个体产生自卑、愤怒、敌对等情绪，进而影响其心理健康和人格发展。此外，肢体冲突还可能导致身体损伤，尤其是对于弱势群体，如老年人、儿童和残疾人，这些伤害不仅会影响他们的生活质量，还可能危及他们的生命安全。

对直接参与者的影响尤为重大。一是对身心健康的伤害。直接参与者可能会在冲突中受伤，需要医治，甚至可能留下心理阴影或长期的身体伤害；就算未受直接伤害，也会因参与暴力行为而承受心理压力和道德谴责。二是学业影响。冲突和后续的处理可能会分散直接参与者的注意力，影响学习效率和成绩。同时，如果受到学校纪律处分，还可能影响他们的学业进程和未来发展。三是人际关系恶化。冲突往往导致双方关系破裂，甚至可能引发更广泛的社交排斥和孤立。

2.肢体冲突对家庭、学校的影响

肢体冲突多为学生之间的争执和互殴，但其负面影响还可能波及学生所在家庭和整个学校环境。

（1）对家庭的影响。

①家长担忧。家长得知孩子参与冲突后，会感到担忧和焦虑，担心孩子的安全和未来。他们可能需要与学校沟通、处理相关事宜，甚至可能需要寻求专业的心理咨询帮助。

②家庭关系紧张。冲突事件可能引发家庭成员之间的争执和矛盾，特别是当家长对孩子的教育方式或态度存在分歧时。

（2）对班级和学校氛围的影响。

①破坏和谐氛围。此类事件会破坏班级和学校的和谐氛围，让学生感到不安和恐惧，影响他们的学习积极性和参与度。

②负面示范效应。暴力行为容易成为其他学生模仿的对象，特别是对于那些缺乏正确价值观和行为准则的学生来说，这可能会导致更多类似事件的发生，形成恶性循环。

③管理难度增加。学校需要投入更多的人力物力来处理此类事件，包括调查、调解、处罚等，增加了学校的管理难度和成本。

3. 肢体冲突对社会文化的影响

肢体冲突，作为一种社会行为，不仅对个体产生影响，更对社会文化产生深远的影响。从肢体冲突的国内外现状来看，肢体冲突在社会文化中的影响主要表现在以下几个方面：

（1）肢体冲突易造成负面社会影响，影响社会和谐稳定。学校是社会的重要组成部分，学生之间的冲突事件可能会损害学校的声誉和形象，影响社会对学校的信任和认可。肢体冲突容易引发社会的紧张氛围，引发群体间的暴力行为，特别是在公共场所，如公共交通工具、商场、学校等，肢体冲突的发生可能导致公共秩序的混乱。如果此类事件得不到有效遏制和纠正，可能会加剧社会上的暴力倾向和不良风气，对青少年健康成长和社会稳定造成不利影响。

（2）肢体冲突反映了社会文化中的价值观和道德观念冲突。肢体冲突的发生往往源于个体之间的利益冲突，而利益冲突的背后往往隐藏着个体对价值观和道德观念的冲突。比如，在公共场所，一些人为了争夺有限的资源，可能会发生肢体冲突，这种冲突反映出他们对资源的看法，以及对公平和公正的价值观。

（3）肢体冲突会对社会文化中的法治观念产生影响。肢体冲突的发生往往伴随着违法行为，如殴打、伤害等，这种冲突会对社会文化中的法治观念产生影响。长期的肢体冲突可能导致人们对法治观念的淡漠，进而影响社会的法治建设。

（四）防范肢体冲突的意义

1. 保护个人安全与健康

肢体冲突最直接的后果是身体伤害，包括轻微的擦伤、瘀青到严重的骨折、内脏受损，甚至生命威胁。防范肢体冲突能够显著降低这种风险，保护个人的身体健康和生命安全。除了身体伤害，肢体冲突还可能给当事人带来长期的心理创伤，如恐惧、焦虑、抑郁等。通过防范肢体冲突，可以减少这些负面心理影响，维护个人的心理健康。

2. 减少法律纠纷和经济损失

肢体冲突往往涉及违法行为，如故意伤害、寻衅滋事等，可能导致法律纠纷和诉讼，给当事人带来麻烦和损失。防范肢体冲突可以减少法律纠纷的发生，节约司法资源。同时，在肢体冲突中，如果造成对方损失或伤害，可能需要承担赔偿责任。防范肢体冲突可以避免这种赔偿损失的发生，保护个人和家庭的财产安全。

3. 维护社会稳定，减少公共恐慌，促进社会和谐

肢体冲突在公共场所的发生容易引发围观和恐慌，导致公共场所的秩序混乱，影响他人的正常生活，破坏社会安宁。防范肢体冲突有助于减少这种公共事件，保持社会的平稳运行，增进人与人之间的理解和尊重，促进社会的和谐共处，维护社会的安全和稳定。

综上所述，防范肢体冲突具有重要的意义。不仅可以保护个体的身体健康和心理健康，还可以维护社会的安全和稳定，提高个体的自我保护能力。因此，我们应该积极采取措施，防范肢体冲突的发生。

二、肢体冲突的心理学解析

（一）肢体冲突行为的心理动机剖析

1. 挫折攻击理论

肢体冲突是一种常见的社会行为，其发生往往源于个体的挫折和攻击欲望。弗洛伊德最早提出了"攻击"概念及其所指——认为攻击是本能自发行为；但当某种愿望或者期待得不到满足时，由于受到本身欲求的遏阻，行为人就会产生挫折感。"挫折攻击理论"则是由美国心理学家罗森次韦克（Rosenzweig）首次提出，他认为"挫折－攻击－犯罪"是一个渐进过程，"挫折"可以引发"攻击"，"攻击"也可以诱发"犯罪"。

在此基础上，美国社会心理学家多约翰·多拉德（John Dollard）等发展了"挫折攻击理论"，认为攻击行为的产生是建立在挫折基础上，当人们遭遇一定挫折或是面对重大障碍时，会通过主动攻击等侵犯性反应来宣泄自身的不满；认为攻击行为是个体在追求目标过程中遭遇挫折后的一种反应。当个体感到无法达到预期目标或受到阻碍时，会产生挫败感和愤怒情绪，进而可能引发攻击行为。

在肢体冲突中，这种心理动机尤为明显，个体可能因为感到权益受到侵犯或无法满足自身需求而采取暴力手段。肢体冲突的发生往往与个体的挫折程度和攻击欲望密切相关。当个体遭受挫折时，其攻击欲望会被激发，从而导致肢体冲突的发生。当然，挫折并不意味着一定会引起攻击，还需要考虑情境中的侵犯因素或者挫折刺激物的影响力，当挫折累积到一定程度才可能会转向攻击，进而使人们产生暴力倾向并导致犯罪。

2. 社会学理论

社会学理论强调攻击行为是后天习得的结果，特别是通过社会互动和观察学习获得的。班杜拉的社会学习理论指出，个体会在社会互动过程中，通过观察、模仿、学习等方式，习得并内化社会行为规范和价值观念，通过观察他人的行为及其后果来学习新的行为模式，包括攻击行为。这种学习方式在很大程度上影响了个体在社会互动中的行为选择，在家庭、学校或社会中接触到暴力行为或冲突解决方式的个体，更容易在日后采取暴力手段解决问题。

认知发展理论也强调了后天习得的重要性。皮亚杰的认知发展理论认为，个体在社会互动中通过不断尝试、犯错和修正，逐渐形成自己的认知结构和思维方式。这种认知发展过程不仅塑造了个体的社会行为，也影响了个体对社会问题的理解和判断。

此外，社会认同理论也提供了后天习得理论的另一个视角。社会认同理论认为，个体在社会互动中通过与他人共享经验和价值观，形成对自我和他人的认同感。这种认同感不仅影响了个体在社会互动中的行为选择，也塑造了个体的社会认同观念。个体在社会互动中不仅通过观察、模仿和学习社会行为，也通过与他人的互动，主动构建和改变社会行为和社会结构。

综上所述，攻击行为是通过观察、模仿和强化而习得的，个体在成长过程中受到家庭、同伴和社会环境的影响，逐渐形成攻击倾向。

（二）肢体冲突心理特征及反应

1. 肢体冲突心理特征及反应

肢体冲突作为一种直接、激烈的冲突形式，在国内外都普遍存在。肢体冲突的心理特征及反应，是一个值得深入探讨的话题。肢体冲突的心理特征主要包括攻击性、侵略性和敌对性。

攻击性是指个体在冲突中表现出对他人身体或心理上的攻击行为，如推搡、拉扯、殴打等。攻击性行为的背后往往隐藏着强烈的情绪反应，如愤怒、不满或恐惧。这些情绪在得不到有效管理时，就可能转化为攻击性行为。攻击性行为的程度和方式受到多种因素的影响，包括个体的性格、经验、环境刺激以及社会文化背景等。

侵略性是指个体在冲突中表现出对他人资源的侵占和剥夺，如抢夺、撕扯等。与攻击性相比，侵略性更多地指向对资源的控制和占有。在肢体冲突中，侵略性表现为个体试图通过暴力手段来夺取或保护自己的利益、地位或资源。这种心理特征可能源于对资源稀缺的感知、对权力的渴望或是对自我价值的过度维护。侵略性行为不仅会对他人造成伤害，还可能破坏社会和谐与稳定。

敌对性则更多地体现在个体对他人立场和观点的否定与敌视上。在冲突中，敌对性表现为对对方的侮辱、辱骂、挑衅等言语攻击，以及通过非言语方式（如眼神、肢体动作）传达出的敌意。敌对性的根源可能在于个体间的价值观差异、利益冲突或历史恩怨等。它加剧了冲突的氛围，使得双方更难以达成妥协与和解。

肢体冲突的心理反应主要包括愤怒、恐惧和焦虑。愤怒作为一种强烈的情绪反应，是肢体冲突中常见的驱动力之一。当个体感到被冒犯、威胁或侵犯时，他们可能觉得自己受到了不公平的对待，愤怒情绪会迅速上升，导致他们失去理智和自控能力，进而采取攻击行为来应对冲突。

同时，除了愤怒外，个体还可能表现出激动、紧张、恐惧、无助等复杂情绪。激动和紧张通常是由冲突现场的氛围紧张、不确定性高以及个人对冲突结果的担忧所导致的，会使个体更加敏感和易怒，更容易触发攻击性行为。而恐惧和无助则更多出现在受害者身上，他们可能感到无法逃脱或反击，这种情绪状态不仅加剧了受害者的心理创伤，还可能影响其对冲突事件的认知和应对能力。此外，他们还可能感到焦虑，在肢体冲突中，个体可能担心冲突的升级、自身安全受到威胁或冲突结果的不可预测性，这些都会引发焦虑情绪。焦虑情绪会进一步加剧个体的紧张感和不安感，使其更难以采取理智的决策和行动。这些情绪反应不仅影响个体的身心健康，还可能加剧冲突的升级和恶化。

2. 形成心理特征的影响因素

肢体冲突作为一种社会现象，无论在国内还是国外，其产生的原因和影响因素都十分复杂。其中，心理特征的形成是肢体冲突产生的一个重要因素。心理特征的形成受到多种因素的影响，主要包括个体人格、家庭环境、教育背景、社会环境和文化差异等。

首先，个体人格对肢体冲突的形成具有重要的影响。个体的人格特征，如性格、情感和思维方式等，决定了个体对肢体冲突的认知和处理方式。例如，外向性格的人可能更容易参与到肢体冲突中，而内向性格的人可能更倾向于避免冲突。同时，完美主义人格的人可能会对肢体冲突产生更大的心理压力。具有冲动性、攻击性倾向的个体更容易在冲突中表现出暴力行为，这些人情绪调节能力低下、自我控制能力不足以及攻击性倾向较强，更容易卷入肢体冲突。

其次，家庭环境、教育背景等因素也可能对个体的肢体冲突行为产生影响。

不同的教育背景会导致个体有不同的行为习惯和社交能力，从而影响肢体冲突的心理特征。例如，在竞争激烈的教育环境中，个体可能会更容易产生肢体冲突。在家庭中遭受暴力或虐待的个体，在成长过程中可能学会使用暴力作为解决问题的手段，并在日后的冲突中表现出攻击性行为。

再次，社会环境也是影响肢体冲突心理特征形成的重要因素。社会环境包括社会制度、文化背景和人际关系等。不同的社会环境会导致个体有不同的价值观和行为方式，从而影响肢体冲突的心理特征。例如，在西方文化背景下，个体更倾向于通过言语表达意见，而在东方文化背景下，个体更倾向于通过肢体语言表达情感。而且社会不平等、资源分配不均等社会结构问题可能导致人们之间的利益冲突，进而引发肢体冲突。一些研究指出，社会不平等、种族歧视以及性别偏见等因素可能导致群体之间的肢体冲突。此外，社会媒体和网络的普及也为肢体冲突的扩散提供了新的渠道。肢体冲突是社会结构、社会关系以及社会规范等因素相互作用的结果。

最后，文化差异也是影响肢体冲突心理特征形成的重要因素。不同文化背景下的价值观、语言及行为规范等差异，可能导致人们在沟通中产生误解和冲突。不同的文化差异会导致个体有不同的认知方式和处理冲突的方式，从而影响肢体冲突的心理特征。社会环境中的暴力文化、媒体中的暴力内容以及社会支持系统的缺失等因素都可能对个体的心理特征产生影响。长期暴露于暴力文化中的个体更容易接受暴力作为解决问题的方式。

总的来说，肢体冲突的心理特征的形成是一个复杂的过程，受到多种因素的影响。了解和掌握这些影响因素，有助于我们更好地理解和解决肢体冲突问题，从而创造一个更加和谐的社会环境。

（三）肢体冲突的社会心理因素

1. 心理特点与动机

肢体冲突是一种由身体接触引起的冲突，可能由个体之间的竞争、权力争夺、性吸引等原因导致。在这种情况下，个体的心理特点可能包括自尊心、控制欲、敌意等，当个体在与他人发生肢体冲突时，他们可能会因为保护自己的自尊心而产生更大的敌意。同时,他们的控制欲也可能导致他们在冲突中采取攻击性的行为。

同时,个体的动机可能直接或间接地影响他们的行为。一方面,个体的攻击性动机可能使他们更容易在冲突中使用暴力。另一方面,个体的逃避性动机可能使他们为避免冲突,这可能导致他们在冲突中采取退缩的行为。此外,个体的成就动机也可能影响他们的行为。例如,在竞争中取得优势可能会引发肢体冲突。

肢体冲突中的个体往往具有特定的心理特点和动机。除了上述提到的愤怒和攻击性外,个体还可能因为自我防卫、报复心理或寻求权力地位等动机而采取暴力手段。这些动机与个体的心理需求、价值观和社会认知密切相关。总的来说,肢体冲突的心理特点和动机因素相互影响,共同塑造了这一现象。了解这些因素有助于我们更好地理解和解决肢体冲突问题。

然而,肢体冲突的解决并非易事。它需要个体和环境两方面的改变。个体需要提高自我控制能力,学会以和平的方式解决冲突。环境也需要做出改变。例如,学校可以加强学生的心理教育,提高他们的冲突解决能力。同时,社会也需要制定相应的法律法规,以防止肢体冲突的发生。

拓展阅读

为什么会与同学相处不好?

部分同学进入新的学习阶段后,发现自己难以融入新集体,总是和其他同学发生争执,和舍友也经常闹矛盾。因为和身边的同学相处不好,容易闷闷不乐,上课也很难集中注意力,人际关系影响到了学习和生活。同学们对人际关系变化感到非常疑惑,不知道该怎样去解决。

这是许多青少年都面临的问题,这是由于这个时期人际关系发生了变化。

首先是交往对象的变化。由于自我意识和独立性的发展,青少年交往对象逐渐偏向于关系密切的朋友,他们更愿意向亲密的朋友分享情感,倾诉矛盾、忧虑和困难。

其次是交往方式的变化。青少年由于自我意识的增强,他们更需要的是一个能够倾吐烦恼、交流思想、表露自我并能保守秘密的朋友。

> 最后是择友特征的阶段性变化。青少年对朋友的选择是以其交友意义的认识为基础的。不断成长成熟的青少年，友谊较为稳定且深刻，他们在选择朋友时更加注重内在的品质和情趣，即强调对方的气质、性格、能力和兴趣爱好。

2. 社会认知与偏见

社会认知与偏见是影响肢体冲突发生的重要因素。从社会认知的角度来看，公众对肢体冲突的认知和理解程度直接影响着他们对肢体冲突的预防和处理方式。然而，由于不同社会群体的认知水平和认知方式存在差异，他们对肢体冲突的认知和理解也存在一定的偏差。

在国内，肢体冲突的认知偏差主要表现在对肢体冲突类型的认知偏差和对肢体冲突原因的认知偏差上。一方面，公众对肢体冲突类型的认知存在一定的偏差，他们往往将肢体冲突简单地划分为好人和坏人之间的冲突，忽视了肢体冲突背后的复杂社会因素。另一方面，公众对肢体冲突原因的认知存在偏差，往往过于简单化，他们将肢体冲突的原因归结为个体的性格缺陷或者心理问题，忽视了社会经济、文化等多重因素的影响。

在国外，肢体冲突的认知偏差主要表现在对肢体冲突的应对策略的认知偏差和对肢体冲突影响的认知偏差上。一方面，公众对肢体冲突的应对策略存在一定的认知偏差，他们往往倾向于使用暴力来解决问题，忽视了和平解决冲突的重要性。另一方面，公众对肢体冲突后的影响存在一定的认知偏差，他们往往将肢体冲突后的影响简单化，忽视了肢体冲突可能带来的长期社会影响。

社会认知与偏见在肢体冲突中发挥着重要作用。肢体冲突的认知偏差不仅影响着公众对肢体冲突的处理方式，也影响着肢体冲突的预防和减少。个体对冲突情境的认知和解释往往受到自身经验、文化背景和社会价值观的影响。偏见和刻板印象可能导致个体对他人产生误解和误判，进而加剧冲突的发生和升级。

3. 社会支持与资源

社会支持是影响肢体冲突的重要因素。社会支持是指个体在社会交往中获得的来自他人或社会的情感、物质等支持，包括来自家庭、组织、人际的支持。社会支持对于个体的身心健康具有普遍的增益效果，能够帮助个体保持生理和心理的平衡与稳定。个体如果能够获得足够的社会支持，那么他们会减少冲突的可能性，或者在冲突发生时能够更好地控制自己的情绪，从而降低冲突的严重程度。

同样，资源也是影响肢体冲突的重要因素。资源是指个体在生活和社会活动中所需的物质和非物质的支持，包括经济资源、社会资源、文化资源等。资源的充足程度和质量，直接影响着个体的社会地位和权利，进而影响个体对他人的态度和行为。如果个体的资源缺乏，他们会因为生活的压力和困难，而产生对他人的攻击行为。反之，如果个体的资源充足，他们会更有能力去理解和尊重他人，从而减少冲突的发生。

社会支持和资源对于缓解和减少肢体冲突具有重要意义。当个体面临冲突时，如果能够得到来自家庭、朋友或社会的支持和帮助，就更容易采取理性的方式解决问题。同时，社会资源的充足和公平分配也有助于减少因资源争夺而引发的肢体冲突。

典型案例

因在食堂插队引发的冲突

覃某和张某（均为化名）为张家界某学校同班同学，2022年6月，二人在学校食堂就餐途中，覃某因张某插队而与其发生争执，学校老师发现后立即予以制止、教育。但在午餐后，张某又前往覃某宿舍用手拍了躺在床上的覃某，导致双方发生互殴。被其他同学拉开后，双方继续发生口角，张某一拳打在覃某的左眼眶上，造成覃某受伤，学校宿舍管理员闻讯赶来，双方未再继续打斗。为此，原告覃某向法院提起诉讼，请求依法判决张某和学校赔偿原告医疗费、住宿费、交通费、鉴定费、护理费、营养费、住院期间伙食补助费、精神损害抚慰金共计14 023.61元。

案例剖析：

在这个案例中，覃某和张某之间的冲突涉及了一系列心理动机和行为的交织。

1. 自我中心与自尊维护

张某插队反映了张某的自我中心倾向,他认为自己的需求比他人更重要,或者对规则不太在意。这种行为可能源于他对于个人权利和自由的高估,以及对他人感受的忽视。面对张某的插队行为,覃某感到自己的权益被侵犯,进而产生愤怒和不满。他试图通过争执来维护自己的尊严和秩序感。

2. 情绪管理不当

双方在争执过程中未能有效控制自己的情绪,尤其是张某在午餐后再次挑衅覃某,这表明他们可能缺乏有效的情绪调节策略。当情绪高涨时,他们更容易采取攻击性的行为来回应对方的挑衅。

3. 社会学习与模仿

青少年阶段是个体社会学习的重要时期。张某和覃某之间的冲突可能受到他们周围环境中类似行为模式的影响。他们通过观察、模仿或学习他人的冲突解决方式来应对自己的问题。

三、防范肢体冲突的心理策略

(一)增强自我保护意识与能力

增强自我保护意识与能力是一个综合性的过程,涉及多方面的努力,以下是一些具体的方法和建议。

1. 增强自我保护意识

(1)保持警惕。关注周围环境,对周围的人和事保持高度警觉。避免在公共场所随意透露个人隐私信息,如家庭住址、联系方式等。认识到自身存在的安全风险,了解常见肢体冲突的场景和可能性。

(2)学习安全知识。通过观看法制类节目、时事新闻或自救等防范暴力的小视频,了解实际案例中的安全信息。学习如何识别危险信号,提高识别危险的能力。

(3)树立正确的价值观。树立自尊、自立、自强的意识,培养自己对真与假、是与非、美与丑的分析和辨别能力。

2. 提高自我保护能力

（1）学习基本自卫技能。学习一些基本的自卫技能，如防身术、逃脱技巧等，以应对突发肢体冲突情况。掌握如何使用常见的自卫工具，如催泪喷雾、电棒等（注意使用合法且适当的自卫工具）。

（2）掌握急救知识。学习基本的心肺复苏、止血等生命救护技能。在家庭中准备急救包，并熟悉其使用方法。

（3）制订安全计划。制订家庭安全计划和出行安全计划等，包括暴力防范和预防措施、选择安全的出行方式等。

（4）避免危险场所和行为。尽量避免前往偏僻地区、夜间不单独出行。不轻信陌生人的邀请，避免参加存在肢体冲突等攻击性行为的活动。

3. 培养健康的生活方式

（1）保持规律的饮食和睡眠。避免暴饮暴食和熬夜，保持身体健康。

（2）保持适度的运动量。增加身体的耐力和韧性，提高应对突发事件的能力。

（3）减少不良习惯。减少吸烟、饮酒等不健康的生活习惯，以保障身体的健康和安全。

4. 加强心理健康保护

（1）学会调节情绪。保持积极乐观的心态，避免过度焦虑等负面情绪对身体和心理健康的影响。

（2）寻求专业帮助。当遇到心理困扰时，及时寻求专业心理咨询和治疗。

5. 建立社交安全网络

与亲朋好友保持紧密联系，及时分享自己的行踪和感受，在遇到危险时可以向他们寻求帮助和支持。加入社区组织或志愿者团队，拓宽自己的社交圈子，增加安全感，同时也能为社区做出贡献。

总之，增强自我保护意识与能力需要我们从多个方面入手，包括增强自我保护意识、提高自我保护能力、培养健康的生活方式、加强心理健康保护以及建立社交安全网络等。通过不断努力和实践，我们可以更好地保障自己的人身安全和财产安全。

（二）培养情绪控制能力

在处理人际关系和家庭教育中，家长和老师应多与孩子沟通，及时掌握孩子的心理状态，给予正确的引导和教育，让孩子遇事冷静、正确处理。对于青少年和儿童，家长应首先控制自己的情绪，学会用法律手段理性维权，为孩子当好表率。提升和培养情绪控制能力是一个需要持续努力和实践的过程。以下是一些具体的建议，可以帮助你更好地掌握这一能力。

1. 认识和理解情绪

（1）情绪识别。准确地识别自己的情绪，了解情绪产生的原因。这有助于你更清晰地认识自己，为后续的情绪管理打下基础。

（2）接受情绪。接受情绪的存在，而不是试图抑制或否认它们。情绪是人类经验的一部分，只有接受它们，才能更好地处理它们。

2. 情绪调节技巧

（1）深呼吸和冥想。深呼吸和冥想是有效的放松技巧，可以帮助你平静思维，减轻压力和焦虑。通过练习，你可以在情绪激动时迅速调整自己，恢复冷静。

（2）积极思考。培养积极的思维模式，用积极的自我对话替换消极的思维。当你发现自己陷入消极情绪时，尝试从积极的角度去看待问题，寻找解决问题的方法和机会。

（3）情绪释放。找到健康的方式来表达和释放情绪，如运动、写日记、绘画或与信任的朋友交谈。这些方式可以帮助你宣泄情绪，避免情绪积压导致的暴发。

3. 培养良好的生活习惯

（1）健康饮食。保持均衡的饮食，确保身体获得足够的营养。健康的身体是情绪稳定的基础。

（2）充足睡眠。保证充足的睡眠时间，有助于缓解疲劳，恢复精力，提高情绪控制能力。

（3）适度运动。适当的运动可以促进身体健康，释放压力，提高情绪稳定性。

4. 增强自我意识和自我控制

（1）自我反思。定期花时间去思考自己的情绪反应，以及这些反应背后的原因。这有助于你更好地理解自己，并找到改善的方法。

（2）设定界限。学会说"不"，设定健康的界限，以减少不必要的压力和情绪波动。

（3）时间管理。有效管理时间可以减少压力，从而减少情绪失控的可能性。

5. 寻求支持和帮助

（1）社交支持。与朋友、家人或同事交流，分享自己的感受和情绪。他们的支持和理解可以帮助你更好地应对情绪挑战。

（2）专业帮助。如果情绪问题持续存在且影响日常生活，可以考虑寻求心理咨询师的帮助。他们可以提供专业的指导和支持，帮助你更好地掌控情绪。

6. 持续学习和成长

阅读和学习。阅读关于情绪管理的书籍、文章或参加相关课程，以了解更多关于情绪管理的知识和技巧。将学到的知识和技巧应用到实际生活中，通过实践不断提高自己的情绪控制能力。

总之，提升和培养情绪控制能力是一个综合性的过程，需要我们从多个方面入手，包括认识和理解情绪、掌握情绪调节技巧、培养良好的生活习惯、增强自我意识和自我控制、寻求支持和帮助以及持续学习和成长。通过不断的努力和实践，我们可以逐渐提高自己的情绪控制能力，更好地应对生活中的各种挑战。

（三）提升沟通技巧

有效沟通可以解决很多矛盾和冲突，包括肢体冲突。为了更好地应对肢体冲突，提升艰难沟通的技巧是一个复杂但至关重要的能力，它涉及多个方面的技巧和策略。以下是一些具体的建议，可以帮助你更有效地应对艰难沟通。

1. 准备阶段

（1）明确目标。在沟通之前，明确你想要达到的目标和结果。这有助于你把握沟通的焦点，避免偏离主题。

（2）了解背景信息。尽可能多地了解与沟通相关的背景信息，包括对方的立场、观点、需求和可能的挑战。这有助于你更好地理解对方的立场，预测可能的反应，并准备相应的应对策略。

（3）制订计划。根据目标和背景信息，制订一个详细的沟通计划。包括你想要说的内容、可能的提问、预期的回应以及如何处理可能出现的冲突等。

（4）积极倾听。在沟通中，给予对方充分的表达机会，并认真倾听他们的观点和感受。避免打断或急于表达自己的观点，而是通过点头、微笑等方式表达你的关注和理解。

（5）清晰表达。使用简洁、明确的语言表达自己的观点和意见。避免使用模糊或含糊的措辞，以免产生误解。同时，注意控制自己的情绪和语气，保持平和、尊重的态度。

（6）使用"我"语句。在表达自己的观点和感受时，尽量使用"我"语句，而不是指责或批评对方的"你"语句，这有助于减少对方的防御心理，促进更积极的沟通氛围。

（7）提供具体例子。在阐述观点或问题时，提供具体的例子或事实依据。这有助于增强你的说服力，使对方更容易接受你的观点。

2. 应对冲突

（1）保持冷静。当沟通中出现冲突或紧张气氛时，保持冷静和理智至关重要。避免情绪化或攻击性的言辞，而是尝试通过深呼吸、短暂停顿等方式平复自己的情绪。

（2）寻求共同点。努力寻找与对方之间的共同点或共同利益，以此为基础建立合作和共识。通过强调共同点，可以减少分歧和冲突，促进更积极的沟通氛围。

（3）提出解决方案。在了解对方的立场和需求后，尝试提出双方都能接受的解决方案。这有助于解决冲突，实现共赢的局面。

拓展阅读

如何快速离开冲突现场？

快速离开冲突现场是避免事态升级和保护自己安全的重要步骤。以下是一些具体的建议：

1. 评估情况。快速评估现场情况，判断是否有立即离开的必要。如果冲突正在升级，或者你感到自己的安全受到威胁，那么离开是明智的选择。

2. 保持冷静。尽管你可能感到紧张或害怕，但保持冷静可以帮助你更清晰地思考，做出正确的决定。

3. 选择安全路径。如果你对周围环境熟悉，选择最直接、最快捷、最安全的路线离开。避免走可能被阻拦或更危险的路线。

4. 避免对抗。如果有人试图阻止你离开，尽量避免对抗。保持冷静，尝试通过言语来缓和局势，或者寻找机会绕过他们。避免说或做可能激化对方情绪的事情。

5. 使用紧急出口。如果你在室内，寻找紧急出口，这些出口通常设计为在紧急情况下快速离开的通道。

6. 不要回头。一旦开始离开，就不要回头。保持前进，直到你到达一个安全的地方。

7. 寻求帮助。如果可能，大声呼救或拨打紧急电话求助。在离开的过程中，如果遇到其他人，也可以向他们求助。

8. 避免携带重物。如果你携带了重物或不必要的物品，考虑放下它们，以便于快速移动。

9. 注意周围环境。在离开时，注意周围的环境，避免进入可能更危险的区域。

10. 使用交通工具。如果可能，使用交通工具快速离开，比如出租车、公交车或者自己的车。

11. 记录信息。如果情况允许，记住关键信息，比如涉及的人、车辆的牌照号码等，这些信息对于后续的报告和调查可能很重要。

12. 到达安全地点后报警。一旦到达安全地点，立即报警，并提供你所记录的信息。

记住，安全永远是第一位的。在任何情况下，避免不必要的冲突和危险都是最重要的。

3. 后续跟进

（1）总结回顾。在沟通结束后，与对方一起总结回顾沟通的内容和结果。这有助于确保双方对沟通内容有清晰的理解，并确认下一步的行动计划。

（2）跟进执行。根据沟通结果和行动计划，及时跟进执行情况。通过定期沟通和反馈，确保双方都能按照计划推进工作，并及时解决可能出现的问题。

4. 持续学习和提升

（1）反思总结。每次艰难沟通后，进行反思和总结。分析自己在沟通中的表现和不足，并思考如何改进和提升。

（2）学习新知识。关注沟通领域的最新研究和实践案例，学习新的沟通技巧和方法。通过不断学习和实践，提升自己的沟通能力和水平。

总之，提升艰难沟通的技巧需要我们在准备阶段做好充分准备，在沟通过程中运用有效的沟通技巧和策略，以及在冲突处理中保持冷静和理智。同时，我们还需要持续学习和提升自己的沟通能力，以更好地应对各种复杂的沟通场景。

典型案例

发生在某高校宿舍内一个较为引人注目的案例

时间：2024年4月17日晚

地点：陕西某高校学生宿舍

事件：学生薛某被四名同学反锁在宿舍内，并遭到群殴

起因：据报道，事件的起因是薛某的同学李某在校期间违反校规被处理，李某怀疑是薛某向校方报告所致。

发展：随后，李某伙同刘某、房某将薛某叫到宿舍，并与高某一起对其实施了殴打。这一暴力行为导致薛某背部、胳膊等多处软组织损伤，被紧急送往医院接受治疗。

社会反响：事件迅速引发了社会各界的广泛关注和强烈谴责。人们纷纷表达对校园暴力行为的愤慨，呼吁相关部门严肃处理此事，维护校园安全和学生的合法权益。

警方介入：榆林市公安局榆阳分局迅速开展调查，并依法将涉案的李某、房某、高某、刘某四人刑事拘留。

学校反应：虽然未详细报道学校反应，但一般情况下，学校会加强校园安全管理，提高学生的法律意识和道德素质，以防止类似事件再次发生。

（案例中均为化名）

案例启示：

（1）加强法治教育。高校应加强对学生的法治教育，让学生明确了解法律法规，知道违法行为的后果。

（2）增强安全意识。学生应提高自我保护意识，遇到问题时及时寻求帮助，避免暴力冲突的发生。

（3）加强校园管理。学校应建立完善的安保制度，加强对校园内的安全巡逻和监管，确保学生的安全。

（4）关注心理健康。关注学生的心理健康问题，提供必要的心理咨询和辅导服务，帮助学生解决心理问题，防止因心理问题引发的暴力事件。

总之，这起大学生打架典型案例再次提醒我们，校园暴力问题不容忽视。学校、家庭和社会应共同努力，加强法治教育、提高安全意识、加强校园管理和关注心理健康问题，共同营造一个安全、和谐、健康的校园环境。

四、行为管理与预防措施

（一）社会预防系统

1. 法律层面：提高认知，加强制度保障

社会层面强化教育引导，以避免发生肢体冲突，是一个复杂而多维度的任务，需要政府、学校、社区、家庭以及媒体等多方面的共同努力。在面对家庭暴力或校园欺凌时，受害者应通过法律途径寻求帮助，如报警或向相关部门反映情况。法律的支持和社会的关注有助于减少暴力事件的发生。特殊情况下，在面临可能的人身安全威胁时，如遇正当防卫的情况，应了解自己的权利和责任，合理使用武力进行自我保护。例如，在陈某案中，陈某在遭受持械攻击时，为了保护自己和妻子的人身安全，进行了反击，这一行为被认定为正当防卫。以下是一些具体的策略和建议。

（1）加强法律法规宣传与教育。

①普及法律知识。通过电视、广播、网络、报纸等多种媒体渠道，广泛宣传家庭暴力、校园暴力等暴力行为的法律法规，提高公众的法律意识。

②明确法律责任。让人们了解暴力行为的法律后果，包括民事赔偿、行政处罚乃至刑事责任，以此形成对暴力行为的震慑。

（2）推动学校安全教育。

①开设安全教育课程。将安全教育纳入学校课程体系，定期开设相关课程，教授学生识别暴力信号、应对暴力冲突的方法和技巧。

②加强师资培训。提升教师的安全意识和教育能力，使他们能够在日常教学中有效融入安全教育内容。

③建立校园安全机制。建立校园暴力举报和干预机制，确保学生有安全、便捷的渠道报告暴力行为，并能够得到及时有效的处理。

（3）促进社区参与与协作。

①组织安全教育活动。社区应定期举办安全知识讲座、研讨会等活动，邀请专家学者、心理咨询师等讲解暴力行为的危害和预防措施。

②建立邻里守望制度。鼓励社区居民相互关心、相互帮助，形成邻里守望的良好氛围，及时发现并报告潜在的暴力冲突隐患。

③提供心理咨询服务。社区应设立心理咨询室或联系专业机构，为有需要的居民提供心理咨询服务，帮助他们解决心理问题，预防暴力行为的发生。

（4）强化家庭教育与引导。

①提升家长素质。通过家长学校、家庭教育讲座等方式，提升家长的教育素养和心理健康水平，使他们能够更好地理解和教育孩子。

②倡导平等尊重的家庭氛围。家长应树立平等尊重的家庭观念，避免使用暴力手段解决问题，为孩子树立良好的榜样。

③加强亲子沟通。鼓励家长与孩子保持良好的沟通，了解孩子的需求和困惑，及时给予关心和支持。

（5）发挥媒体的正向引导作用。

①传播正能量。媒体应积极传播正能量信息，展示和谐、友善、互助的社会风貌，营造积极向上的社会氛围。

②客观报道暴力事件。在报道暴力事件时，媒体应坚持客观公正的原则，避免过度渲染暴力细节，以免引发公众恐慌和模仿行为。

③开展公益宣传。媒体可以联合政府部门、公益组织等开展公益宣传活动，倡导文明、和谐、法治的社会风尚。

综上所述，社会层面强化教育引导以避免发生肢体冲突需要全社会的共同努力和持续关注。通过加强法律法规宣传与教育、推动学校安全教育、促进社区参与与协作、强化家庭教育与引导以及发挥媒体的正向引导作用等多方面的措施，我们可以逐步构建起一个和谐、安全、文明的社会环境。

（二）家庭责任与作用

在家庭方面，为了防止孩子被攻击，家长可以采取以下多方面的措施来增强孩子的安全感和自我保护能力。

1. 建立和谐的家庭氛围

（1）增进沟通。父母应养成与孩子沟通解决问题的习惯，培养孩子独立思考和表达意见的能力。当孩子遇到问题时，他们会更愿意向父母求助。

（2）情绪支持。确保家庭氛围温馨和谐，让孩子感受到家人的关爱和支持。这有助于孩子建立自信心和安全感，减少因心理问题导致的攻击风险。

2. 灌输自我保护意识

（1）身体锻炼。从小加强孩子的身体锻炼，提高身体素质，使其在面对攻击时具备一定的自我保护能力。

（2）安全教育。明确告知孩子什么是正常的同学朋友间行为，什么是不正常且需要告知父母的行为。教育孩子识别欺凌和暴力的信号，如言语侮辱、嘲笑、威胁以及肢体推搡、殴打等。

（3）求助教育。教会孩子在遇到肢体冲突等攻击行为时及时向老师、家长或警方求助，确保他们知道有效的求助途径和方式。

在家庭教育中，引导孩子不能过量饮酒，在引发的命案中，饮酒过量是导致冲突升级的一个重要因素。因此，饮酒应适度，避免因酒后冲动而引发不可挽回的后果。

3. 引导孩子正确交友

（1）交友指导。在孩子还没有能力辨别好坏时，家长需要引导孩子多接近家教好、有责任感的朋友。告诉孩子交友不能只看成绩，而是要看对方的品德和行为。

（2）关注社交圈。关注孩子的社交圈子，了解他们与哪些人交往、参加了哪些活动。一旦发现孩子与不良分子接触或参加了不良活动，要及时进行干预和引导。

4. 加强家庭教育和监管

（1）明确规则。与孩子共同讨论并设定明确的家庭规则，确保孩子了解并遵守这些规则。这有助于培养孩子的纪律性和自我约束能力。

（2）监管到位。家长需要加强对孩子的教育和监管，确保他们了解欺负行为的危害性，并教会他们如何正确应对。同时，要关注孩子的心理健康状况，及时发现和处理问题。

5. 提升孩子的社交能力

（1）鼓励社交活动。引导孩子参加社交活动，如聚会、社区活动等，以锻炼他们的社交技巧和人际交往能力。

（2）培养同理心。教育孩子要尊重他人、理解他人的感受和需求，培养他们的同理心和合作精神。

6. 与学校和社会合作

（1）保持联系。家长需要积极参与学校和社区活动，与老师和社区工作人员保持密切联系，了解孩子在学校和社区中的表现和存在的问题。

（2）共同保护。与学校和社会组织合作，共同为孩子营造一个安全、和谐、友爱的成长环境。一旦发现孩子受到攻击或欺凌，要及时向学校和社会组织报告并寻求帮助。

综上所述，家庭在防止孩子被攻击方面扮演着至关重要的角色。通过建立和谐的家庭氛围、灌输自我保护意识、引导孩子正确交友、加强家庭教育和监管以及提升孩子的社交能力等措施，可以有效地降低孩子遭受肢体冲突攻击的风险。

同时，与学校和社会的合作也是保障孩子安全不可或缺的一部分。

（三）学校教育引导

1. 鼓励报告和干预

高校应加大网络心理健康教育和生命教育的力度，切实提高心理健康教育的质量和时效性，注意将心理健康教育与大学生的实际生活环境、肢体行为管理及内容密切联系起来，培养学生的心理健康意识和生命安全教育，引导学生积极反对和抵制肢体冲突等暴力行为，深化对生命意义和宝贵性的认识，形成尊重他人、珍爱生命的价值观念。面对肢体冲突事件，学校应该采取一系列措施来估计报告和进行有效干预，以确保学生的安全和校园的和谐稳定。以下是一些具体的步骤和建议。

（1）迅速响应。打架事件发生后，学校应立即启动应急预案，迅速派遣相关人员（如辅导员、班主任、安保人员等）前往现场了解情况，并控制事态发展。

（2）全面调查。成立由政教处、班主任等组成的调查组，对事件进行全面、客观的调查。通过询问当事人、目击者，查看监控录像等方式，收集证据，还原事件真相。

（3）形成报告。在调查基础上，形成详细的调查报告，包括事件发生的时间、地点、参与人员、原因、经过、结果以及处理建议等。报告应客观公正，避免主观臆断和偏见。

（4）上报领导。将调查报告及时上报给学校领导，以便领导层做出决策和部署下一步工作。

（5）保护受害者。首先，要确保受伤学生的安全，及时送往医院进行治疗，并安排专人进行心理安抚和关怀。

（6）隔离冲突双方。将打架的双方隔离，避免事态进一步升级。同时，对参与打架的学生进行批评教育，让他们认识到自己的错误和自身行为的危害。

（7）依据校规处理。根据学校的规章制度和相关法律法规，对打架事件进行严肃处理。对于违反校规校纪的学生，应给予相应的纪律处分，以维护学校的正常秩序和学生的安全。

（8）加强教育引导。针对打架事件的原因和教训，加强学生的思想道德教育、心理健康教育和行为规范教育。通过开展主题班会、讲座、心理辅导等形式，帮助学生树立正确的价值观和道德观，增强其自我约束和自我管理能力。

（9）家校合作。积极与家长沟通，了解学生的家庭情况和成长经历，共同制订解决方案。引导家长正确看待孩子的教育问题，积极配合学校的工作，共同促进孩子的健康成长。

（10）建立预防机制。建立健全的预防和应对机制，避免类似事件的再次发生。加强学生的日常管理和监督，及时发现和解决学生的问题。同时，加强校园巡逻和监控设备的安装和维护，确保校园安全。

总之，面对肢体冲突事件，学校应迅速响应、全面调查、形成报告并上报领导。同时采取有效的干预措施保护受害者、隔离冲突双方、依据校规处理、加强教育引导、家校合作以及建立预防机制等。通过这些措施的实施，可以最大限度地减少打架事件对学生的伤害和对校园秩序的影响。

2. 提供资源和支持

77.4%的大学生感到在大学中缺少知心朋友，会因自己无人倾诉而感到空虚和无助，由此产生了与人交往的焦虑情绪。处于焦虑状态的大学生在人际交往中会更多地感受到他人对自己的排斥，从而导致他们出现较多的心理问题而更多地引发肢体冲突行为。因此，要预防和减少大学生的攻击行为，除了要降低大学生的拒绝敏感性之外，还需要减轻大学生的社交焦虑。

利用元认知干预技术（conditioned emotional response intervening method, CEI）和虚拟现实技术（virtual reality technology, VR）。要预防和减少大学生的攻击行为，降低大学生的拒绝敏感性以及社交焦虑是非常必要的。研究表明，认知方式的改变以及社交技能训练会影响拒绝敏感性与社交焦虑。利用元认知干预技术和虚拟现实技术可以有效降低拒绝敏感性和社交焦虑，从而减少攻击行为。元认知干预技术意为"条件性情绪反应干预技术"，是一套高效心理干预技术体系，可用于各类行为障碍诊断与临床辅导干预，也可以用于修正和培养某种人格，如用于学校生活不适、朋友或师生关系过敏等，有助于克服人际关系过敏性人格。通过元认知干预技术，大学生能够自己高效干预自己的潜意识心理结构，自觉地控制自身的潜意识心理活动，通过对自身的社会交往活动进行自我觉知、反思、监督、调控等心理干预方法来进行自我调整，以此降低大学生的拒绝敏感性。虚拟现实技术被认为是多种高新技术融合的结晶，虚拟现实设备具有实时交互性和逼真的体验感，所描述和呈现的内容更接近真实的世界，相比传统现实生活更加容易让体验者接受；而且虚拟现实技术还可以根据不同人员承受能力的不同而做出差异化的变化，从而使矫正治疗更易于被接受。虚拟心理设备在心理咨询领域得到了广泛的应用，如社交焦虑、恐惧回避等，虚拟现实技术可以虚拟一个安静整洁的房间，使社交焦虑的大学生在放松的环境中与虚拟人物进行对话和交流；虚拟现实技术也可以模拟人际交往情景来提高大学生的社会交往的方法与技能，这可以极大地缓解大学生的害怕、紧张等负面情绪，从而减少大学生的社交回避行为，以此来缓解大学生的社交焦虑，进而减少大学生的攻击行为。

3. **加强亲社会关爱引导教育**

人际冲突等压力性生活事件是影响主观幸福感的重要因素，面对压力与冲突时，积极的行为与态度有益于提高主观幸福感，消极的行为与态度会损害主观幸福感。具备积极资源的个体可以较好适应环境，但当出现高压力性事件时，个体的积极资源会迅速降低对抗风险的能力。大学生处于价值观发展关键期，面对人际信任问题时抗压能力有可能迅速下降，高校德育要培育大学生形成信任的认知，激发大学生产生乐于助人、关爱他人等亲社会行为，引导大学生面对人际关系压力时采取合理的应对方式，减少可能引发攻击的冷漠、怀疑、敌意等不信任态度。人际信任正向预测大学生的主观幸福感，人际信任水平越高，主观幸福感越好。人际信任通过增加亲社会行为提高幸福感，通过降低攻击行为提高幸福感。

（四）肢体冲突心理防范与干预

1. **心理弹性的调节作用**

主观社会经济地位对于大学生攻击行为的产生有着显著的影响。大学生在现实生活中遭遇挫折后，无疑会认为自己经济水平、家庭背景等比不上他人，从而对自身产生不满，逃避现实，体验嫉妒、不满等负面情绪，进而产生攻击行为。在遭遇困难时，心理弹性越高的个体更容易去面对，并且挫折对其造成的负面影响也会更小。该研究发现，大学生个体在遇到挫折时，会促进个体相对剥夺感的产生，而心理弹性和相对剥夺感的交互作用，无疑能减小大学生攻击行为的产生概率。心理弹性的调节作用为大学生攻击行为的研究和有关方面的有效干预提供了新的视角，这也是该研究的价值所在。干预者可能无法控制大学生遭遇挫折，但可以通过提高个体的心理弹性来减小大学生攻击行为产生的概率。

（1）教育宣传。通过学校、社区、媒体等渠道普及心理健康知识，提高公众对心理健康问题的认识和重视程度。

（2）培养应对能力。教导个体在面对挫折、压力等负面情境时，如何调整心态，采取积极的应对策略。

（3）风险评估。利用心理评估工具和方法，对个体或群体的心理状态进行全面评估，识别出潜在的心理危机和暴力倾向。

（4）背景调查。了解个体的家庭背景、社会关系、精神病史等信息，更全面地评估其暴力风险。

（5）关注预警信号。关注个体的言语、行为、情绪等方面的异常变化，及时发现潜在的暴力行为迹象。

（6）信息共享。加强跨部门、跨领域的信息共享和沟通，确保相关部门和人员能够及时获取暴力危机事件的信息。

（7）构建支持网络。为个体提供家庭、社区、朋友等多方面的社会支持，帮助其缓解压力，增强心理韧性。

（8）专业援助。建立专业的心理健康服务机构，为需要帮助的个体提供心理咨询、心理治疗等专业服务。

2. 肢体冲突心理干预

（1）确保安全。在暴力危机发生时，首要任务是确保参与者和围观者的生命安全。

（2）控制局势。采取有效措施，控制局势，防止事态扩大。

（3）倾听与理解。倾听受害者的感受和需求，理解其情绪状态，给予其安慰和支持。

（4）情绪宣泄。鼓励受害者表达情绪，帮助其释放压力。

（5）专业咨询。如有必要，联系专业心理咨询师为受害者提供心理援助。

（6）心理治疗。采用认知行为疗法、心理动力学治疗等方法，帮助个体改变不良的思维模式和行为习惯。

（7）药物治疗。针对个体的症状，使用抗精神病药物、抗抑郁药物等，以减轻症状并降低暴力风险。

（8）社会支持。提供个体所需的社会支持，如家庭关怀、社区资源链接等，以增强其社会适应能力和应对压力的能力。

（9）定期追踪。对接受过心理干预的个体进行定期追踪和反馈，确保其心理状况得到持续改善。

（10）效果评估。通过专业的评估工具和方法，对干预效果进行评估，以便及时调整干预策略。

暴力攻击心理防范与干预是一个长期而艰巨的任务，需要政府、社会、家庭和个人共同努力。通过加强心理健康教育、识别潜在肢体冲突风险、建立预警机制、加强社会支持以及实施及时有效的干预措施，我们可以有效地降低暴力事件的发生率，维护个体和社会的安全稳定。同时，我们还需要不断研究和探索新的干预方法和策略，以应对不断变化的社会环境和个体需求。

典型案例

如此生活二十年，力挽大厦于将倾

1. 背景介绍

H同学（化名，下同）出生在农村，是多子女家庭，家庭资源匮乏，又重男轻女，父亲崇尚"棍棒底下出孝子"的教育方式，让H同学很怕他。在极端暴力下，H同学会产生强烈的恐惧、惊慌，即便离开暴力环境，想要身心修复伤痕，也并非朝夕之事。她一怕挨打，二怕在有限的资源下自己被舍弃，三怕父母不爱她，所以直到上大学，她都是人见人夸的乖乖女。她从小被父亲棍棒教育，顿悟后进行自救，让自己彻底走出暴力阴影。

2. 心理干预与支持过程

（1）通过心理疏导，提高适应能力，提升自我价值感。

H同学与心理咨询的相遇开始得很奇妙。大二在上一门叫"心理咨询"的课程，这是一门理论＋实战课，是必修的专业课。老师要求同学们自行分组，每个组出一个心理咨询剧本，上课时，由组员把剧本内容按照心理咨询过程模拟出来，老师带领其他组的学生们边观察，边记录，边教学。老师分析小组模拟时，提出了一个问题：来访者经历父亲多次家暴，咨询师为什么完全不回应，不问来访者的感受？

　　首先，进行心理辅导并调整认知，让其认识到自己的心理状况。即内在逻辑和对周围的认知。比如，自己的被动方式，自己不上学的原因，自己交朋友的方式，处理因为校园欺凌、家庭关系等产生的错误认知和负面情绪，等等。

　　其次，通过团体心理辅导以及平时文化课老师的教学互动，言传身教，促进人际关系良性发展，减缓其人际恐惧，学习人际交往技巧。

　　最后，通过心理情绪疏导结合日常行为训练，指导学生提高自我觉察、提升行动力的技巧，并运用在实际学习中，纠正学生认知，提高学生自控力，改变学生行为。

　　团体心理辅导与家庭治疗：活动过程中，帮学生提高人际交往水平，学会如何与家庭成员、老师和同学相处并学会结交新朋友的技巧，学会建立良好的社交，学会感受情绪，表达情绪，而不是自己承受一切。帮助父母调整家庭教养方式，合理要求孩子，多在乎孩子的感受，及时对孩子的需求做出正向的反应，增加亲子沟通，增进亲密关系。

　　（2）认识自我，逐渐自我觉醒。

　　H同学的真实情绪是：害怕心理咨询，它扯下了现实的遮羞布，让她看到自己真实的样子，不知道怎么应对。无力是因为看到了不想看到的自我的另一面。她最终还是克服心理障碍，走进了心理咨询室。

　　于原生家庭，原来她一直在压抑自己的负面情绪，讨好周围的人，即使被父亲一次次暴打，非常疼痛也能瞬间屏蔽掉自己的感觉器官，把自己抽离出来。

于人际关系,她把别人的评价看得超过一切,被人一点点否定都会让她非常慌乱,比如,高中时听到朋友说,班里人传她高冷、不近人情,她哭了一上午,从此改变了言行,整天变着法给同学讲段子逗得大家开怀大笑。

她突然发现原来自己一点也不自信,价值感特别低,一切都以别人为中心而活着,生活一点意义也没有。

(3) 积蓄能量,面对家庭根源。

对原生家庭与人际关系的处理有了翻天覆地的改变。除了舍友,她疏远了所有人,断了和他们的联系,地理位置为这种改变提供了天然的优势,因为H同学是北方人,考到广州来读大学,而旧有的关系网络几乎都留在了北方。放暑假了,H同学宁愿留在学校也不回家,寒假回去因为鸡毛蒜皮的小事,和父母大吵了一架。

但那是她的很多个第一次,第一次顶嘴,第一次冲他们发火,第一次在妈妈掉眼泪威胁时没有妥协,第一次在被他们骂时没有满心愧疚自责,第一次在爸爸甩巴掌时用眼神顶了回去。

而这股能量,来自那次咨询后。虽然害怕面对,她还是借来了若干相关的心理书籍,加上无数次的自我觉察后,慢慢积累起来。那是一种新的能量,用得不熟练,而且更像一种蛮力。它指示我们,不要再用以前那种讨好型人格生活了,不要再盲目做父母的乖乖女了,不要再压抑自己的情绪了,要为自己而活!所以凡是与此冲突者,必有反抗。大学都上了一半了,她居然进入了所谓的"青春叛逆期"。

(4) 通过行为训练,提升人际处理能力。

不讨好他人后,H同学不知道该怎么去维持和经营人际关系,哪里都透着别扭。负面情绪得到释放后,似乎对整个世界充满了仇恨,不受控制地乱蹿,她不知道该怎么办,不知道问题到底出在哪里。有时候那种矛盾的情绪会把她折磨得严重厌世。这时期行为训练采取行为主义疗法,强化和塑造良性行为。

第一,如何拒绝客户的过分要求。曾经,H同学是公司的"劳模",常常自己累得半死，但对核心工作却帮助不大，只有苦劳没有功劳，还不被感激。她不是不懂拒绝，是怕拒绝了客户会抛弃她，价值无从体现。

第二，如何自信地夸赞自己。因为羞于此举，吃了很多暗亏，失去了很多潜在客户，也不是不会夸，是心里并不真的认可自己。

H同学所有的痛苦，大部分都是这两种心理带来的，自己都不认可自己、不爱自己、不怜惜自己，别人怎么会尊重她呢？那一刻，她想通了，难题也就迎刃而解了，并不真的需要怎么大动干戈。

当她第一次非常坚定地拒绝客户的不合理要求时，客户反而更愿意配合她的方案，这让她别提有多高兴和自信了。由衷地认可自己，并且向客户大方地介绍，重复次数越多，她越是打心眼里认可自己，价值感越来越强了。

3. 康复成果

工作越来越顺利时，她突然发现人际关系质量也上了一个层次。她对朋友进行了洗牌，挑选出了那些真正能让她提高幸福感的朋友，用心维护。

春节回家，她带父母去体检，父亲因为平时生活不节制，有很多影响健康的坏习惯，因此担心得吃不下饭，但是不敢告诉她，自己吓唬自己。她知道后，对以前的一切突然释怀了，老虎终究也有老去的一天，况且她早就是自己的主人了，以前她没办法改变，但眼下可以自己做主。

4. 总结与反思

本案例展示了心理干预和支持在帮助受害者康复过程中的重要作用。通过提供个性化的心理支持、技能培训和社会资源链接等服务，心理干预能够有效地减轻受害者的心理压力和负面情绪，提高他们的自我保护能力和应对能力。同时，本案例也提醒我们，社会应该加强对相关问题的重视和关注，为受害者提供更加全面和有效的支持和保护。

参考文献

[1] 时蓉华.社会心理学[M].杭州：浙江教育出版社，1998.

[2] 张振华.社会冲突研究中的概念、分类与量化[J].人文杂志，2016（12）：118-128.

[3] 吴育华，程德文，刘扬.冲突与冲突分析简介[J].中国软科学，2000（6）：117-119.

[4] 张静.论社会心理因素对健康的影响[J].武汉体育学院学报，2001，35（3）：126.

[5] 李仲坤.体育运动中的攻击性行为与控制[J].体育学刊，2001，8（4）：40-41，44.

[6] 王立成，彭相文，樊立华，等.医护人员遭遇医院工作场所暴力情况及影响因素分析[J].中国医院管理，2015，35（6）：61-63.

[7] SUTTIE D I. Some criticisms of freud's "beyond the pleasure principle"[J]. Joural of neurology and psychopathology, 1924, 5（17）: 61-70.

[8] 李欣.基于挫折-攻击理论的极端暴力犯罪心理问题研究[J].学习与探索，2014（11）：76-80.

[9] DOLLARD J. Frustration and aggression[M]. New Haven, CT: Yale University Press, 1967: 414.

[10] 皮亚杰，海尔德：儿童心理学[M].吴福元，译.北京：商务印书馆，1980.

[11] 马建青，黄雪雯.大学生人际信任与主观幸福感的关系：亲社会行为与攻击行为的中介作用[J].应用心理学，2022，28（1）：41-48.

[12] 周正刚.论文化矛盾与社会稳定的关系[J].北京行政学院学报，2006（1）：44-47.

第五章

情感纠纷与心理应对

思维导图

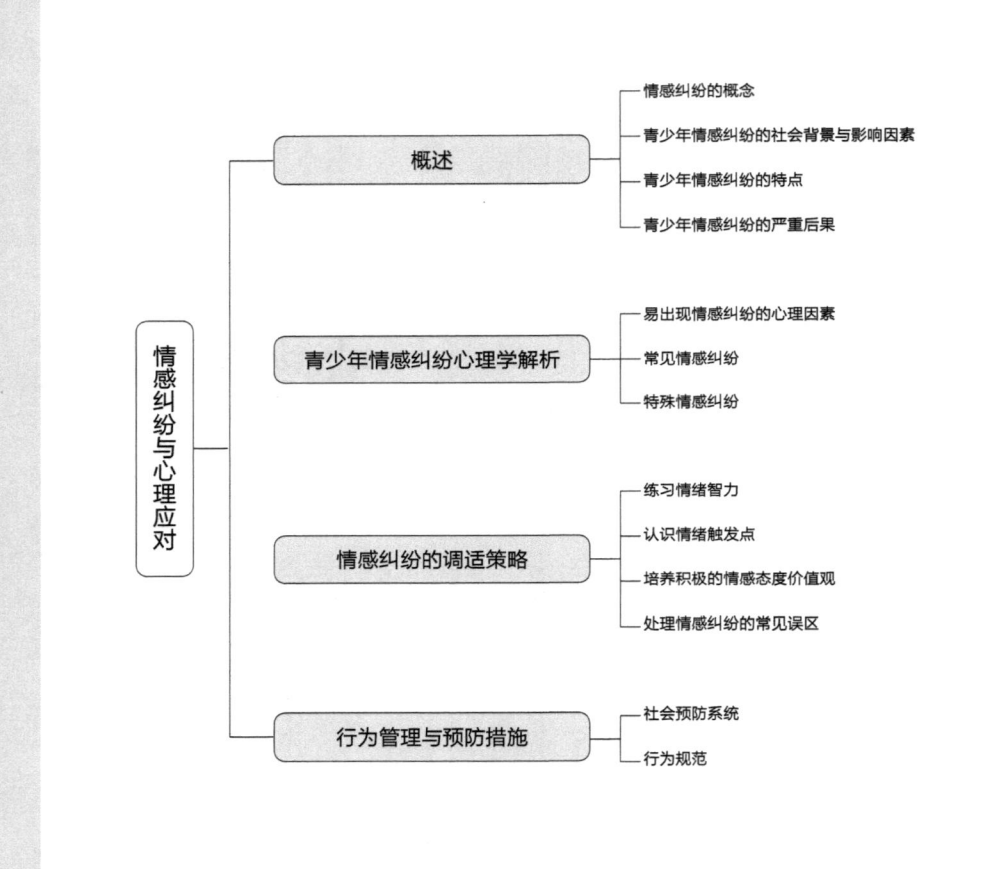

- 情感纠纷与心理应对
  - 概述
    - 情感纠纷的概念
    - 青少年情感纠纷的社会背景与影响因素
    - 青少年情感纠纷的特点
    - 青少年情感纠纷的严重后果
  - 青少年情感纠纷心理学解析
    - 易出现情感纠纷的心理因素
    - 常见情感纠纷
    - 特殊情感纠纷
  - 情感纠纷的调适策略
    - 练习情绪智力
    - 认识情绪触发点
    - 培养积极的情感态度价值观
    - 处理情感纠纷的常见误区
  - 行为管理与预防措施
    - 社会预防系统
    - 行为规范

第五章 情感纠纷与心理应对

学习目标

1. 了解情感纠纷的定义和常见类型，学会识别情感纠纷的早期迹象和潜在原因。
2. 了解不同的心理应对机制，包括问题导向应对和情绪导向应对。
3. 掌握健康和建设性处理情感问题的方法，提高交流和理解的能力。

案例导入

2023年12月9日凌晨，连云港市灌云县，一名高三学生张某（化名）因个人感情纠纷，选择跳河自杀，这一事件引发了广泛关注。

张某，18岁，是灌云县某重点中学的高三学生，学习成绩优异。然而，他因一段感情经历而陷入了深深的痛苦。据张某的遗书透露，他与一名女孩曾有过一段感情，但因女孩嫌弃他太黏人而分手。分手后，张某得知女孩与其他男生交往，这使他更加愤怒和绝望。此外，张某在学校还受到了同学的舆论压力，被指责为"舔狗"，甚至有人传播他索要礼物的谣言，这些言论让他感到极度羞愧和无助。

12月9日凌晨，张某悄然离家，骑单车到达人民中路附近的一处大桥，随后跳入河中。经过多方搜寻，救援队伍在一个月后，即2024年1月14日，于东方红大桥下游约1.5千米处发现了张某的遗体。

这起事件给张某的家庭带来了巨大的悲痛。张某的父亲一夜之间白了头，母亲也几度想要跳河寻短见，被亲友救回。张某的自杀不仅带走了他的生命，也给他的家庭带来了无法挽回的伤痛。

此案例警示我们，青少年的心理健康问题不容忽视。学校和家庭应加强对青少年的心理辅导和情感关怀，及时发现和解决他们的心理问题。同时，社会也应加强对青少年的教育和引导，帮助他们树立正确的价值观和人生观，避免类似的悲剧再次发生。

> **思考题**
>
> 1. 如何有效预防青少年因感情问题引发的极端行为？
> 2. 如果你是张某的同学，在面对压力和挫折时，你可能会采取哪些应对方式？

一、概述

（一）情感纠纷的概念

情感纠纷通常指的是在人际关系，尤其是亲密关系中，由于情感、价值观、期望或行为方式的不一致而产生的冲突和矛盾。这种纠纷可能涉及爱情、友情或家庭关系，并且可以表现为误解、沟通障碍、信任问题、价值观差异、需求不匹配等问题。情感纠纷可能导致关系紧张、争执，甚至关系破裂。青少年时期是个体情感发展的关键时期，情感问题尤为复杂和敏感，情感纠纷普遍存在，不仅涉及个人情感的纠葛，还可能引发一系列连锁反应，对青少年的身心健康、学业发展、社会关系等方面产生深远影响。根据《2022 年青少年心理健康状况调查报告》，约 14.8% 的青少年存在不同程度的抑郁风险，情感问题在其中占有重要位置。

这一时期的孩子在心理上表现出以下显著特征：一是自我意识增强。青少年开始更加关注自我形象和他人对自己的看法，对独立性的追求导致他们可能与父母或权威产生冲突。二是情绪波动性。由于激素水平变化和大脑发育，青少年可能会经历情绪的剧烈波动，这使得他们的情感管理更具挑战性。三是来自同伴的压力。青少年对同伴的接受和认同有着极高的需求，同伴关系中的互动和评价对他们的情感状态有着深远的影响。四是在探索自我过程中的困扰。在寻找自我身份和定位的过程中，青少年可能会尝试不同的角色和行为模式，这一探索过程可能伴随着情感上的困惑和冲突。

（二）青少年情感纠纷的社会背景与影响因素

1. 家庭与教育因素

家庭环境和教育方式对青少年的情感发展有着深远的影响。家庭的和谐程度、父母的教养方式以及学校教育的质量都是影响青少年情感纠纷的关键因素。

（1）家庭和谐。家庭环境的稳定性与和谐程度对青少年的情感发展至关重要。家庭冲突和不和谐都可能导致青少年出现情感问题。

（2）教养方式。父母的教养方式，如权威型、放任型或民主型，对青少年的情感和社会能力有着不同的影响。理解型父母与学生的社会与情感能力呈中等正相关，而惩罚型或虐待性的教养方式可能增加青少年的情感问题。

（3）学校教育。学校不仅是知识传授的场所，也是青少年社会化和情感发展的重要环境。学校教育的质量、师生关系和同伴关系等都会影响青少年的情感状态。例如，学校归属感对学生的社会与情感能力发展的影响最大。

2. 社会环境影响

青少年的情感纠纷往往与社会环境紧密相关。随着社会的发展和变迁，青少年所面临的社会压力和挑战也在不断增加。例如，学习压力、就业竞争、社会期望等都可能成为情感纠纷的诱因。

（1）学习压力。根据《2022年青少年心理健康状况调查报告》，约14.8%的青少年存在不同程度的抑郁风险，学习压力是导致这一现象的重要因素之一。

（2）社会期望。社会对青少年的期望越来越高，这种期望可能转化为青少年的心理压力，影响他们的情感状态和人际关系。

（三）青少年情感纠纷的特点

著名的心理学家埃里克森在他的人格发展八阶段理论中说：人要经历八个阶段的心理社会演变，这种演变称为心理社会发展。这些阶段包括四个童年阶段、一个青春期阶段和三个成年阶段。每个阶段都有应完成的任务，并且每个阶段都建立在前一阶段之上，这八个阶段紧密相连。很多孩子并没有在相应的生理年龄上得到足够的心理营养，那么孩子每个阶段的任务就没有完成，或者部分没有完成，造成心理与生理的成长脱节。一个孩子正常的生理与心理匹配阶段如表5-1所示。

表5-1 儿童青少年正常生理与心理匹配阶段

人格段	心理期	生理期
童年阶段	婴儿期	0~1.5岁
童年阶段	儿童期	1.5~3岁
童年阶段	学龄初期	3~6岁
童年阶段	学龄期	6~12岁
青春期阶段	青春期	12~18岁

因此，青少年在情感发展过程中面临的各种挑战和需求，会呈现出以下特点。

1. 情感波动性

青少年时期由于激素水平的变化和身体发育的影响，情绪会表现出较大的波动性，可能会经历焦虑、抑郁、愤怒等情绪，这些情绪的表达方式可能会比较冲动，而且呈现不稳定性。

2. 寻求独立性与个体性

青少年时期是个体意识觉醒和个人价值观建立的阶段，青少年更加注重独立性和个体性，试图发现自己独特的情感需求，并不断追求满足这些需求的途径。

3. 情感的社会化

青少年在与他人建立更为深入和稳定的人际关系中，会从他人那里获得情感支持和满足，并逐渐形成自己的情感模式和态度。

4. 心理疾病增加

青少年面临诸多社会与情感问题，如学习压力、焦虑、厌学、网瘾、自残、自杀等，这些问题的出现与长期以来教育重"智育"轻"德育"、重"应试"轻"素养"等问题密切相关。

5. 社会与情感能力短板

研究发现，中国青少年在社会与情感能力方面存在短板，比如，抗压力、情绪控制能力、活力等能力相对于其他能力是比较低的。

6. 情绪波动与极端体验

青少年比儿童和成年人体验到的情绪波动更多、情绪体验更极端，对情绪刺激的反应偏向更显著。

7. 性别角色取向偏移

在社会转型时期，青少年性别角色发生了巨大的变化，性别角色取向偏移，未分化的类型急剧增加。

8. 表现欲强但生活满意度不高

当代青少年希望高调地表现自己，但对生活的满意度下降，这种不满意主要源自对未来的迷茫和对"自我"的困惑。

（四）青少年情感纠纷的严重后果

1. 对青少年个体的影响

（1）导致心理问题。情感纠纷与心理健康问题之间存在显著的关联性。青少年在情感问题上的困惑和压力，如果没有得到及时的疏导和解决，很容易转化为心理疾病，导致青少年出现焦虑、厌学、自残甚至自杀等极端行为，严重影响他们的心理健康和日常生活。例如，校园欺凌、家庭暴力等情感纠纷，不仅会对受害者造成即时的心理创伤，还可能导致长期的心理阴影和社会适应问题。

（2）影响青少年行为。情感纠纷还可能导致青少年出现行为问题。在一些案例中，由于情感纠纷引发的心理压力，青少年可能会出现攻击性行为、反社会行为，甚至走上犯罪的道路。此外，情感纠纷还可能导致青少年出现物质滥用、网络成瘾等不良行为，进一步加剧心理问题。

（3）影响学习与社交。因情感问题而出现的心理压力会分散青少年的注意力，影响他们的学习效率和学业成绩。一些青少年可能因为情感纠纷而出现逃课、旷课等行为，长期下去可能导致学业荒废，影响未来的发展机会。在社交方面，情感纠纷可能导致青少年与同伴关系紧张，社交圈子缩小，进一步加剧孤立感和心理压力。

2. 导致的社会问题

（1）家庭与社会关系紧张。青少年的情感纠纷有时会波及家庭，导致亲子关系紧张，甚至发生家庭暴力事件。此外，情感问题还可能影响青少年与社会的关系，如影响他们对法律和社会规范的遵守，增加青少年犯罪的可能性。

（2）网络与媒体的负面影响。在信息时代，青少年的情感纠纷有时会被网络和媒体放大，成为公众讨论的焦点。这种过度的关注有时会导致青少年感受到更大的压力，同时也可能引起其他青少年的模仿行为，形成不良的社会风尚。

二、青少年情感纠纷心理学解析

（一）易出现情感纠纷的心理因素

人的行为与心理发展是密不可分的，而人的心理发展与生理发展又有着密切联系，青少年的生理和心理都处于剧烈的变化时期，但是这种变化却并不同步，认知、社会性等心理方面的发展较之生理发展的速度来说相对缓慢，他们的身心处于一种非平衡的状态之中，这种发展的不平衡性导致了青少年种种矛盾心理的产生。

1. 青春期性的萌动与道德规范的矛盾

按照弗洛伊德的理论，青少年容易产生性的冲动，性的需要促使他们向往异性，希望恋爱、结婚以满足性的要求，但是社会规范却不允许他们这么做。这一时期的恋爱被称作"早恋"，意即还不到恋爱的年龄。此时，他们正处于学习的阶段，经济上不独立，还不能结婚，而婚前性行为又不符合道德规范，这样便形成了青春期的性萌动和道德规范之间的矛盾。

2. 独立性与依赖性的矛盾

青少年期产生的强烈的成人感使他们有了强烈的独立意识，对一切都不顺从，不愿意听从父母、教师或其他成人的意见或建议，生活中的穿戴、对人对事的看法常处于一种与成人相抵触的情绪状态中。但是，由于青少年内心并没有完全摆脱对成人的依赖，只是依赖的方式有所改变，从童年时情感和生活物质上的依赖，到更加注重得到父母精神上的理解、支持和保护。青少年时期所存在的独立性和依赖性带有较复杂的性质，有时是想通过这个途径向外人表明自己已具有独立的人格，有时又是做给自己看的，以此来掩饰自己的软弱。美国心理学家霍林渥斯把这种企图在心理上与对父母的依赖决裂、与自己儿童时代决裂的现象叫作"心理上的断乳"。但实际上，青少年在生活中还是需要成年人的指导和帮助，尤其是遭受挫折的时候。

3. 闭锁性与要求交往的矛盾

所谓闭锁性,是指人的心理活动具有某种含蓄、内隐的特点,它是相对于人的外部行为表现与内部心理活动之间的一致性而言的。青少年步入青春期,随着独立性与自尊心的发展,他们逐渐失去了儿童时期的外露、直率、单纯和天真,开始有了自己的"秘密",渐渐地将自己的内心封闭起来,不再轻易地表露自己的内心世界,于是心理活动出现了闭锁性,再加之青少年时期对外界的不信任和不满意,这又增加了这种闭锁性的程度。尽管他们向外人表露的信息少了,但是内心活动却丰富起来,而这种内心体验的积累又会使他们感到非常的孤独和寂寞,希望有人来关心和理解他们,渴望与人交往。在这种心理的驱使下,他们不断地寻找朋友,一旦找到,就会推心置腹,毫无保留,而对于他们不认为是朋友的人却很少提及内心的想法。

4. 否定童年又眷恋童年的矛盾

随着身体的发育成熟,青少年的成人意识越来越强,认为自己应该与那些比自己小的孩子区分开,尽自己所能与童年的幼稚行为告别,对童年加以否定,从兴趣爱好到人际交往的方式,再到对问题的看法,他们都想抹去童年时的痕迹,期望自己以一个全新的姿态应对生活,看待生活。但是,在否定自己童年的时候,他们心里又会有"做一个小孩多好"的想法,表现出对童年的眷恋。毕竟,逐渐长大的他们心事越来越多,负担也越来越重,在新的环境或者在学习压力下感到无所适从时,对童年时的无忧无虑的留恋心态越明显,这时的他们特别渴望"童言无忌"时父母的关心和包容。

5. 自负与自卑的矛盾

由于青少年还不能确切地评价和认识自己的智力潜能与性格特征,很难对自己做出一个全面而恰当的估计,经常凭借一时的感觉对自己轻下结论。一次甚至几次偶然的成功,就可以使他们认为自己是一个非常优秀的人而沾沾自喜;几次偶然的失败,又有可能使他们认为自己无能而极度自卑,两种情绪的交替出现是青少年期的特征之一。

(二)常见情感纠纷

1. 常见情感纠纷的类型

常见情感纠纷通常指的是在人际关系中,尤其是在亲密关系或恋爱关系中,由于价值观、期望、沟通方式、个性差异等原因产生的矛盾和冲突。这些纠纷可能涉及情感表达、信任问题、忠诚度、责任分配、生活习惯、个人空间等方面的问题。常见的情感纠纷主要包括以下几种:

(1)家庭情感纠纷。家庭成员间因价值观、生活习惯或亲子关系等问题产生的矛盾。

(2)恋爱情感纠纷。恋人之间因忠诚、信任或未来规划等问题产生的分歧。

(3)友情情感纠纷。朋友之间因误解、利益冲突或价值观差异导致的不和。

(4)职场情感纠纷。同事或上下级间因工作分配、评价不公或职业发展等问题产生的冲突。

2. 常见情感纠纷的心理特征

(1)纠纷心理的复杂性。情感纠纷的心理特征具有高度的复杂性,这种复杂性来源于多个维度。首先,情感纠纷的成因多样,可能涉及价值观、生活习惯、沟通方式等多个层面。例如,在一项针对夫妻纠纷的研究中,发现价值观不合是导致矛盾的首要因素,占比高达45%。此外,生活习惯的差异也占据了相当的比重,约有30%的纠纷起源于此。

在情感纠纷中,个体的心理状态也呈现出复杂性。一方面,当事人可能会经历强烈的情绪波动,如愤怒、失望、悲伤等;另一方面,他们也可能表现出认知上的偏误,如选择性注意、归因偏差等。这些因素相互交织,使得纠纷的心理状态复杂多变。

(2)纠纷心理的冲动性。情感纠纷中的冲动性表现为当事人在情绪的驱使下,可能会做出非理性甚至极端的行为,如争吵、肢体冲突等。一项对离婚案件的分析显示,约有60%的当事人在情绪激动时做出了离婚的决定,而在冷静下来后,这一比例显著降低。这种冲动性往往与个体的情绪调节能力有关,情绪调节能力较差的个体更容易在纠纷中表现出冲动性。

(3)纠纷心理的外罚性。外罚性是指当事人往往难以从自身找原因,更倾向于将责任归咎于对方，而忽视或淡化自身的责任。在一项涉及婆媳关系的纠纷研究中，85%的当事人认为自己是无辜的，而对方应承担全部或主要责任。这种心理特征可能导致纠纷的加剧，因为它阻碍了当事人对自身行为的反思和改变。

情感纠纷涉及个人的情感、价值观和期望，在情感纠纷中，个体可能会因为情绪激动而做出非理性的行为，当事人的情绪可能会影响周围的人，包括家庭成员、朋友等，从而在更广泛的社会关系中产生连锁反应。

此外，情感纠纷中的心理状态是动态变化的，在文化、性别、年龄和个人经历等因素的影响下，可能会随着时间和外部因素的变化而变化，有时可能向积极的方向转变，有时则可能恶化。

3.常见情感纠纷的诱因

（1）个性不完善。易产生情感纠纷的学生往往具有不懂得宽容、不善于从他人角度考虑问题、极端自我中心、独断专行、听不得不同意见等个性品质。具体来看，易与他人发生言语、肢体冲突的学生多具有冲动易怒、富于攻击性的个性品质，而易与他人发生关系冲突的学生多具有敏感多疑、自私任性、傲慢、冷漠、偏激、易嫉妒、报复心理强等个性品质。

（2）社交技能不足。现在很多家庭的成员构成是4位老人，2位父母，1个或2个甚至3个孩子的"4+2+1（2/3）"模式。在家中，孩子的社交技能未曾得到锻炼，其要求和愿望往往能得到充分且及时的满足。但是在学校里，学生的交往对象是同龄的伙伴，学生由于阅历浅，认知和表达能力有限，不懂得在同辈群体中如何悦纳他人，不懂得在恰当的时候表达好感和爱心以深化友谊，不懂得如何协商处理矛盾，也不懂得收敛个性来理解、体谅、尊重他人。

（3）认知差异。每个学生都来自不同的原生家庭，长辈传授给学生的经验不同，学生看问题的角度迥异，思维想法存在着很大的差别，就会在群体学习生活中产生观念的碰撞，在沟通交流中出现摩擦。

（4）自我中心思维突出。"00后""10后"的学生自我意识很强，待人处事都会从自我的角度出发。在人际交往中，这种自我中心的思维方式，让他们习惯所有人必须要围着自己转，缺乏集体观念，没有合作精神，也欠缺责任感，从而构成矛盾基础，一有导火索便会彻底爆发出来。

（三）特殊情感纠纷

2019年11月至2020年2月，由中国计划生育协会、中国青年网络、清华大学公共健康研究中心联合发起并实施相关调查，于2020年5月发布了《2019—2020全国大学生性与生殖健康调查报告》。报告显示，在性取向方面，我国大学生性取向分布为异性恋77.28%、双性恋8.92%、同性恋4.58%、泛性恋1.22%、无性恋0.6%。由此可见，中国大学生的性取向多元，性取向少数群体在大学生中占有不可忽视的比例。

青年时期是个体发展的关键阶段，这一时期的同性恋者正处于性取向认同的过程中。他们可能会经历自我探索、内心冲突、社会适应等多重挑战，这些挑战往往与他们的性取向认同、社会接受度、个人期望和心理健康状况紧密相关。这一群体在社会语境中仍相对隐蔽，面临着内外部压力，容易出现心理问题和危机。

1. 青年同性恋群体面临的挑战

根据中国综合社会调查的数据，公众对同性恋的包容度存在明显差异。研究发现，女性群体比男性群体对同性恋性行为的包容度更大；随着年龄的增长，公众对同性恋性行为的包容度越小；而随着收入和学历的增长，公众对同性恋性行为会更加理解与包容。

（1）社会歧视与偏见。青年同性恋群体常常遭遇来自社会的偏见和歧视，这不仅包括公众的误解和刻板印象，还可能来自家庭、学校和工作场所的排斥。例如，一些调查显示，尽管年轻一代相比他们的父辈对性取向多样化持更开放态度，但是同性恋少数群体在日常生活和媒体眼中，依然深受歧视。

（2）心理健康问题。由于社会歧视和孤立，青年同性恋群体中的许多人可能会经历心理健康问题，如焦虑、抑郁和自杀倾向。研究表明，性取向少数群体比异性恋群体更可能出现健康、心理与关系障碍问题，特别是虐待、抑郁、自杀倾向等。

（3）教育与就业中的障碍。在教育和就业领域，青年同性恋群体也面临着障碍和不平等待遇。歧视性法律和社会文化规范可能导致他们在教育机会、就业和职业发展等方面受到限制。例如，他们可能在学校和工作场所遭遇欺凌或不公平的对待，影响他们的职业发展和社会融合。

2. 情感纠纷的心理特征

（1）自我认同的困扰。青年同性恋者在情感关系中首先需要解决的是自我认同问题。性取向的自我认同是一个复杂的过程，涉及个体对自己性取向的接受和理解。在这个过程中，他们可能会遇到自我否定、羞耻感和内疚感等负面情绪。

（2）社会接受度的影响。社会对同性恋的接受程度直接影响到青年同性恋者的情感关系。社会偏见和歧视可能导致他们在建立和维持情感关系时感到困难和压力。这种外部压力可能会导致他们在情感关系中表现出更多的焦虑和不安。

（3）情感依赖性。由于社会支持的缺乏，青年同性恋者可能在情感关系中表现出较强的依赖性。他们可能会对伴侣产生过度的依恋，这种依恋在关系破裂时可能导致极端的情绪反应，如绝望、愤怒，甚至产生自杀念头。

3. 情感纠纷的表现形式

（1）失恋后的极端情绪反应。失恋是情感关系中常见的问题，但对于青年同性恋者来说，失恋可能带来更为严重的心理冲击。由于同性伴侣的难以替代性，他们在失恋后可能难以建立新的情感依托，从而产生极端的负面情绪。

（2）对稳定关系的追求与失望。青年同性恋者对稳定爱情关系的渴望，往往与现实中的不稳定情感关系形成鲜明对比。由于缺乏社会伦理和法律的约束，他们可能在维持长久恋爱关系方面面临更大的挑战。

（3）恋爱关系中的不安全感。恋爱关系中的不安全感是青年同性恋者常见的心理问题。他们可能会因为担心伴侣的忠诚度、关系的公开性以及未来的不确定性而感到焦虑。

4. 解决情感纠纷的策略

（1）增强自我接纳。增强自我接纳是解决情感纠纷的首要步骤。青年同性恋者需要接受自己的性取向，建立起积极的自我形象。

（2）寻求社会支持。社会支持对于青年同性恋者的情感健康至关重要。他们可以通过加入支持团体、参与社区活动等方式，获得情感上的支持和认同。

（3）建立健康的沟通模式。在情感关系中，建立开放、诚实的沟通模式有助于解决纠纷和矛盾。青年同性恋者应学会表达自己的需求和感受，同时尊重伴侣的情感。

> **典型案例**
>
> **高中生因感情纠纷重伤他人**
>
> 郑某因未与女友考上同一所高中而对女友时常猜忌，朱某因在学校和郑某女友关系密切，引起郑某不满。9月下旬的一天中午12点，郑某约朱某到某县城中学对面的超市门口商谈。其间，二人发生争执，郑某对朱某拳打脚踢，致其倒地后，逃离现场。经鉴定，朱某的伤情为重伤二级。该市人民法院以故意伤害罪判处郑某有期徒刑2年4个月，缓刑2年6个月。（案例中均为化名）
>
> 检察官说，本案系一起在校生因感情纠纷而引发的案件。近年来，初、高中生谈恋爱已成为普遍现象，究其原因，一方面是有的青少年正值青春期，处于懵懂、好奇的阶段，对异性有着迫切了解的渴望；另一方面，青春期少年大多叛逆不愿意和父母沟通，而是喜欢找异性倾诉。而青少年看问题片面，处理事情简单粗暴，对行为的后果缺乏预见性，对法律知识更是知之甚少，导致因争风吃醋而引发伤害他人的事件时有发生。这暴露出家庭、学校对青少年的关爱不够，应对和处理青少年青春期叛逆问题的技能不足，不能正确引导青少年认识和对待与异性的关系。

三、情感纠纷的调适策略

（一）练习情绪智力

1. 情绪智力概述

（1）情绪智力的定义。情绪智力（emotional intelligence，EI）是指个体识别、理解、表达、调节自己及他人情绪的能力。这一概念由心理学家约翰·梅耶（John D.Mayer）和彼得萨洛维（Peter Salovey）于1990年提出，并由丹尼尔·戈尔曼（Daniel Goleman）在其1995年的同名书籍《情绪智力》中进一步普及。情绪智力不仅关乎人际关系的和谐，更是个人成长与职场发展的基石。

（2）情绪智力的五个维度。情绪智力通常被分为情绪自知、情绪管理、社会意识、关系管理、自我激励五个维度,这些维度共同构成了情绪智力的框架(图5-1)。

①情绪自知,指个体识别和理解自己的情绪,包括认识到情绪的出现以及情绪对思考、决策和行为的影响。

②情绪管理,指个体在情绪上的自我调节能力,涉及控制或调整自己的情绪,以适应不同的情境或实现特定的目标。

③社会意识,指个体理解他人的情绪、需求和关注点,包括同理心的能力,即从他人的视角理解他人的情绪和观点。

④关系管理,指个体在社交情境中管理和影响他人情绪的能力,这涉及有效的沟通、解决冲突、激励他人以及建立积极的人际关系。

⑤自我激励,指个体引导和激励自己向目标迈进,提高个人效率的能力,通常与个体的动机和目标导向性相关。

图 5-1 情绪智力的五个维度

情绪智力的这五个维度相互关联,共同作用于个体的行为和决策过程中,影响着个体在不同社会环境中的适应能力和成功概率。

2. 提升自我认知

(1)情绪日记与自我反思。情绪日记是一种有效的工具,用于追踪和理解个体情绪的模式和触发因素。通过记录日常情绪变化,个体可以识别出特定情境下的情绪反应,以及这些情绪背后的需求和信念。例如,研究表明,坚持写情绪日记的个体在情绪识别和调节方面有显著的提高。

自我反思是情绪日记的延伸，它要求个体深入思考情绪背后的深层次原因。这个过程可以通过定期回顾情绪日记来完成，帮助个体发现潜在的情绪模式和可能的改进方向。例如，一项研究发现，通过自我反思，个体能够更好地理解自己在压力情境下的情绪反应，并采取更有效的应对策略。

> **拓展阅读**
>
> 学习非暴力沟通
>
> 非暴力沟通是一种以同理心为基础的沟通方式，它强调观察、感受、需求和请求四个基本要素。青少年可以通过学习这四个要素来提高沟通技巧。
>
> 1. 观察而非评判
>
> 在沟通时，首先要做到的是观察事实而不带有个人的偏见和评价。例如，用"我注意到你迟到了5分钟"代替"你总是迟到"。
>
> 2. 表达感受
>
> 学会识别和表达自己的感受，而不是将情绪归咎于他人。例如，用"我感到失望"代替"你让我失望"。
>
> 3. 明确需求
>
> 清晰地表达自己的需求，这是沟通中容易被忽视的部分。例如，可以说"我希望能更多地与你沟通，这对我来说很重要"。
>
> 4. 提出请求
>
> 根据需求，勇敢而礼貌地向对方提出请求。请求应该是具体的、积极的，并且是可执行的。例如，"你能在下次会议前提前到吗？"。
>
> 还要注意，在网络和日常交流中，避免使用带有贬义或攻击性的语言，以免对人际关系和心理健康造成负面影响。

（2）冥想与情绪觉察。冥想是一种训练注意力和意识的练习，有助于提高情绪觉察能力。通过冥想，个体可以学会如何在不评判的情况下观察自己的情绪，从而更好地理解情绪的本质和来源。例如，一项研究显示，定期冥想的个体在情绪调节和压力管理方面表现出了显著的改善。

情绪觉察是指个体对自身情绪状态的敏感度和识别能力。具有高情绪觉察能力的个体能够更快地识别和理解自己的情绪，从而采取适当的调节策略。例如，研究发现，情绪觉察训练可以显著提高个体的情绪智力，包括情绪识别和情绪表达能力。

3. 情绪表达与沟通技巧

（1）非攻击性语言的使用。非攻击性语言在情绪表达和沟通中扮演着至关重要的角色，它能够降低对话双方的防御心理，为建设性的交流创造条件。使用非攻击性语言，首先需要避免指责和绝对化表述，转而采用以自己为主语的语句，表达个人感受和需求。例如，"我感觉……"而非"你总是让我感受到……"；此外，非攻击性语言还包括使用开放式问题，鼓励对方分享观点，而不是用封闭或带有预设判断的问题。例如，使用"你觉得怎么样……"而非"难道你不这么认为吗……"这种语言方式有助于维持对话的开放性和尊重性。

（2）倾听与情感共鸣。倾听是沟通中不可或缺的一部分，它不仅仅是等待说话的机会，而是一个积极理解对方的过程。有效的倾听包括全神贯注地听取对方的话语，不随意插话或打断，并通过肢体语言和简短的口头回应表明自己在听。情感共鸣是指能够理解和感受对方的情绪，这是建立信任和深层次联系的关键。通过反映对方的情绪，可以表现出对对方情感的理解和尊重，从而加深双方的情感连接。

在实际应用中，结合非攻击性语言和情感共鸣，可以极大提升沟通的效果。例如，在冲突或紧张的对话中，通过重述对方的观点和情绪，可以减少误解和负面情绪的升级，为解决问题铺平道路。

4. 情绪调节策略

（1）认知重构与放松技巧。情绪调节是个体在面对情绪困扰时，采取有效策略调整情绪状态，以恢复心理平衡的过程。认知重构是一种重要的情绪调节策略，它涉及改变个体对事件的负面解读，从而减少负面情绪的影响。认知重构，即是指通过改变对事件的认知和解释，个体能够减少负面情绪的产生。例如，将失败视为成长的机会，而不是对个人能力的否定，有助于缓解挫败感。放松技巧包括深呼吸、冥想、瑜伽等方法，这些技巧有助于缓解身体紧张和心理压力。研究表明，定期练习放松技巧可以显著降低焦虑和压力水平。

（2）情绪转移与社会支持。情绪转移是另一种有效的情绪调节策略，它涉及将注意力从负面情绪上移开，转向更积极或中性的活动。例如，通过参与兴趣爱好、运动或其他令人愉快的活动，个体可以将注意力从负面情绪转移到积极体验上，从而减轻情绪困扰。

社会支持是指从亲友或社会网络中获得的情感和实际帮助，这对于情绪调节同样至关重要。研究表明，拥有强大社会支持网络的个体在面对压力时更能够保持情绪稳定。社会支持不仅提供了情感慰藉，还有助于个体获取解决问题的资源和策略。社会支持的具体形式包括情感支持、信息支持、物质支持和陪伴支持。情感支持通过提供安慰和理解来减轻个体的心理负担；信息支持则通过分享知识和建议帮助个体更好地应对问题；物质支持涉及提供实际帮助，如经济援助或生活照料；陪伴支持则通过共同参与活动来增强个体的归属感和安全感。

在日常生活中，个体可以通过多种方式实践情绪调节策略。例如，通过写情绪日记来识别和表达情绪，通过参与社交活动来获取社会支持，或通过学习新技能来转移注意力。这些实践有助于提高个体的情绪调节能力，促进心理健康。

5. 人际关系与同理心的培养

（1）同理心的重要性。同理心是情绪智力中的关键组成部分，它涉及理解和感受他人情绪的能力。同理心的培养对于建立和维护健康的人际关系至关重要。同理心能够帮助我们更准确地理解他人的观点和需求，从而进行更有效的沟通。通过展示同理心，我们可以建立更深层次的信任，这是所有人际关系的基石。同理心还能让我们从他人的视角看待问题，有助于找到双赢的解决方案，减少冲突。研究表明，同理心较高的个体在工作和社交环境中更受欢迎，能够更好地处理压力和挑战。

（2）建立和谐的人际关系。和谐的人际关系是个人幸福和社会稳定的基础。建立和谐人际关系有几个关键点：积极倾听，倾听不仅仅是等待说话的机会，而是真正理解对方的话语和情感。注重非言语交流，肢体语言、面部表情和语调都是沟通的重要组成部分，它们可以传达我们的态度和情感。尊重彼此间的差异，每个人都有自己独特的背景和观点，尊重这些差异可以促进更深层次的理解和接纳。保持开放的心态，愿意接受新的想法和不同的做事方式，有助于建立更广泛的联系。

数据表明，拥有良好人际关系的个体通常拥有更高的生活满意度和更小的心理压力。通过练习情绪智力，特别是同理心，我们不仅能提升个人的社交能力，还能为社会的整体和谐做出贡献。

6. 情绪智力的长期培养与发展

（1）持续的自我学习与实践。情绪智力的培养是一个终身学习的过程，涉及不断地自我反思、学习新知识以及实践应用。根据研究，情绪智力与个人成功和幸福密切相关，因此，持续提升情绪智力是实现个人潜能的关键。通过阅读相关书籍、参加在线课程或研讨会，个人可以学习情绪智力的理论基础和实用技巧。记录日常情绪变化，识别情绪触发点和反应模式，是增强自我认知的有效手段。掌握情绪调节技巧，通过深呼吸、冥想、正念等放松技巧，帮助管理压力和负面情绪。积极寻求反馈，理解他人对自己情绪表达和调节的看法，不断调整和改进。

（2）情绪智力在个人成长中的作用。情绪智力对个人成长至关重要，它影响着职业发展、人际关系和心理健康。高情绪智力的个体更擅长团队合作、领导力展现以及冲突解决，这些都是职场成功的关键因素。情绪智力使个体能够更好地理解和响应他人的情绪，建立更深层次的联系和更和谐的人际关系。情绪智力的提升有助于个体更有效地管理情绪，减少情绪困扰，提高生活满意度和幸福感。具备高情绪智力的个体在面对生活挑战时，能够更加冷静和有策略地应对，展现出更强的适应能力和恢复力。

情绪智力的培养需要时间和耐心，但通过持续的努力，每个人都能在这一领域取得显著进步。

7. 高情商社交技巧的提升

高情商指的是一种较高的情绪和社交智力，能够正确地感知、理解和控制情绪。在现代社会，高情商的人更容易取得成功，因为他们能够更好地管理自己的情绪和与他人建立有益的关系。社交技巧是高情商的一种表现形式，它包括了与他人相处的技巧、人际交往能力、沟通能力和表达能力等方面。熟练运用高情商社交技巧需要时间和努力，高情商社交技巧有以下几种方法。

（1）掌握积极情绪表达技巧。积极情绪表达是建立良好人际关系的重要因素。积极情绪表达不仅仅是对好事的分享，也包括了对他人的支持和关注，这能够加强你与他人的情感联系，建立起长期稳定的关系。有意识地练习与人沟通的技巧，与他人分享你的想法和观点，并倾听他人的想法和观点。

（2）学会倾听和理解他人。在社交场合中，你需要更多地了解别人的需求和想法。当你能够聆听和理解他人，你就能建立起更有价值的关系，同时也能增强他人对你的信任感和好感。经常参加社交活动，可帮助你更多地与他人互动，建立起新关系并提高自己的社交技巧。

（3）培养一定的自我反思能力。自我反思是促进情商发展的重要手段。它可以帮助你更好地理解自己的情绪和行为，从而更好地控制自己。当你能够掌握自我反思技巧，你就能更快地修正自己的不足，获得更好的社交结果。学会承认错误并向他人道歉，这是表现出高情商的一个重要因素。

（4）尊重他人的观点和意见。尊重他人的观点和意见，尤其是在有争议的场合中，这对社交非常重要。当你能够展现更高的尊重和理解，你就能更好地处理复杂的社交情况，增强他人对你的信任感。多注意他人的情感变化，尽量让他人在自己身边感到舒适和愉悦。

（5）发挥个人优势和特长。每个人都有自己的优势和特长，当你能够发挥自己的优势和特长时，你就能表现出更高的自信和个人魅力，同时在社交上也会更加顺利。

拓展阅读

青少年情绪暴躁的原因

1. 胆汁质气质类型

胆汁质气质类型的青少年，其高级神经活动强而不平衡，具有强烈的兴奋性，属于"不可遏制型"，精力旺盛但容易泄气。值得注意的是，后天经验对于高级神经活动具有调节作用。在后天环境的影响下，如果他受到良好的教育引导，会成为一个积极进取、开朗热情、蓬勃向上的人。

2.情绪表达规则建立受阻

在个体的情绪发展过程中，情绪表达规则的建立受阻，他们用早期的情绪认知结构同化了后来的生活或社会情境，从而导致对情绪及其表达规则没有获得与年龄相适宜的建构水平。当个体产生了"暴躁"这一情绪体验，在已有的认知模式中进行搜寻，找不到一个恰当的行为表达方式，只能简单粗暴地宣泄出来。

3.与父母的亲和度低

情绪暴躁的学生往往拥有一个低亲密度的亲子关系，彼此之间情感淡漠、情感联结较弱、缺乏或拒绝交流，"咫尺"却"天涯"，孩子甚至自觉是"留守儿童"。

4.家庭养育方式、同伴交往及社会的影响

社会性是个体的本质属性，个体的发展离不开周围环境。专制型、放任型、忽略型的父母，在对待孩子的要求与回应上存在偏差，促使孩子表现出"情绪暴躁"来满足自己的心理诉求。另外，家长如果自身属于"易怒"类型，则孩子会习得这种情绪倾向及行为表现方式；同伴交往是个体情绪发展的重要载体，同伴对待情绪的方式、态度都会影响到个体情绪表达规则的建立。

（二）认识情绪触发点

1.情绪触发点概念

情绪触发点指的是那些能够激发个体情绪反应的外部事件、内部思维或生理状态。这些触发点可以是微小的，如某个特定的声音或气味，也可以是重大的生活事件，如失去亲人或获得重要成就。情绪触发点具有高度个体差异性，不同的人可能对同一事件有着截然不同的情绪体验。

情绪触发点与情绪反应之间存在密切的联系。情绪的产生并非直接由刺激情景决定,而是经过个体对刺激的评估过程。评估结果的不同,如"有利""有害"或"无关",将导致不同的情绪体验和反应。例如,对于同一工作压力,一些个体可能评估为挑战和成长的机会,从而产生积极的情绪反应;而另一些个体可能评估为负担和威胁,导致焦虑或压力的负面情绪体验。

2. 情绪触发点的识别

(1) 自我觉察。自我觉察是识别情绪触发点的首要步骤。通过增强个体对自身情绪状态的意识,可以更准确地发现导致情绪波动的外部或内部因素。研究表明,自我觉察能力强的人更有可能在压力情境下保持情绪稳定,并采取有效的应对策略。个体需要培养对情绪的敏感性,学会辨识不同情绪的细微差别,如焦虑、愤怒、悲伤等;并通过反思日常经历,识别出哪些特定的人、事件或环境因素容易引发情绪反应。

(2) 情绪日记记录。情绪日记是一种有效的自我观察工具,可以帮助个体追踪情绪变化及其触发因素。日记中应记录日期、时间、情绪状态、触发事件、当时的反应以及后续处理方式。在一段时期内建议每天记录,以形成对情绪模式的深入理解。定期回顾日记内容,分析情绪触发的规律性,以及情绪反应的合理性。情绪日记的记录不仅有助于识别情绪触发点,还能够促进个体对情绪的深入理解和有效管理。例如,通过日记分析,个体可能发现特定类型的工作截止日期是焦虑情绪的主要来源,从而可以提前规划,减少压力。此外,情绪日记还可以作为心理治疗过程中的一个重要辅助工具,帮助治疗师和个体共同探索情绪问题。

3. 情绪释放方法

情绪释放方法是指通过特定的活动或行为,将积压的情绪能量以健康的方式表达出来,以恢复心理平衡。

体育活动,如跑步、游泳或健身,可以促进内啡肽的释放,提升情绪并减少压力。进行艺术创作,通过绘画、音乐、写作等艺术形式,将情绪转化为创造性表达,有助于情绪的宣泄和自我理解。记录自己的情绪变化和触发点,有助于识别情绪模式并发展应对策略。参加社交活动,与他人建立积极的互动,可以提升情绪并减少孤独感。寻求专业心理咨询师的帮助,通过专业的指导和治疗,学习更有效的情绪管理技巧。

以上情绪管理策略和方法，结合个体的具体情况和偏好，可以有效地帮助个体应对日常生活中的情绪挑战。

（三）培养积极的情感态度价值观

1. 情感态度价值观的内涵

情感态度价值观是个体对于事物的情感反应、态度倾向以及价值判断的总和。情感指的是个体对外界刺激产生的情绪体验，如快乐、悲伤、愤怒等；态度是个体对于某一对象或观念的稳定心理倾向，表现为喜欢、厌恶或中立；价值观则是个体在社会生活中形成的关于什么是有价值、有意义的根本看法和评价标准。

2. 情感态度价值观的影响

（1）情感态度价值观对个人发展具有深远的影响。积极的情感可以提升个体的幸福感和生活满意度，有助于形成良好的人际关系和社会适应能力。积极的情感态度价值观有利于青少年消除负面情绪，以积极的态度去面对人生道路上的挫折，有利于调动他们探索生活的积极性，树立正确的观念，以乐观的心态投入个人成长的过程中。明确的价值观则是个体做出决策和选择的依据，影响着个体的行为准则和生活方式，对他们的心理健康、学业成就和人际关系具有重要影响，对个体的道德修养和社会责任感具有重要作用。

（2）积极的情感态度和价值观是社会和谐与进步的重要基础。在教育过程中，培养学生积极的情感态度和价值观是实现立德树人根本任务的关键。通过多元化的教学方法和实践活动，激发学生的内在动机，引导他们形成正确的世界观、人生观和价值观，为其终身发展奠定坚实的基础。

3. 培养积极情感态度价值观的策略

积极情感能够拓宽即时的认知行动资源库，抵消消极情感的影响，提升个体心理弹性。

（1）培养积极情绪。通过感恩、希望、爱等情绪提升生活满意度，拥有积极情绪保持心理健康；学习情绪管理技巧，如深呼吸、冥想等，以应对负面情绪。

（2）发现与应用个人优势。学会欣赏自己的优点和潜能，如同理心、创造性、韧性等，并在日常生活中运用这些优势，增强自信和实现个人目标。

（3）培养积极思维。改变消极思维模式，学会正面思考，培养乐观的思维方式，关注生活中的积极方面，用积极的视角看待挑战和困难。始终相信"办法总比困难多"，始终保持"尝试－改善－再尝试"的思维与行动模式。

（4）提升个体心理弹性。心理弹性，也被称作复原力，是指个体在面对逆境、创伤、威胁或其他重大压力时能够良好适应的能力。它是一个重要的心理品质，能够帮助个体在遭遇困难时保持积极态度，快速恢复并适应生活。提升心理弹性的方法有：勇于面对生活中的困难和挫折，接受现实中的变化和不确定性，积极寻找机会和发展。保持充足的睡眠、健康的饮食和适当的运动，学习放松技巧如冥想和深呼吸，帮助缓解压力。通过自我暗示和积极思考转变思维方式，学会适当表达感受和需求，更好地解决问题。建立积极的自我形象，面对逆境时，采取果断行动，期待积极的结果，避免灾难化思维，不要过度放大问题，学会理性评估情况。避免独自承受，可建立强大的社交网络，与他人分享快乐，消解痛苦。

（四）处理情感纠纷的常见误区

在处理情感纠纷时，人们常常会陷入一些误区，这些误区可能会影响到纠纷的解决和个体的心理健康。以下是一些常见的情感纠纷处理中的误区以及相应的建议。

1. 应避免的误区

（1）忽视反思与沟通。很多人在情感纠纷中往往只看到对方的问题，忽视了自己的责任，也不愿意沟通或不懂得如何有效沟通，缺乏沟通或沟通不充分可能导致误解和猜疑，最终问题无法得到解决。或是单方面指责对方，将所有责任推给对方；过度分析对方的行为或言语，从而导致不必要的猜疑和焦虑。

（2）情绪化反应。在情绪激动时，人们无法有效管理自己的情绪，可能会导致情绪失控，说出一些后悔的话或做出冲动的决定，此时做出的决策往往不是最理智的，反而导致纠纷加剧。

（3）期望过高或失去自己的判断。有些人对情感关系有着不切实际的期望，当现实与期望不符时，过度自责或责怪他人，都不利于解决问题。在处理情感问题时，也要避免过分依赖朋友或家人的意见，从而失去自己的判断。

（4）忽视心理健康和外部支持。情感纠纷可能导致心理问题，如焦虑、抑郁等，但很多人忽视了自己心理健康的重要性，从而因为心理状态不稳定而导致纠纷无法妥善解决。在面对情感问题时，很多人不知道如何利用社会资源，如心理咨询、社会服务等，尤其是在涉及法律问题的情感纠纷中，如离婚、财产分割等，很多人对法律规定并不十分了解，但也没有寻求专业支持。

在处理纠纷的过程中，还应避免使用沉默作为武器，沉默是一种逃避沟通的方式，长期沉默会导致问题积压，最终可能爆发更大的冲突；避免不尊重对方，在争论中保持尊重是非常重要的，侮辱或贬低对方只会使情况恶化；避免使用"总是"和"从不"，这些绝对化的词语可能会让对方感到被误解或被夸大其词；避免期望立即解决所有问题，有些情感纠纷需要时间来解决，期望立即解决可能会导致更多的压力和失望；避免在公共场合解决私人问题，在公共场合讨论私人问题可能会使双方感到尴尬，也可能影响到其他人；避免在第三方面前说对方的坏话，这可能会损害双方的名誉，使问题更加复杂。

2. 误区处理建议

处理情感纠纷时，应该采取一种理性、成熟的态度，通过有效沟通、自我反思、情绪管理和寻求专业帮助等方式来解决问题。

一是要进行自我反思，认识到自己在纠纷中的作用，积极寻求开放和诚实的沟通表达自己的感受和需求，同时也要倾听对方的声音。

二是保持冷静，尽量理性地处理问题。

三是关注自己的心理状态，必要时寻求专业帮助，以及积极寻求社会支持。例如，可咨询专业律师，了解相关法律知识，利用可用资源帮助自己解决问题。

四是设定合理的期望，接受关系的不完美；听取他人意见，但最终的决定应基于自己的感受和理性分析。

五是做好全过程的情绪管理，采取平衡的态度，认识到双方都可能有所贡献，寻求共同责任和解决方案。

典型案例

异地恋情感问题

王某（化名，下同），女，某高校大一学生，她与男友是中学同学，高考分别考上不同省份的大学，所学专业相差较大。从高中相恋到大学异地，双方家长均不看好这段感情，主要原因是双方家庭经济悬殊，男方家庭较为富裕，女方家境一般。上大学后，由于距离变远、话题减少，两人的矛盾越来越多。疫情期间，王某约男友出来见面，男友以疫情严峻不便外出为由拒绝，但第二天其朋友圈晒出外出游玩的照片。以此为导火线，两人出现争吵，男生以性格不合、父母不同意为理由提出分手，王某则坚决不同意，并威胁男友如果分手则做出伤害自己的事情。开学后一个月，男生无法忍受王某的纠缠与打扰，再次电话告知分手，王某情绪彻底崩溃，哭着告知男生自己此刻在楼顶，随后便挂断电话。

近些年，我国高校学生因恋爱而产生心理危机的事件时有发生。大学生对于恋爱既向往又迷茫，需要学校、家庭、社会给予更多的关爱和指导。

1. 异地恋的特殊性

"异地恋"和"女大学生"分别在恋爱领域和性别领域中处于弱势地位，女生在恋爱中渴望陪伴与关心，男生向往自由和快乐。从同校到跨市的异地恋，两人的恋爱方式发生变化，女生不能时时了解男友的动向，又不能感受到陪伴的温暖，本就敏感的内心更加失落与不满。而男生进入大学，内心的自由得到释放，拥有更多的自我空间，对校园活动的好奇，对自我兴趣的探索，逐渐忽略异地女友的感受。外界的压力也会影响异地恋的关系，如同校情侣间的相处模式、朋友的替代性陪伴、父母的不解与远离等，这些因素都会对异地恋造成负面影响。

2. 恋爱中的不对等关系

案例中的王某与男友的地位明显不对等，家庭经济的悬殊、专业不认同、对情感的重视程度等，这些都导致王某在这段感情中小心翼翼，倾尽所有地维持着关系。同时，王某一直将这段感情纳入未来的生活计划，即使关系破裂，也要赋予不理智的情感。反观男生的恋爱观，以性格不合和家人反对为由提出分手，在女生有过激反应时，采取隔空报警的方式，对待感情比较冷静果断。

四、行为管理与预防措施

（一）社会预防系统

1. 家庭——孩子的港湾和最坚强的后盾

家庭支持是青少年情感发展的重要基础。家庭支持在青少年处理情感纠纷中扮演着至关重要的角色。根据相关研究，家庭环境的和谐、家庭成员之间的良好沟通以及父母的正确引导，对青少年情感纠纷的处理具有显著的正面影响。

家庭的重要作用在于当孩子在遇到困难时，想到自己的父母，就会觉得"有他们在，我就不怕了"。父母应该是孩子的港湾，支撑孩子去面对困难。家庭氛围对于孩子积极情感的培养非常重要。家长应有意识地为孩子创造一些愉悦的时光，创造一些开怀大笑的时刻，让孩子能够终生难忘。数据显示，来自和谐家庭的青少年在情感表达和管理上更为成熟，能够更有效地处理情感问题。通过家庭内部的开放沟通，青少年学会了倾听和表达，这有助于他们在面对情感纠纷时保持冷静和理智。父母通过自身的行为示范和提供情感支持，帮助青少年建立正确的价值观和处理情感问题的能力。

2. 学校——采用"朋辈教育"和"有趣的课程"

学校教育在青少年情感发展中承担着不可或缺的社会责任。学校不仅是知识传递的场所，也是青少年社会化和情感能力培养的重要环境。

（1）朋辈教育。很多青春期的孩子听不进家长的话，却很在乎同龄人的看法，希望得到同龄人的肯定，也会模仿高年级同学的行为。因此，在学校开展朋辈教育的方式，对促进青少年心理发展大有裨益。朋辈教育团体可以是一个学习团队，或者叫学习共同体，教育方式是让一个学习团队里的学生通过互相交流，彼此分享世界观、人生观、价值观，实现共同成长。对于青春期的孩子来说，朋辈教育常常比家庭教育更行之有效。

（2）有趣的课程。学校应将情感教育纳入课程体系，教授青少年如何识别和管理自己的情感，以及如何在情感纠纷中采取合理的行为；提供专业的心理健康服务，帮助青少年在遇到情感问题时获得及时的支持和干预。通过团队合作和社交活动，学校可以帮助青少年培养社交技能，增强他们在人际交往中解决问题的能力。

3. 社会责任和作用

（1）教育政策对青少年情感教育的指导。教育政策在青少年情感教育方面扮演着重要角色。近年来，国家和地方政府出台了一系列政策，旨在加强青少年的情感教育，提高他们的情感管理能力和人际交往技巧。例如，《全面加强和改进新时代学生心理健康工作专项行动计划（2023—2025年）》强调了学生心理健康教育的重要性，并提出了具体的实施措施。教育部门鼓励学校在课程中融入情感教育内容，如通过心理辅导课程、班会活动等形式，教授青少年如何处理情感问题。政策还强调了对教师进行情感教育能力的培训，以提升他们指导学生处理情感纠纷的能力。

教育政策的这些指导原则和措施，为学校、教师和家长提供了明确的行动方向，有助于构建一个支持青少年情感发展的教育环境。通过这些政策的实施，可以帮助青少年提高在情感管理和人际交往方面的能力，从而减少情感纠纷的发生，促进他们的全面发展。

（2）社会资源的整合与利用。社会资源的整合与利用对于青少年情感纠纷的处理同样至关重要。社会各界应共同努力，为青少年提供全面的支持体系。

①社会组织参与。社会组织，如青少年心理咨询中心、社区服务中心等，可以为青少年提供专业的咨询和帮助。

②媒体宣传。媒体应承担起社会责任，通过宣传正面的价值观和情感处理方式，引导青少年正确看待情感问题。

③环境建设。政府应出台相关政策，鼓励和支持社会各界参与青少年情感健康教育和服务，确保青少年能够在一个健康的环境中成长。

（二）行为规范

在现代社会中，情感纠纷可能给个人带来极大的心理压力和实际损害。为了有效预防和解决情感纠纷，个人应当遵循一定的行为规范。以下是一些防范情感纠纷的行为规范建议。

1. 加强自我防范意识

学习情绪管理技巧，如深呼吸、冥想等，以合理方式表达和处理情绪。在情绪激动时，避免做出冲动的行为，学会冷静处理分歧。在情感交往中，明确个人界限，避免过度依赖或侵犯对方的个人空间。在关键问题上，坚持自己的原则和底线，不因情感冲动而做出违背原则的决定。谨慎投入感情，特别是在网络环境下，要通过多种方式了解对方身份，避免盲目投入感情。在遇到情感问题时，可以寻求专业心理咨询师的帮助，获取专业意见和指导。认识家庭暴力，了解家庭暴力的表现形式和危害，提高警觉。如果面临家庭暴力风险，制订个人安全计划，包括紧急联系人、安全地点等。了解法律知识，熟悉相关的法律法规，了解个人在情感关系中的权利和义务。如果有安全问题，及时咨询专业律师或寻求警方帮助，维护自己的合法权益。

2. 建立健康的沟通机制

良好的沟通机制对于个人的社交生活、职场发展乃至心理健康都至关重要。

（1）明确沟通目标。在任何沟通之前，明确沟通的目的有助于保持对话的针对性和效率，避免偏离主题。

（2）建立常规沟通渠道。无论是在职场还是个人生活中，建立固定的沟通渠道，如定期的一对一会谈、团队会议或家庭聚餐，都是促进沟通的好方法。

（3）优化沟通流程，减少不必要的步骤和障碍。例如，在职场中，可以通过项目管理工具来跟踪任务和沟通状态。

（4）使用有效的沟通工具。选择合适的工具来支持你的沟通需求，包括电子邮件、即时消息、视频会议软件等，如果条件允许，尽可能采取面对面沟通。

（5）培养良好的沟通文化。在你的社交圈和工作场所培养开放、诚实和尊重的沟通文化。鼓励团队成员分享想法和反馈，认识到每个人都有不同的沟通风格和观点，尊重这些差异，并适应不同的沟通方式。

（6）提高沟通技巧。有效的沟通不仅仅是说，更重要的是听。练习积极倾听，确保完全理解对方的观点和需求。在沟通过程中给予适时的反馈，这表明你在注意听，并理解对方的观点。学会控制情绪，避免在愤怒或沮丧时做出冲动的回应。

（7）持续学习和改进沟通方式是一个持续的学习过程。不断学习新的沟通技巧，并根据反馈和经验来改进你的沟通方式。

通过这些步骤，你可以逐步建立起一个健康的沟通机制，这将有助于你在各种社交场合中更加自信和有效。同时，这些规范也有助于构建和谐、健康的情感关系。记住，沟通是一个双向过程，需要双方的积极参与和彼此尊重。

3. 提升社会与情感能力

社会与情感能力主要包括五大方面（图 5-2），即任务能力（尽责性）、情绪调节（情绪稳定性）、沟通交往能力（协作性）、开放能力（开放性）、组织规划管理能力（领导性）。

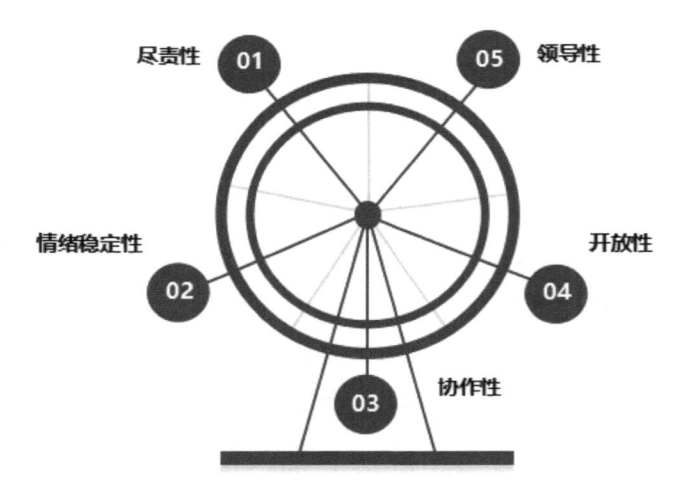

图 5-2　社会与情感能力

第一，任务能力（尽责性），指的是有没有承担责任的意识和能力，通俗地讲就是一个人是否"靠谱"。

第二，情绪调节（情绪稳定性）是指情绪控制能力，即不会过于夸大喜怒哀乐的影响。比如，在遇到困难挫折时以积极态度面对，而不是悲观地认为，一件事的失败会导致其他所有事失败,这对一个人的发展、与周围人的关系影响都很大。

第三,沟通交往能力(协作性),指的是在与人交往中是否会让对方感到愉快和舒服,并愿意与你打交道。会交往的人能把一件不开心的事说得让人开心,从而化解危机。其实,善于处理人际关系的本质还是同理心,即站在对方的立场上替别人着想,理解对方的感情。

第四,开放能力(开放性)主要是指开放学习的态度。当今社会的新信息量一直在增加,对于不断涌现出来的知识、技术,我们是欢迎拥抱、学习掌握,使其为自己所用,还是排斥、抗拒、恐惧?如何选择,对一个人来说是非常重要的。

第五,领导性指的是有组织规划管理能力。这并非说能领导多少人,而是指能否在生活中做自己的领导,善于管理小到自己的一个房间,大到自己的时间、财产等。

典型案例

山东大一男生因情感问题,奔赴外地杀害女友

2020年11月30日,四川彭山警方发布了一则警情通报,在四川某学院有两名大学生死亡,属于刑事案件。受害人李某是四川某学院的大三女生,四川渠县人,而犯罪嫌疑人马某是山东某学院大一学生,山东单县人,两人属于恋爱关系。在案发的前一天,马某不远千里从山东赶到四川,事发当天,混入学校,并趁着管理员不注意溜进了女生宿舍楼。在宿舍内与李某因为感情问题发生争执,随后用剪刀杀害了女友,自己也跳楼身亡。(案例中均为化名)

案例剖析:

从根本上来说,恋爱中普遍会出现自私和占有的现象,但这是不正常的。爱情是自私的,但并不代表可以约束与控制对方,真正的感情应该是相互尊重与包容的。那些不懂尊重对方的人,往往都是从小被溺爱惯了,一旦

失去自己想拥有的一切，就会歇斯底里，甚至要毁掉自己得不到的，正是这种扭曲的心理，才会导致恋爱中很多悲剧的发生。要树立正确的恋爱观，只有真正志同道合的人才能最终擦出火花。

如何树立正确的恋爱观？

1. 好聚好散

这是恋爱的基本原则，没有结婚生子，彼此不需要考虑太多，遵从内心的感受即可；喜欢就是喜欢，不喜欢就是不喜欢，没有必要勉强，更不要纠缠。恋爱只是一个磨合阶段，好聚好散是唯一的选择。

2. 控制欲不能太强

经常看到恋爱中的人喜欢彼此控制，从表面上看是关心，但实际上是限制自由和不尊重对方，随着恋爱的深入，往往会让人无法接受，甚至是反感，从而导致分手。

3. 情绪控制很重要

在恋爱最初阶段，就要善于发现对方的情绪控制能力。对于容易情绪失控的人，一定要谨慎交往。这类人往往都比较极端，一旦相处不好，就会出大问题。同时，我们也需要学会在恋爱中进行情绪控制，这样才能获得更多的尊重与机会。

4. 人品是恋爱中最宝贵的财富

说白了，一个人的人品决定了一切，实际上就是我们通常所说的"三观"，人品好的人一定会善待自己的恋爱对象，也会善待周围的人；而一个人品不好的人，在关键时刻是非常可怕的。所以恋爱时，别仅仅看身材，看长相，看财富，还要看人品。

参考文献

[1] 范翠英，孙晓军.青少年心理发展与教育[M].武汉：华中师范大学出版社，2013.

[2] 李波.携手走过青春期[M].合肥：安徽科学技术出版社，2014.

[3] 埃德尔曼，雷蒙德.改变思维，拥抱成长：调节青少年压力与情绪的心理学策略[M].邓雪滨，译.上海：华东师范大学出版社，2021.

[4] 叶惠.青少年情绪管理：21天情绪管理训练营[M].北京：中国铁道出版社，2022.

[5] 吴倩.打开心智之门：与自己和他人更好地相处[M].北京：人民邮电出版社，2024.

[6] 宋莉莉，王詠，赵昱鲲.真实性量表在我国青少年中的信效度检验[J].中国临床心理学杂志，2020，28（2）：344-347，260.

[7] 王惠.中小学生静态行为及其与主观幸福感的关系研究[J].中国健康教育，2020，36（6）：540-544.

[8] 张迪，伍新春，田雨馨.青少年创伤后应激障碍症状与网络成瘾症状的关系：惩罚敏感性和孤独感的中介及性别的调节[J].心理科学，2021，44（5）：1134-1140.

第六章

危机事件与心理应对

思维导图

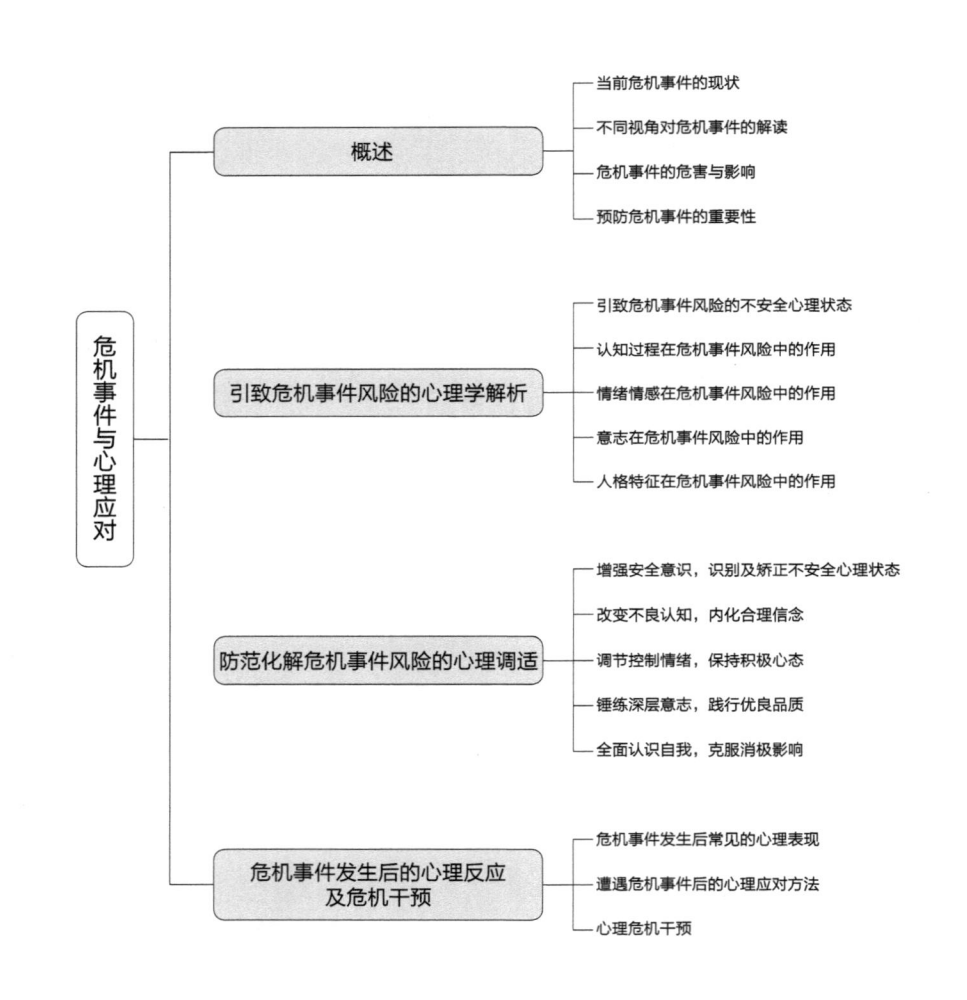

- 危机事件与心理应对
  - 概述
    - 当前危机事件的现状
    - 不同视角对危机事件的解读
    - 危机事件的危害与影响
    - 预防危机事件的重要性
  - 引致危机事件风险的心理学解析
    - 引致危机事件风险的不安全心理状态
    - 认知过程在危机事件风险中的作用
    - 情绪情感在危机事件风险中的作用
    - 意志在危机事件风险中的作用
    - 人格特征在危机事件风险中的作用
  - 防范化解危机事件风险的心理调适
    - 增强安全意识，识别及矫正不安全心理状态
    - 改变不良认知，内化合理信念
    - 调节控制情绪，保持积极心态
    - 锤练深层意志，践行优良品质
    - 全面认识自我，克服消极影响
  - 危机事件发生后的心理反应及危机干预
    - 危机事件发生后常见的心理表现
    - 遭遇危机事件后的心理应对方法
    - 心理危机干预

学习目标

1. 了解当前危机事件的现状及其造成的危害和影响。
2. 理解引致危机事件风险的心理因素。
3. 掌握防范化解危机事件风险的心理调适方法。
4. 理解危机事件发生后的心理反应及危机干预。

案例导入

2024 年 5 月 1 日凌晨，广东梅州大埔县梅大高速茶阳路段发生了一起严重的塌方灾害。灾害地点位于梅大高速大埔往福建方向 K11+900 m 附近，灾害导致路面出现大面积塌陷。据官方通报，灾害共造成 52 人死亡、30 人受伤。这些伤亡人员多为途经此地的司乘人员，他们在灾害中无辜受害。

5 月 1 日凌晨，梅大高速茶阳段塌方时，黄建度一家驾驶一辆 7 座车加速通过，由于爆胎，停了下来。当车上人员回过头查看时，发现后方一辆又一辆车消失在眼前，才知道行驶过的路段塌陷了。看到这个场景，车上人员立即下车大声呼喊，打开手机闪光灯挥舞，可是没有任何作用，高速路上没有路灯，很黑，手机灯光又很微弱。开过来的车，车速都很快，还来不及反应就掉落下去了。64 岁的梅州老人黄建度翻越到对向车道逆行至塌方路段前，站在高速路中间挥手、大喊，有车减速但见没有什么事仍继续加速向前。一辆车想绕过黄建度，黄建度急坏了，没有办法只有跪下来，他认为这样才能引起司机的注意。果然，一辆车急刹车停下了，不明所以的司机对着黄建度大喊"你不要命了"。黄建度解释后，司机走到前面看到塌方，回来后向黄建度说"谢谢你救了我们一家"。随后一辆又一辆车减速停车，就这样车子停了一片。几分钟后，黄建度原路返回塌方的另一端，声音嘶哑但是激动地告诉家人，自己下跪拦下了十几辆车。

回忆起 5 月 1 日这场遭遇，黄建度的女儿仍不住地哽咽，"我爸爸胆子太大了，他是超级英雄。事后他才知道后怕，第一时间给我弟弟打了电话，哽咽地说'我们差点再也见不着了'"。

> **思考题**
>
> 1. 在黄建度老人身上，你看到了什么样的品质？他的处理方式对你有什么启发？
> 2. 面对突发事件，什么样的心理状态才能有效地进行自救或开展处置？

一、概述

随着我国经济社会的高速发展，人们的生活环境和方式发生了深刻变化，伴随而来的日常生产生活过程中的安全事故和危机事件也出现了一系列新情况和新特点。例如，2024 年 1 月 24 日，江西省新余市渝水区天工南大道佳乐苑沿街店铺地下一层发生火灾，事故造成 39 人遇难、9 人受伤；2022 年 4 月 29 日，湖南省长沙市望城区金山桥街道金坪社区盘树湾组发生一起特别重大居民自建房倒塌事故，造成 54 人死亡、9 人受伤，直接经济损失 9 077.86 万元；2024 年 5 月 1 日，广东梅州大埔县梅大高速茶阳路段发生塌方灾害，造成 52 人死亡、30 人受伤。

国内外关于各类安全事故的原因分析和统计结果显示，主要由人为因素造成的事故所占比例最高。因此，全面分析危机事件发展过程中人的心理特征和规律，进而揭示其对人产生不安全行为的作用机制，对于预防和减轻危机事件造成的危害和损失具有重要意义。

（一）当前危机事件的现状

根据应急管理部的通报，2024 年一季度，全国安全生产形势总体稳定，但也要看到，一些行业领域仍然风险突出、事故多发。随着二季度生产经营活动的全面展开，群众出游出行、物流仓储运输等活动增加，各类安全风险也随之上升。

1. 危机事件的主要类型

（1）自然灾害事故。包括因低温雨雪冰冻、地震、地质灾害等自然灾害导致的事故。这些事故伴随着自然灾害的发生，对人民生命财产安全构成威胁。

（2）安全生产事故。这类事故主要发生在生产经营过程中，涉及煤矿、化工、工贸、烟花爆竹、建筑业、道路运输、铁路运输和航空运输等行业领域。这类事故通常由设备故障、操作不当或安全管理缺失等原因导致。

（3）交通事故。包括道路交通事故、水上交通事故、铁路交通事故以及航空事故等。交通事故通常由驾驶不当、车辆故障、道路条件不佳或违反交通规则等原因引发。道路交通事故在各类事故中占比较大，特别是在节假日或旅游高峰期，道路交通流量增加，交通事故风险也随之上升。

（4）火灾事故。包括建筑火灾、交通工具火灾、森林火灾等。火灾事故往往由电器故障、用火不慎或故意纵火等原因造成。

（5）社会安全事件。包括恐怖袭击、重大刑事犯罪案件、以危险方法危害公共安全事件等。

2. 当前危机事件的特征

（1）事故总量下降，但风险依然存在。虽然 2024 年一季度事故总量同比下降 36.9%，但二季度生产经营活动旺盛，安全风险加大，需要持续加强安全防范。

（2）行业领域差异明显。一些行业，如煤矿、化工等仍然是事故多发区；而另一些行业，如烟花爆竹、铁路运输等则相对较为安全。

（3）事故原因多样化。事故原因包括企业安全管理不到位、员工安全意识淡薄、设备设施老化等多种因素。此外，自然灾害，如雨雪冰冻、地震等，也是引发事故的重要原因。

（4）重特大事故影响巨大。虽然重特大事故数量相对较少，但一旦发生，往往造成大量人员伤亡和财产损失，社会影响恶劣。

（二）不同视角对危机事件的解读

危机事件是一个复杂且多维度的概念，它可以从不同的视角进行解读。以下分别从法律视角和社会学视角对危机事件进行定义和解读。

1. 法律视角

从法律视角来看，危机事件通常指的是那些突然发生，可能造成或已经造成严重社会危害，需要采取应急处置措施予以应对的事件。这些事件往往具有破坏性和负面性，可能危及公众的生命财产安全、社会秩序和公共安全。

根据《中华人民共和国突发事件应对法》等相关法律法规，危机事件（或突发事件）主要包括自然灾害、事故灾难、公共卫生事件和社会安全事件。法律规定了政府在危机事件发生时的职责和权力，包括启动应急预案、组织救援、提供物资保障等。同时，法律也保护公民在危机事件中的合法权益，如知情权、救助权等。

2. 社会学视角

从社会学视角来看，危机事件是对社会系统的严重挑战，它不仅影响个体和群体的生活，还可能对整个社会结构和价值观念产生深远影响。

危机事件可能导致社会秩序的暂时混乱，引发公众的恐慌和不安。它可能暴露社会系统的脆弱性和不平等现象，加剧社会矛盾。社会学强调在危机事件中，社会各个层面的反应和应对策略的重要性，这包括政府、社区、非政府组织、媒体和公众等多元主体的协同应对。危机事件发生后，社会需要经历一个恢复和重建的过程，这包括物质层面的重建（如基础设施、住房等）和社会心理层面的恢复（如心理疏导、社区关系重建等）。

（三）危机事件的危害与影响

危机事件造成的危害与影响可以从多个维度进行深入分析，以下是对个体身心健康、经济损失和社会稳定等方面的详细探讨。

1. 个体身心健康影响

（1）身体健康受损。危机事件可能导致身体受伤甚至死亡。长期的压力和紧张状态也可能对个体的免疫系统产生负面影响，增加患病的风险。

（2）心理健康受损。危机事件往往导致个体出现焦虑、恐惧等情绪反应。例如，在面对灾害事故、恐怖袭击等极端事件时，人们可能会经历长时间的紧张状态，无法保持平稳的情绪。创伤后应激障碍是危机事件后常见的心理问题，特别是对于亲历过重大危机事件的人来说。抑郁症和自杀风险也可能因危机事件而增加，特别是在事件发生后纠缠于负面思维的人群中更为常见。

2. 经济损失

各类危机事件通常会导致直接的财产损失，如安全生产事故造成的机器设备或货物原材料的灭失，火灾事故导致的房屋毁坏等重大财产损失。此外，危机事件还会产生间接的经济损失，如伤亡人员的医疗救治费用、误工损失等。

3. 社会稳定影响

（1）社会秩序混乱。危机事件可能导致社会秩序的混乱和不稳定。例如，在自然灾害或社会安全事件发生后，可能会出现抢劫、暴乱等违法行为。社会心理状态也可能呈现稳定性下降的状态，人们对未来的信心和积极性可能受到影响。

（2）公共信任危机。危机事件可能引发公众对政府和国家的信任危机。如果政府处理不当或信息不透明，可能导致公众对政府的公信力产生质疑。这种信任危机可能进一步影响社会的稳定和团结。

（四）预防危机事件的重要性

1. 降低风险

预防危机事件可以有效地降低潜在的风险。通过识别可能导致危机的因素，及时采取措施进行防范，可以减少意外事件的发生，保护人员安全和组织资产。

2. 减少损失

危机事件一旦发生，往往会造成严重的人员伤亡和财产损失。通过预防，可以大大减少这些损失，保障组织的正常运营和人员的生命安全。

3. 维护声誉

危机事件不仅会带来直接的经济损失，还可能对组织的声誉造成严重影响。预防危机事件有助于维护组织的公众形象，避免信任危机的发生。

4. 提高应对能力

通过预防突发事件，可以建立完善的危机应对机制，提高应对突发事件的能力。这种能力在危机真正发生时将起到关键作用，有助于迅速、有效地应对危机。

二、引致危机事件风险的心理学解析

（一）引致危机事件风险的不安全心理状态

在现实生产生活中，有相当一部分危机事件风险是由人的不安全行为引起的。造成不安全行为的具体原因可能是复杂的，但心理学认为都与人的心理状态有关。因为人的各种行为包括不安全行为都是由人的心理活动发动、调节和控制的。因此，分析引致危机事件风险的原因应该同人的心理状态联系起来。

根据生产生活实际以及安全心理学研究，以下一些不安全心理状态容易造成不安全行为的产生，并且是引致危机事件风险的重要因素。

1. 侥幸心理

侥幸心理指的是在安全生产过程中，为追求某种个人目的而产生的对安全问题不予重视或漠视安全风险，过分依赖运气的心理状态。

侥幸心理的产生可以归结为以下几个原因：

长时间未发生事故。一些人由于长时间没有发生事故，产生了一种"天无绝人之路"的想法，认为自己是幸运的，事故不会发生在自己身上。

对自身技能的过度自信。一些人可能对自己的技能过度自信，认为自己有能力应对各种情况，不会出现问题。

对安全风险认识不足。一些人可能对感觉不到的安全风险缺乏足够的认识，或者对安全事故的后果没有形成真实的认知，导致他们对安全问题的警觉性降低。

某些人在酒后驾驶汽车时，认为自己能够安全驾驶，不会被交警查到，这就是侥幸心理的典型体现。这些人相信自己的运气，认为偶然的事件（如交警不在场）会帮助他们避免受到惩罚。然而，侥幸心理并不能改变不安全的事实，这些违法行为最终会导致严重的后果，如交通事故、法律制裁等。

2. 麻痹心理

麻痹心理是引致危机事件风险的主要心理因素之一。有这种心理状态的人，在行为上多表现为马马虎虎，大大咧咧，盲目自信。对待安全问题采取敷衍了事的态度，缺乏认真严肃的精神，警惕性不足。

造成麻痹心理的原因主要有以下几点：

一是盲目相信自己以往的经验，认为自己操作熟练，保准不会出问题。

二是多次的不安全行为也没有出过事，认为自己已经掌握了进行不安全行为同时规避风险的成功方法，多次这样做也无妨。

三是高度紧张后精神疲劳或厌倦，如刚搞过安全工作大检查后，思想放松懈怠，产生麻痹心理。

四是因循守旧，缺乏创新意识，遇到现实中突发的新情况，缺乏灵活应对的方法技能。

五是个性因素，有些人在生活和工作中形成了一贯松松垮垮、不求甚解的性格特征。

3. 省能心理

省能心理是一种在人类长期生活中养成的心理习惯，主要表现为在行动或决策时，人们倾向于以最小的能量消耗或付出获得最大的效果或收益。

省能心理通常有以下主要表现：

嫌麻烦。对于需要付出较多努力或精力的事情，人们往往会产生嫌麻烦的心理，从而选择更简便但可能不够安全或有效的方法。

怕费劲。对于需要付出较多体力或脑力的事情，人们可能会因为怕费劲而选择更为省力的方式。

图方便。在日常生活和工作中，人们经常因为图方便而采取一些看似简单但可能存在风险的做法。

得过且过。在面对需要付出努力才能解决的问题时，有些人可能会选择得过且过的态度，即只要问题没有严重到无法忍受的程度，就不愿意付出努力去解决。

省能心理可能导致人们忽视必要的操作步骤或减少使用必要的安全装置，从而增加事故发生的风险。

4. 冒险心理

冒险心理是指行为人不顾危险、不计后果，为满足自身某种需要或追求某种目标而盲目行动的一种非理智心理状态。

产生冒险心理的原因主要有以下方面：

寻求刺激。一些人寻求新奇和刺激的体验，通过冒险来满足这种需求。

追求成就感。冒险往往伴随着挑战和困难，成功后的成就感也是吸引人们冒险的原因之一。

自我探索。冒险为个体提供了了解自己能力和极限的机会，有助于个体成长和自我发现。

生物化学因素。冒险行为会导致大脑释放多巴胺等快乐激素，这种生物化学的奖赏感可能驱使人们去冒险。

遗传基因。研究表明，个体的遗传基因可能与冒险倾向有关。

适度的冒险心理可以激发人的创造力和创新能力，促进个人和社会的进步。通过冒险，人们可以发现自己的潜能和可能性，追求更高的目标和成就。但过度的冒险心理可能导致不理智的行为决策，增加安全风险并可能带来负面后果。在极端情况下，冒险心理可能导致犯罪行为，危害社会和他人的安全。

近年来发生的"驴友"户外失联事故就是典型的冒险心理导致的危机事件。这些人基于相同的探险的兴趣爱好而结伴在未知的户外区域旅行，在收获乐趣的同时也常常遭遇一些自然的危险情境，甚至付出生命的代价。

5. 逆反心理

逆反心理是一种无视社会规范或管理制度的对抗性心理状态，一般在行为上表现为"越不允许干，我越要干"等特征。

逆反心理受好奇心、好胜心、虚荣心、思想偏见、对抗情绪等心理活动驱使，这种心理一般多发生在心智不成熟、社会阅历尚浅的青年人身上。

逆反心理的产生有如下原因：

自我意识的增强。随着年龄的增长，个体的自我意识逐渐增强，他们开始渴望独立、自主，对于外界的限制和规定产生抵触情绪。

教育方式的问题。如果接受的教育方式过于严格、刻板、生硬，缺乏理解和沟通，就容易引起行为人的逆反心理。

社会环境的影响。社会环境中的某些因素，如价值观的差异、文化的冲突等，也可能导致个体产生逆反心理。

6. 从众心理

从众心理是指个体在群体中由于实际存在的或头脑中想象到的社会压力与群体压力，而在知觉、判断、信念以及行为上表现出与群体中大多数人一致的现象。

从众心理是一种广泛存在的心理现象，大多数人都会在一定程度上受到从众心理的影响。个体在感受到群体压力时，更容易产生从众心理，选择与群体一致的行为。尽管从众行为可能不符合个体的本意，但通常是个体自愿做出的选择。

从众心理产生的原因通常有以下几点：

社会压力。社会压力是人们从众的主要原因之一。在社会中，个体都会受到来自家庭、学校、工作等方面的压力，为了避免受到批评、嘲笑和排斥，人们可能会选择从众。

自我保护。从众也可以被视为一种自我保护机制。当个体做出与大多数人不同的决定时，可能会感到孤独和不被理解，从而选择从众来避免被排斥和孤立。

社会认同。人们渴望被他人认同和接受，因此会选择与大多数人保持一致，以获得社会认同感。

知识不足。当个体缺乏足够的知识和经验来做出自己的决定时，可能会选择从众，以避免犯错。

我们经常可以看到在路口的行人集体闯红灯通过马路，这便是一种典型的从众心理导致的行为，这种从众心理的背后还隐藏着一种"责任分散"效益，即违法的责任或惩罚被分散到众人身上了，从而降低了单个个体的违法成本或者是"心理负罪感"。

（二）认知过程在危机事件风险中的作用

心理学理论认为，人的心理过程主要包括三个阶段：认知阶段、情绪情感阶段及意志阶段。认知阶段作为心理过程的第一个阶段，是其他两个阶段的基础和前提。认知心理的具体表现形式主要包括感觉心理、知觉心理、记忆心理、思维心理等。

认知心理作为一个功能系统，虽包括感觉、知觉、记忆、思维、注意以及决策等构成要素，其中的每一要素又都有其特殊的表现和规律性，但并不是这些要素的简单堆砌和拼凑，而是它们相互联系、相互影响的有机结合。

良好的认知心理可以保证人们取得正确的认识，从而保证人们在生产生活中采取安全的行为决策，减少和避免不安全行为的发生，从而增加生产生活的安全性；相反，不良的认知心理则有可能增加人们的不安全行为，从而增加危机事件发生的可能性。

1. 感知觉与危机事件风险的关系

要防范化解危机事件风险，就要对可能引起危机事件的风险信号有及时准确的感知。获取和识别信息的过程，是心理活动过程的感觉和知觉，合在一起简称感知。

（1）感觉和知觉的基本概念。

①感觉。感觉是人脑对直接作用于感觉器官的客观事物的个别属性的反映。

人是通过自己的感觉器官（眼、耳、鼻、舌、身）分别接受光、声、气味、味道以及各种触觉和机体的刺激，感觉器官把这些刺激转化为神经冲动，通过内导神经把神经冲动传入大脑的相应区域，形成兴奋中心。与此同时，兴奋中心与相关的区域相互联系，进行初步的信息加工（译码、解读），以便识别确认。这时在头脑中就形成对该刺激的个别属性的映象，形成人的视觉、听觉、嗅觉、味觉、触觉和机体觉等多种感觉。没有准确的感觉信息，人就会在适应环境的过程中遇到困难。

②知觉。知觉是人脑对直接作用于感觉器官的客观事物的整体的反映。

知觉是在感觉基础上形成的，但它又不是各种感觉成分的简单总和。知觉包含了按一定方式来整合个别感觉成分的作用，并形成一定的结构。人的知识经验对各个感觉成分的整合结构起着重要的作用。在实际生活中，知觉总是伴随着各种感觉同时产生的，人们都是以知觉的形式来反映客观事物。例如，看到红光，同时就要辨别是什么发出红光，是信号灯、指示灯，还是霓虹灯、舞台灯。红光反映到人脑是感觉，红色信号灯反映到人脑就是知觉了。人们知觉事物的整体总是要进行识别、命名、归类，并用词语表达出来。

③感知映象与客观事物的关系。人所感知到的客观事物的映象，一般来说应该反映了客观事物的本来面貌，但是映象和客观事物并不总是一一对应的，也不可能完全一致。也就是说，人所感知到的映象 A′，与它所反映的客观事物 A 之间经常存在某种误差。这种误差可能产生在感觉过程：由于环境的干扰，某些信息没有刺激到人的感觉器官；由于感觉器官结构功能的缺陷，使某些刺激无法如实地被接受并传达到大脑，有时规律性地产生错觉、幻觉。这种误差也可能产生在知觉整合的过程中：由于知识经验的缺陷而识别错误，理解结构扭曲变形；需要与愿望的影响而加进客观并不存在的属性；价值观的影响夸大了某些属性而缩小了另外某些属性。

如果行为人对关系安全生产的某事物 A 的感知映象 A′ 有重要误差，这时人对信息 A′ 所做的操作反应，与客观事物 A 的实际情况就不相适应，这样危机事件就有可能发生了。所以说，危机事件的原因时时刻刻潜伏于人的感知过程之中。要预防危机事件，就要研究感知规律，减少感知误差。

（2）感受性及其变化规律。

①感受性与感觉阈限。对刺激的感觉能力称为感受性。刺激物只有达到一定物理量的强度才能引起人的感觉，不同刺激物的刺激物理量必须达到一定的差别，人才能感知到它们的不同。人对这些物理量的强度和差别感觉的灵敏程度有一般规律，也有个体差异。

心理学用感觉阈限来表明人的感觉能力，阈限也可以说是有限度的意思。刚刚引起感觉的最小刺激量作为感觉灵敏度指标之一，被称为绝对感觉阈限。绝对感受性可以用绝对感觉阈限来衡量。绝对感觉阈限越大，感受性越弱，越迟钝；反之，绝对感觉阈限越小，即引起感觉所需要的刺激量越小，则表明感觉性越强，越灵敏。

②感觉的相互作用。不同感觉器官同时接受不同的刺激，并同时传入大脑，同时产生几个兴奋中心，这几个兴奋中心就会相互影响。例如，轻微的肌肉动作，或微弱悦耳的音乐刺激，可以提高视觉的感受性；微弱的光线可提高听觉的感受性。然而，轰鸣的噪声可以使人视觉的差别感受性降低，使疼痛加剧。

同一感觉器官同时或先后接受不同刺激，也会引起感受性的变化。同样的灰色图形，放在白色背景上看起来显得比在黑色背景上更暗一些；放在红色背景上显得灰中带有绿色，放在绿色背景上显得灰中带有红色，这种现象叫同时对比。不同颜色同时放在一起，对比度是不一样的，对比度较大的两种颜色组成的标志、符号更为醒目。如红绿两色对比度较大，被用于交通的信号灯；白黑两色对比度大，画成斑马线图案，用于重型设备需要注意安全的地方；红白两色对比度也比较大，用在马路的隔离带上。凝视红色物体后，再看白色东西，觉得有点青绿色影子；凝视电焊火花或很亮的灯以后再看白色东西，上面好像有黑影。这是继时性的负后像。

③感觉的适应现象。当人从明亮的阳光下进入黑暗的山洞，开始什么也看不清，经过一段时间后，视觉功能开始适应，逐步看清周围的物体，这是视觉的暗适应过程。反之，从黑暗的山洞出来，阳光刺眼，过一小会儿才能睁大眼睛看清周围的物体，这是视觉的明适应过程。

夜间行车，两车交会时，会车之前对方车辆的大灯使人明适应困难，特别是地面有水渍反光，更使驾驶员眩目。所以，交通规则规定会车之前双方都要关闭远射的大灯，只留近射的小灯，以防使对方适应困难。交会之后，会出现较长时间的暗适应困难，看不清车前的路况，必须减速慢行。一般人会车后暗适应时间至少需10秒钟，若车速为每小时40千米，10分钟已驶出100米以上，这段时间最易发生事故。黄昏时光线转暗，需要开车灯前后的一段时间，由于暗适应的困难，对驾驶员来说是最危险的时刻。

（3）知觉的特性。

①知觉的选择性。人们在知觉客观事物时，尽管同时接受很多刺激，但我们总是把其中的一些当作知觉的对象，而把另一些当作知觉的背景。当作对象的刺激往往和人的当前的需要和目的任务有关。例如，与驾驶操作有关的刺激，实践中要操作应付的对象。作为知觉对象的事物，则动员感觉器官和大脑，全神贯注予以集中注意；作为背景的事物则不予注意。对客观事物的知觉，人是区分轻重主次的，这种区分是受人的主观的认知水平和价值观所制约的，不同的人就可能有不同的区分，同一个人在不同时刻和场合也可能有不同的区分。所以，对象和

背景的区分不是绝对的,而是相对的。

驾驶操作人员只有从繁杂的刺激中区分出不安全因素,作为知觉的对象,才有可能预防事故。各种安全标志,如安全通道、防电击标志、禁止烟火标志、消防器材、有毒或易燃易爆标志等,必须醒目,使人易于从背景中把它们区分出来。对象和背景差别越大,人就越容易把它们区分出来。所以,要加大安全标志的色彩或灯光与背景的对比度,适应夜晚观察的需要,适当采用荧光色,采用闪灭的信号灯更容易使人选择它为知觉对象。

②知觉的整体性。当客观事物给人的刺激信号不完备时,知觉仍可保持完备性,形成对该事物的整体映象。因为我们曾经有过对客观事物完整的印象,当前刺激信号不完备,我们的主观经验就给补上,使之形成完整的印象。所以,事先全面认识客观事物,形成完整的整体映象,是以后刺激信号不完备时,形成完整映象的条件。如果对一台机器的机械动力原理结构部件、机械传动、油路、电路、冷却、液压、仪表显示等没有全面认识和理解,当机器运转发出异常信号时,操作者就不可能从这种不完备的信号中获得当前机器运转整体状态的知觉,也就无从下手解决问题,防止事故。

③知觉的恒常性。当知觉的客观条件在一定范围内改变时,客观事物本身不变,人对它的知觉映象仍保持不变。例如,观察角度的改变、距离远近的改变,并不影响我们了解物体知觉映象的形状和大小。照明条件的改变,对我们知觉物体的明暗色彩影响也不大。尽管客观事物给我们的绝对刺激量发生了很大的改变,我们却能恒常地认知这些客观事物。听觉也有恒常性,远处的爆炸声、警笛声,尽管传到我们耳朵时其物理量比近旁的机器声小得多,我们仍感到爆炸声和警笛声比机器声音大。

知觉的恒常性对人的预警来自不同方位、不同距离的危险因素是非常重要的。知觉的恒常性是经验的结果,是主观因素影响知觉的表现,与知觉的选择性、整体性一样,现在的主观来自过去的客观。事故当事者不应过分强调客观条件的不利因素,而应从自身找原因,缺乏实践经验和科学知识的积累,知觉的预警功能就会较差。

2. 记忆与危机事件风险的关系

人们要认识事物，积累安全生产生活的经验，增强预防危机事件与应对各种情况的能力，仅凭感知觉是不够的，还必须有记忆这一心理活动的参与，因为记忆与危机事件风险有着密切关系。

（1）记忆及其在安全行为中的作用。人们要认识事物，首先是与要认识的事物相接触，产生相互作用，这就是前面所讲到的感觉和知觉过程。不管是感觉，还是知觉，都是人脑对当前事物（或刺激物）的反映。当刺激人感官的事物离开我们之后，人脑对刺激物的反应并不是马上消失，而是会保留一个或长或短的时期，甚至在很早之前曾经被人们感知过的事物、经历过的事情仍然能回想起来，这个现象在心理学上被称为记忆。

记忆也是人脑的一种功能，是过去的经验在人脑中的反映。具体地说，记忆是人脑对感知过的事物、思考过的问题或理论、体验过的情绪、做过的动作的反映。从信息论的观点来看，记忆是对输入信息的编码、储存和提取的过程。

记忆对人的日常生活、生产、工作和学习等活动都起着非常重要的作用。

首先，记忆是人们积累经验的基础。没有记忆，人类的一切事情都得从头做起，无法积累经验，人类的各种能力也就不能得到提高，一切危险也就无法避免，安全也就没有保障。

其次，记忆是思维的前提。只有通过记忆，才能为人脑的思维提供可以加工的材料，否则，思维将无法进行。人之所以能在复杂多变的环境中求得生存和发展，一个重要原因就是人类会思维，但思维必须有原料，这就是丰富的信息储存，而信息的储存要靠记忆。可见，没有记忆，也就难以思维，更不可能做出预见性判断。没有思维，人也就失去了同动物相比的优越性，只能停留在"刺激－反应"的低水平阶段，不得不承受着更多的危险，并为此付出更多的代价。

（2）记忆的特点及提高记忆的方法。根据心理学的研究，遗忘有个基本规律——先快后慢，即识记之后，最初忘得快，而后逐渐忘得慢了。这条规律是德国的心理学家艾宾浩斯首先发现的。他通过实验证明，在识记之后的最初2分钟内，遗忘率高达42%；1小时之后为56%；9小时后，遗忘率高达64%；24小时后，遗忘率高达66%；31天后遗忘率高达79%。可见，及时复习、加强巩固是非常必

> **拓展阅读**
>
> ### 提高记忆效率的十条方法
>
> 1. 记忆时心平气和。
> 2. 大脑不能过度疲劳。
> 3. 必不可少的自信心。
> 4. 找出适合自己特点的记忆办法。
> 5. 培养对记忆对象的兴趣。
> 6. 强烈的动机可以促进记忆。
> 7. 要与愉快的事情相连。
> 8. 刺激可以使脑细胞得到锻炼。
> 9. 细致的观察能够帮助记忆。
> 10. 用理解帮助记忆。

要的，而且复习越是及时，其记忆的保持率越高，所花时间越少。

3. 思维与危机事件风险的关系

人类有目的性的活动离不开思维，在生产生活中人们需要想问题、做判断、拿主意、出措施，所有这些都必须运用思维。思维与人的安全行为有着极为密切的关系。

（1）思维的一般概念。思维是人的复杂的心理活动之一，是人的认识过程的高级阶段。在心理学上，一般把思维定义为：思维是人脑对客观事物间接和概括的认识过程；通过这种认识，可以把握事物的一般属性、本质属性和规律性联系。按照信息论的观点，思维是人脑对进入脑内的各种信息进行加工、处理和变换的过程。

任何事物都具有多种属性，有些是常见的；有些是非常见的；有些是具体的，靠感觉、知觉能直接把握的；有些则属于"类"的一般属性，单靠感知觉不能直接把握。任何事物都有外在的现象，也有内在的本质。内在的本质深藏在现象的背后。事物与事物之间的联系也是如此，有的是表面的，一看便知，有的则是复杂的，并非能一眼看穿。因此，要全面而深刻地认识事物。认识事物的本质及规律性，就必须借助思维这种理性认识才能办到。思维是认识在感知觉基础上的进一步深化。

（2）思维的基本特征。

第一，思维的间接性。它是指思维对事物的把握和反映，是借助于已有的知识和经验，去认识那些没有直接感知过的或根本不能感知到的事物，以及预见和推知事物的发展进程。如人们常说的"以近知远""以微知著""以小知大""举一反三""闻一知十"等，就反映了思维的这种间接性。正因为思维有这种特性，因而人们并不必非得亲自经历了事故，才能获得防止发生事故的经验。可以通过别人的事故经验，经过自己的思考，而丰富自己的安全知识，并且在掌握了安全工作的规律性以后，对事故的发生做出预测，从而防患于未然。

第二，思维的概括性。它是指思维是人脑对于客观事物的概括认识过程。所谓概括认识，就是它不是建立在个别事实或个别现象之上，而是依据大量的已知事实和已有经验。通过舍弃各个事物的个别特点和属性，抽出它们共同具有的一般或本质属性，进而将一类事物联系起来的认识过程。通过思维的概括，可以扩大人对事物的认识广度和深度。例如，在安全工作中，人们通过对大量个别、似乎是偶然发生的事故进行调查和原因分析，发现事故的发生和人的生物节律有着一定的内在联系。在总结这一带有规律性的现象时，思维的概括性起着关键作用。因为只有突破个别事故的个别特点，才能发现它们的共有特性，从而得出新的结论。

第三，思维与语言具有不可分性。正常成人的思维活动，一般都是借助语言而实现的，语言的构成是"词"，而任何"词"都是已经概括化了的东西，如人、机器、人－机系统等反映的都是一类事物的共有或本质特性。它们是人类在许多世代的社会发展进程中固定下来的、为全体社会成员所理解的一种"信号"，是以往人类经验和认识的凝结。利用语言（或词、概念）进行思维，既大大简化了思维过程，也减轻了人类头脑的负荷。语言既是思维的工具，也是人和人之间进行沟通、表达思想感情的重要手段。当然，这里所说的"语言"是广义的，它既包括内部语言，也包括外部语言（如口语、书面语），同时包括用表情和动作加以表达的手势语言等。

4. 注意与危机事件风险的关系

注意是一种贯穿人的全部心理活动的心理状态。平时我们常说的"注意观察""注意自己的言行""注意控制自己的情绪"等等，都说明了人的心理活动有着一定的选择倾向性，同时，人的心理活动过程也有着不同的意识清醒程度。

（1）注意的一般概念。客观世界，事物林林总总，人只能选择一个或少数对象作为自己心理活动的对象，被选择的对象就被我们注意到了，而没有被选择的就不是心理活动的对象，就不被人注意。

人选择哪些客观事物作为自己心理活动的对象，决定于人的需要的倾向性。人的安全需要强烈，在需要结构中占重要地位，自然就把客观事物中和安全有关的因素作为自己心理活动的对象，也就是注意安全。

人选择哪些客观事物作为自己心理活动的对象，还受客观事物的刺激特征的影响。对人的刺激强烈的事物容易引起人的注意，对人刺激微弱的事物容易使人不注意。而刺激强弱是一种主观体验，这种体验是和人的需要与愿望呈正相关的。

注意作为一种心理现象，我们可以说注意是人的心理活动对一定对象的指向和集中。指向是选择的结果，选择了某一客观事物作为自己心理活动的对象，而忽略其他事物。例如，驾驶员开车时注意指向道路交通情况，和行车无关的事物就被忽略了；吊车司机注意指向吊件，和吊起放下吊件无关的事物就被忽略了。心理活动没有指向某些事物，人对这些事物就不注意。集中就是对所指向的对象全神贯注，克服一切干扰，维持心理活动一定的紧张性，以取得活动的成功。如果注意不能集中到活动对象上，时时接受干扰，就可能分心到其他无关的对象上，分心是不注意的表现。

由上述注意的概念可以看出，注意有两个特性，也就是调节和维持心理活动的指向性和集中性。

（2）注意和不注意的生理机制。注意的生理基础是大脑皮质一定部位的兴奋中心，以及相应的周围区域的抑制扩散的相互作用。

人只要处在清醒状态，通过感觉器官可以接受种种客观刺激，并转化为神经冲动，传达到大脑皮质的相应部位，使这部位神经细胞兴奋起来。这种兴奋沿着已经形成的神经联系很快传递到有关的记忆印象中，引起大脑皮质相关的神经细胞的兴奋和传递活动，也就是大脑的初步的综合分析。如果当前的刺激对自己有某种重要意义，就被选择为注意的对象，在大脑皮质就会形成一个兴奋中心（也称兴奋灶）。这时，我们可以说人在注意某一对象或某一问题。

按照大脑皮质神经活动的规律，兴奋中心周围区域的神经细胞会转化为抑制状态，以维持兴奋中心适当的兴奋强度。这时，由其他感觉器官传来的刺激信息，传到兴奋中心以外的抑制区，就不会引起神经兴奋，人们对这些客观刺激信息就不会注意。

人在注意某一事物时，就会把自己的感觉器官指向这个对象，如注视、倾听、抚摸、趋近等，身体姿态也会做相应调整。高度注意某一事物时，人的血液循环和呼吸也会产生相应的变化，如肢体血管收缩、头部血管舒张，呼与吸的时间比例发生变化，吸气急而短，呼气缓而长，甚至可以暂时停止呼气。与此同时，有关的肌肉紧张度提高，有的肌肉则松弛无力，一切多余动作都停止了。人如果不想注意某些事物，则尽可能不让感觉器官接受其刺激，如闭眼，头部和身体转换方向，甚至设法设置屏障以减少或阻断它对自己的刺激。所以，可以通过人的感官指向和体态神情，判断他的注意指向。

（三）情绪情感在危机事件风险中的作用

情绪、情感是人的基本心理现象，它不仅影响生活状态、学习工作成绩等，同时还会给安全带来积极或消极的作用。因此，了解情绪和情感影响安全的一般机制，掌握情绪和情感的控制方法等，对于预防和减少危机事件的风险具有重要的现实意义。

1. 情绪与情感概述

情绪是客观事物是否符合人的需要与愿望而产生的体验。这种体验伴随着生理活动的变化。例如，心跳加快、呼吸短促、肌肉紧张、瞳孔放大、肾上腺素分泌增多、消化液分泌减少、皮下微血管的扩张或收缩等。生理变化反过来会加深人的情绪体验。反复的情绪体验稳定下来成为人意识的一部分时，就形成人的情感。

心理学认为情绪和情感既有联系又有区别。首先，情绪是人从事某种活动时的兴奋状态，具有较大的情境性、暂时性和激动性；情感是人对事物的稳定的态度，具有较大的稳定性、持久性和深刻性。其次，情绪是情感的表现形式，有明显的外部表现，具有冲动性和外显性；情感则以内心体验形式存在，比较内隐不一定外露。最后，情绪一旦产生，来得快，去得也快，有时不易控制；情感是生活经验积累培养起来的，形成较慢，一旦形成改变较慢甚至很难，但易受意识控制。在一个具体的人身上，情绪和情感总是彼此交融在一起，相互影响，相互依存。情感是在情绪基础上形成的，同时又通过情绪表达出来，情绪往往受情感制约，但有时也制约不住，做出于情于理都不相符的事，这就可能引发危机事件风险。

凡能满足或符合人的需要和愿望的人和事物，就会引起积极的肯定性的情绪和情感，如满意、愉快、喜爱、欢乐、狂喜等。凡是不能满足人的需要，或与人的需要愿望无关的人和事物，就不会引起人明显的情绪和情感，一般都持中性态度，体验轻微甚至全无。凡是与人的需要和愿望相违背的，甚至会伤害人的需要与愿望的人和事物，就会引起消极的否定性的情绪和情感，如不满意、厌恶、悲痛、愤怒、恐惧、憎恨等。情绪和情感在表现强度上，有强烈和微弱之分，有激动与平静之分；在主观体验上，有紧张和松弛之分，有快感和不快感之分；在取向上，有简单和复杂之分，有喜怒哀乐之分。这就决定了对情绪和情感的识别和评价不是简单的非此即彼、非爱即恨的两极化评价方式。因为情绪和情感的表现比起理性认知更加细腻复杂。

2. 情绪的基本类别

人类的情绪多种多样十分复杂，很多心理学家进行研究，试图确立最基本的情绪分类。20世纪70年代初，美国心理学家伊扎德用因素分析和逻辑分析的方法，提出九种基本情绪，即兴奋、喜悦、惊骇、悲痛、憎恶、愤怒、羞耻、恐惧、傲慢。和危机事件风险关系密切的基本情绪有以下几种。

（1）愉快。愉快是一个人追求并达到所盼望的目标时产生的情绪体验。按愉快的强度层次，从满意开始，到喜悦、快乐、欢乐、狂喜。低强度的愉快是有利于安全的因素，高强度的愉快是干扰安全的因素，甚至会造成乐极生悲的事故。低强度的愉快常因环境中新颖别致的结构形象、绚丽协调的色彩灯光、美妙动听的轻音乐、芬芳诱人的香气等感官刺激而激发出来。在社会组织中，人际关系和谐、上级的赞赏与认可、下属的支持与合作、同级的协调配合、工作成绩在望等社会因素，都可以激发出低强度的愉快情绪。所以，良好舒适的生活工作环境和组织中的和谐氛围，是预防危机事件风险的重要条件。

高强度的愉快则要加以控制，特别要防止群体性的高强度愉快，相互感染激发很容易失控，在工作现场群体性的欢乐狂喜，很容易影响工作引发危机事件风险。

（2）愤怒。愤怒是由于自己在达成目标过程中受到无理的干扰或阻碍，而积累的紧张的情绪体验。当一个人不知道是什么妨碍他达成目标时，愤怒不明显，只对自己生闷气，而没有发泄愤怒的对象。一旦清楚地意识到是何人何物妨碍他达成目标，特别是人为的无理和恶意时，愤怒就会骤然由积累而爆发。愤怒按其积累强度层次，从不满意开始到微愠、气愤、愤怒、暴怒、狂怒。愤怒失去控制，往往导致有意无意地造成危机事件风险。

（3）惊恐。惊恐是企图摆脱、逃避某种危险情景时产生的情绪体验。引起惊恐的原因是面临危险可怕的情景，而又缺乏经验和应付自卫的手段，无援无助地处于一种不可抗拒的威胁力量包围之中，在惊吓恐惧中又没有适当的逃脱路径，惊恐就产生了。惊恐使人缺乏理智、盲目从众、行为失常、动作呆滞不协调。在这种情况下，往往不能做出正确的操作反应，动作不及时、不到位，因而造成危机事件风险。

惊恐是对客观危险性的主观感受，这种感受体验随当事者的知识经验、个性特征、操作技能的不同而有明显差异。在相同的危险情景中，不同的人的主观感受可能大不相同。具有镇定、勇敢、机警等个性品质的人，容易战胜惊恐，摆脱危险。知识经验丰富和智力技能水平高的人，对付危险思路正确，手段也多，所谓"艺高人胆大"，表现出临危不惧的品质。很多事故都是在惊恐万分、惊慌失措中产生的，换一个当事人则可能会转危为安，或减少伤害损失。

（4）悲哀。悲哀是失去心爱的人或物、理想破灭时所产生的情绪体验。悲哀可以通过哭泣、诉说得到一定的释放和缓解。悲哀会使人的活力降低，不思饮食，四肢无力，动作迟缓不到位。所以，通常认为悲哀是一种负性情绪。但悲哀并不总是消极的，在一定的思想情感支配下，可以化悲痛为力量。有良好的思想修养和情感基础，以及适宜的社会氛围和客观条件，才能转化为积极进取的正性情绪，当然这不是任何人都可以轻易做到的。

3. 情感的种类

情感是在情绪积累的基础上形成的，是同人的社会性需要是否满足相联系的主观体验。情感是人的主体意识的重要组成部分，所以人们常把思想和情感联系在一起。人的思想情感从发展水平来说高于情绪，对情绪有制约作用。人类的高级社会情感对危机事件风险防范化解有着重要的导向和制约作用。

对危机事件风险预防有着重要的导向和制约作用的高级情感有以下几种。

（1）社会责任感。人在社会生活中总是作为一个社会角色，承担着一定的社会职责，履行着一定的社会义务，对社会安全稳定和经济发展作出与自己社会地位相适应的贡献。当一个人尽职尽责对社会有所贡献时，所产生的主观体验是心安理得自尊自重；当任务摆在面前尚未完成时，所产生的主观体验是紧张不安而产生工作动机。

（2）道德感。道德感是根据社会道德规范评价和处理个人言行的人际关系时，所产生的主观体验。这些主观体验包括：爱国主义情感、爱护组织的集体主义情感、对设备财物的爱惜感、按规章纪律办事的纪律感。当自己和相关的他人的言行符合道德规范时，就产生心安理得、肃然起敬的肯定的情感体验；反之，就会产生内疚不安、厌恶蔑视的否定的情感体验。这些体验直接制约着人的行为方式。

（3）人道主义情感。人道主义是对人自身生存的安全、人性尊严和价值的重视和崇尚。人道主义强调的是对他人的生存安全和价值尊严的原则性立场。反对对他人的杀戮、凌辱、伤害、剥夺、欺压，以及其他各种不公平的待遇。因为自己驾驶操作的失误，伤害了他人的健康和生命，内心应受到人道主义的谴责；因为自己的操作方式而剥夺或欺凌了他人的正常操作，也是违背职业道德的非人道行为。

对他人的关心和爱心，为人处事讲良心和善心，对危机事件风险预防是有重要指导意义的高级情感。

（4）理智感。理智感是智力活动中，认识和评价事物的是非曲直时产生的情绪体验。实事求是按客观规律办事，避免了事故，达到预期结果时的满足感；弄清问题关键所在，找到了解决难题的方法和途径时的快慰感；为追求真理而献身的自豪感，都是理智感的正面体验。由于歪曲事实、颠倒是非、违背客观规律而造成的失败、损失、事故伤害而感到羞愧、负疚、罪恶的体验，都是理智感的反面体验。

任何机械操作都包含着解决问题、实现目标的智力活动，要实事求是地根据机械性能原理和环境条件的情况，找出安全生产和达成目标的操作方法。特别是遇到故障时，更需开动脑筋，冷静控制情绪，耐心寻找原因所在，找出排除的方法。理智感对人们正确地解决问题，克服障碍的同时避免事故伤害具有重要的动力作用。很多危机事件风险都是缺乏理智感的冲动性行为造成的。

（5）美感。美感是根据一定的审美标准评价事物进行活动时所产生的主观体验。符合规范的熟练的劳动操作本身就是美的源泉，现代艺术的美多数是从劳动美中提炼升华而形成。美就意味着结构、节奏、韵律、色彩的和谐完整统一。而现实生活中，破烂不完整的机械设备和环境结构不协调，缺乏统一韵律的操作节奏、不符合色彩感知规律的信号标志和装饰，再加上损人利己的丑恶心理，是造成危机事件风险的重要诱因。

4. 情绪状态与危机事件风险的关系

根据情绪的表现形式、强度和持续时间的长短，人的情绪状态可区分为心境、激情、应激和挫折四种具有典型意义的情绪状态。它们都与危机事件风险有着密切的关系。

（1）心境。心境是指微弱平静的、持续时间较长的对人的全部心理过程和行为都有影响的情绪状态。在心境产生的时间里，人的一切活动都感染着某种情绪色彩。当个人处于喜悦的心境时，对人对事都会产生愉快的情绪反应。反之，当个人处于悲伤忧虑的心境时，对任何人和事都提不起精神来，易产生悲观消极的情绪反应。

心境持续的时间和引起心境事由的重要性有关，也和当事人的个性特征以及环境条件有关。重大事件引起的心境持续时间较长。心胸开阔的人能较快地克服心境的不良影响，心胸狭窄的人则可能耿耿于怀，长时间受不良心境的影响。离开引起不良心境的环境，时过境迁，情绪就会好转。

心境产生的客观原因是多种多样的。生活中的顺境和逆境、工作的成败、人际关系的融洽与矛盾、个人健康状况，甚至天气变化都可能引起某种心境变化。而人的主观精神状态，特别是思想情感、理想信念、价值观是决定心境基本倾向的决定因素，它调节着心境的影响强度和持续时间。

良好的心境有助于提高工作效率和安全生产；不良的心境则使人消沉无力，反应迟钝，厌烦工作，精力不集中，工作效率降低，易发生事故。心境不好的人，不宜安排在易出事故的工作岗位，上岗工作要格外小心谨慎。驾驶人员心境不好时，最好不要开车。日本一项针对100名交通肇事者进行调查的研究表明：在事故发生之前，有12人在家里吵过架、9人在家里遇到麻烦事、8人被上司训斥过、4人在公司里碰到令人讨厌的事。这就是说，有33%的人在事故发生之前曾有过消极的不良心境。由此可见，消极不良的心境与交通事故的发生有着明显的因果关系。

（2）激情。激情是迅速强烈爆发的、暴风雨般短暂的情绪体验。例如，狂喜、暴怒、惊恐、绝望等。激情状态伴随着明显的生理变化和外部行为表现，如言语紊乱不连贯、不完整，动作僵硬失调、力量超常等。

在激情状态下，人的认识活动会局限在狭小范围内，理智分析能力受到抑制，对自己行为的控制能力减弱，不能正确地约束自己，也不能正确评价自己的行为，出现"意识狭窄"现象。激情过后，人往往对自己的言行追悔莫及。

激情发生时很容易失去理智，因而使人的行为完全受脱缰野马一样的情绪左右。"意识狭窄"现象使人忘记操作规程和规章制度，甚至置法律纪律的约束于不顾，把注意力完全集中在激发自己情绪的对象上，头脑被报复性攻击的想法所充斥。

有人用"激情时失去理智，行为失去控制"为由摆脱事故责任，是站不住脚的。人和动物不同，就是因为人摆脱了兽性，具有人性和理性。人能做自己情绪的主人，人的思想意识和高尚情感完全可以控制自己在激情状态下的行为。任何人对自己的失控行为都要承担责任。

激情失控行为在心理发展水平较低的人身上容易发生，一般心理发展水平较高、有修养的人都能控制自己的行为。

激情发生的外在原因多是意外的强烈刺激，也和长期心理压抑、得不到关怀有关,与当时的身体状况也有一定关系。预防激情导致危机事件的风险,要事先"打预防针",思想上早做准备,减少意外刺激;了解每个人的身心状况,不做火上浇油的事。

激情也并不总是消极的。竞赛场合的激昂、抢险救灾时的激奋、临危不惧的豪情、先烈事迹激发起的悲壮奋发向上和自尊自强的激情,都是具有积极意义的激情。

(3)应激。应激是指人对某种意外的环境刺激所做出的适应性反应。例如,正常行驶的汽车,突然遇到障碍,驾驶员必须采取紧急措施,刹车或绕行,反应动作要在瞬间完成。面对气压超过临界线,有爆炸危险的情景,操作工人的应激反应是迅速调节阀门,降低气压。飞机在飞行中,突然出现发动机故障,机上所有知情者都处于应激状态,但反应行为各不相同。人在遭遇突然发生的事变危险时,必须集中自己的智慧和经验,动员自己的全部力量,迅速做出抉择,采取有效行动。这时人的身心处于高度紧张状态,就是应激状态。如果反应行为有效,紧张状态就得到缓解;如果不知如何反应或反应行为无效,紧张状态就得不到缓解,甚至会加剧。

人在应激状态下,会引起一系列的机体生理反应,如肌肉紧张、血压升高、心率加快、肾上腺素分泌增多等。这些生理反应为应激反应提供物质动力。

人在生活和工作中,总是面临着很多外界刺激。其中,有些刺激是意外的而且无法控制,有些刺激是自己难以应付的。应激是客观要求和人的反应能力之间的一种不平衡的结果。

(4)挫折。挫折是在个人行为受阻、目标无法达成时所引起的情绪状态。个人的重要动机受阻时,其挫折感也强烈深刻;比较不重要的动机受阻时,其挫折感也较微弱。阻力可能来自外部,如自然环境、机械设备、社会因素;也可能来自个人内部,如内心动机冲突、知识能力低下、力不从心、人格缺陷。

同一挫折情景对不同人引起的挫折感可能差别很大。这和每个人知识技能水平有关,知识技能水平高的人很容易解决的问题和克服的困难,对于知识技能水平低的人可能是无法逾越的。这也和一个人的生活中是否经历过坎坷险阻有关,经历过坎坷的人对挫折的忍耐力比较强,因而挫折感也轻一些;一帆风顺的人对挫折的忍耐力就要差一些，挫折感也重一些。此外，挫折感的轻重还和一个人对目标的期望值有关。目标水准高的人认为失败的事很可怕，目标水准低的人可能感到很满意，毫无挫折感。

（四）意志在危机事件风险中的作用

人的各种决策都是认知、情感和意志这三者的有机组合。从人的心理过程顺序来看，首先产生认知，随后出现情绪情感，最后形成意志（图6-1）。

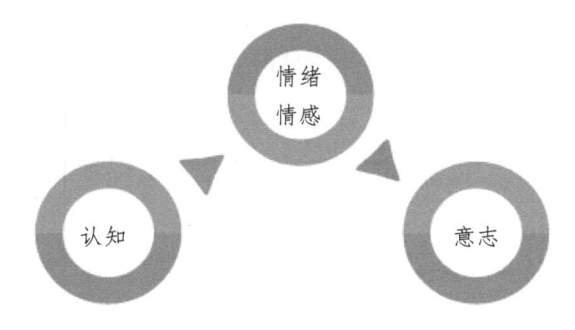

图6-1 人的各种决策心理过程

1. 意志的概念

人的心理意识，不仅能对客观事物产生认识过程和态度体验，还能保证人对客观现实进行有意识、有目的及有计划的改造。人的这种自觉确定活动目的，并为实现预定目的而有意识地支配和调节其行动的心理现象，被称为意志。

2. 意志的作用

意志是人自身对意识的积极调节和控制，它对顺利有效地完成有意识活动和行为具有三方面的重要意义。

第一，人在确定活动目的（目标）的过程中需要意志的参与。人在具体活动之前，往往会存在动机冲突或斗争，在一定时期内，人的需要并不总是单一的，由于主客观限制，人在具体从事一种活动时并不能同时满足所有需要。当不同需要之间不能兼容而发生冲突或矛盾时，由需要引起的动机之间也必定会出现冲突和矛盾。这时，先干什么（即先满足哪类需要），后干什么，或者干什么及不干什么，需要做出选择，这个过程就需要意志参与其中。否则，就不能将意识集中指向（或侧重于指向）其中某个具体活动，从而也就难于产生具体的行为。

第二，为了实现目标，就要始终围绕目标去行动，在约束甚至强迫自己按规定目标去行动的过程中，意志也起着重要作用。为了完成一项特定任务或问题，就要将自己的观察、记忆和思考等认知活动都统筹起来，并且将与解决该问题无关的刺激或干扰等暂时屏蔽起来或舍弃掉。意志不仅渗透到认知过程，也参与对情绪、情感、注意等心理过程的控制。

第三，在完成特定任务的过程中，总会遇到这样那样的障碍，要克服障碍，也需要意志的努力。障碍可分为外部障碍和内部障碍：外部障碍一般是指由客观条件与外部环境所引起的阻力，自然物理环境干扰（温度、湿度、光照、噪声等）、社会压力（如他人的讥讽、人为设置的障碍等）；内部障碍是指行为主体自身的制约因素，如缺乏自信、畏缩不前、害怕失败等。要把行动坚持下去，既要克服外部障碍，又要克服内部障碍。如果没有坚强的意志，不仅会在行动之前望而却步，而且在行动时也难于坚持到底，导致半途而废。

总之，意志通过对意识的自我定向、自我约束、自我调节和自我控制，保证人们达到预期目标。因此，它对完成既定任务、确保安全行为是不可或缺的一项心理因素。

（五）人格特征在危机事件风险中的作用

人格特征是一个人稳定的心理类型特征，主要包括气质、性格、能力。气质主要表现人的自然属性的类型差异，性格是人稳定的心理风格和习惯的行为方式，能力是保证活动顺利进行的潜能系统。

1. 人格和人格特征

人格也可称为个性，是个体特有的特质模式及行为倾向的统一体。这些稳定而又异于他人的特质模式，使人的行为带有一定的倾向性，表现了一个由里及表的，包括身与心在内的真实的个人，即人格。

在人的生活行为、操作行为、组织行为和社交行为中，每个人都有其独特的表现自身心理品质特征的行为反应模式。世界上几乎没有两个特质模式完全一样的人。也就是每个人都有其独特的人格，或者说区别于他人的个性。

2. 人格的心理结构

人格是一个复杂、多侧面的、多层次的统一体。从系统论的观点看，人格的心理结构包括个性倾向性和个性心理特征两大部分，这两大系统的有机结合，构成了人格的整体结构。

（1）个性倾向性。个性倾向性是人格结构中最具有动力特征、最活跃的因素，是指人从事活动的基本动力，决定着每个人对客观对象的态度，主要包括需要、动机、兴趣、爱好、理想等。

①需要与危机事件风险。美国心理学家马斯洛在20世纪40年代提出了需要层次理论，认为人的需要由七个等级构成：生理的需要、安全的需要、感情的需要、尊重的需要、认知的需要、审美的需要和自我实现的需要。马斯洛提出人的这几种需要有一个从低级向高级发展的过程，这在某种程度上是符合人类需要发展的一般规律的。

马斯洛需要层次理论的基础是其人本主义心理学，他认为，人的内在力量不同于动物的本能，人要求内在价值和内在潜能的实现是人的本性，人的行为是受意识支配的，人的行为是有目的性和创造性的。

人的需要及由此产生的动机是一切行为的原动力，在生产生活中与安全问题和危机事件风险有着密切关系。

安全需要是人的基本需要之一，在人的各类需要中继生理需要之后处于第二个层次，这并不意味着生理需要未获得实质性满足人就会不顾安全了，但生理需要的满足若存在缺乏，会对与其他层次需要相关的活动造成一定干扰。在现代社会，人们对于生活中的衣、食、住、行、用，以及工作中的环境和福利等，与生理需要相关的问题经常与他人进行横向比较，究竟这些需要达到什么程度才能满足及满足到何种程度是因人而异的，很难有固定的统一标准，这就使很多人容易因此产生压力感和挫折感，这样的心理状态显然会对安全生产造成不利影响。

人与人的能力不同、发展环境不同，人应结合自身实际评估自身愿望是否现实、合理，认识到改变生活状况的唯一正确途径是靠自己合法、辛勤的劳动。

②动机与危机事件风险。动机是在需要的基础上产生的，当人的某种需要未得到满足时，就会推动人去寻找满足需要的对象，产生进行某种活动的动机。

动机是指以一定方式引起并维持人的行为的内部唤醒状态，主要表现为追求某种目标的主观愿望或意向。

需要是人活动的内在基础和根源，而动机是活动的直接原因和动力。需要不一定会导致动机，但动机一定有需要存在。需要更多强调身心的一种缺乏、不平衡状态；动机则是指向具体目标和对象的，激发并维持具体行为的心理动力。先有需要，然后内外部环境中有能够满足这种需要的对象，人才会形成一定的行为动机。

人的各种行为都是由其动机直接引发的，为了克服生产生活中的不安全行为，避免出现不可控的危机事件风险，人们应有意识且自觉地把安全问题放在首要位置，建立起安全生产、避免因发生事故而给个人和他人的生命财产带来损害的良好动机。在现实生活和实际生产中，有部分人出于个人私利或麻痹、侥幸、冒险等不安全心理从事高危险程度的行为活动，这种错误的动机往往可能导致严重的后果，造成危机事件的发生。

③兴趣与危机事件风险。人们对于不同的事物往往有着不同的兴趣，兴趣决定了人活动的倾向。兴趣是人积极探究某种事物的认识倾向，它是人的一种带有趋向性的心理特征。

人若对所从事的活动感兴趣，首先会表现在对兴趣对象和现象的积极认知上。对兴趣对象和现象的积极认知会促使人对所从事的活动进行全面细致的了解和熟悉，当兴趣对象本身或周围环境出现异常情况就会及时察觉，及时做出正确判断，并迅速采取适当行动，从而把一些危机事件风险消灭在萌芽状态。

对所从事的活动感兴趣，还表现在对兴趣对象和现象的喜好上，对于本职工作的喜好，可以使人在平淡、枯燥中感受到乐趣，因而在工作时情绪积极，心情愉快。良好的情绪状态有助于保持精力旺盛，减少疲劳感，以及准确地操作和及时察觉到劳动过程中的异常情况。

（2）个性心理特征。个性心理特征是指一个人身上经常地表现出来的，区别于他人的，在不同环境中表现出一贯的、稳定的行为模式的心理特征，主要包括气质、性格和能力。

①气质与危机事件风险。气质是一个人生来就具有的心理活动的动力特征。

所谓心理活动的动力是指心理活动的程度（如情绪体验的强度、意志努力的程度）、心理过程的速度和稳定性（如知觉的速度、思维的灵活程度、注意力集中时间长短）以及心理活动的指向性特点（如有的人倾向于外部事物，从外界获得新印象；有的人则倾向于内心世界，经常体验自己的情绪，分析自己的思想和印象）等。

人们因气质类型相似，常具有同性质心理活动的动力特征。如有某种气质类型的人，常常在环境和内容很不相同的活动中，常会显示出同样性质的动力特征。神经系统的特性是人的气质的生理基础，形成四种不同的气质类型（图6-2）。

多血质
高级神经活动强而平衡灵活型，表现为活泼、敏感、好动、反应迅速、喜欢与人交往、注意力容易转移、兴趣容易变换。

胆汁质
高级神经活动强而不平衡灵活型，表现为直率、热情、精力旺盛、情绪易于冲动、心境变换剧烈。

黏液质
高级神经活动强而平衡不灵活型，表现为安静、稳重、反应缓慢、沉默寡言、情绪不易外露，注意力稳定但又难于转移，善于忍耐。

抑郁质
高级神经活动弱型，表现为孤僻、行动迟缓、体验深刻、多愁善感、善于觉察别人不易觉察到的细小事物。

图6-2 气质类型

不同气质类型的人反应活动的速度和强度存在差异。多血质反应灵敏，速度快；胆汁质反应速度快、力度强，敏捷；黏液质反应迟缓；抑郁质反应缓慢、力度弱，但有累积效应。这些差异直接影响人的行为活动和与之相关的危机事件风险。

气质本身无好坏之分，只有在具体的行为活动中才能评价哪种气质特征更能发挥降低危机事件风险的作用。黏液质的人易形成沉静、顽强的性格；抑郁质的人则容易形成细致、谨慎的性格。

气质危险因素是危机事件发生的潜在因素，是否造成危机还和环境刺激有关。在弱刺激条件下，由于刺激强度不够，可能使一个强神经类型的人感受不到面临的危险；在强刺激条件下，由于刺激强度过大，可能使一个弱神经类型的人难以忍受而面临危险。

②性格与危机事件风险。性格是人对客观现实稳定的态度和与之相适应的习惯化了的行为方式。性格是指一个人独特的、稳定的人格特征,是一个人主体意识的核心部分。

性格表现了一个人的品德、价值观和世界观。人格的差异,主要不是表现在气质和能力上,而是性格的差别。气质形成得早,表现在先,且不易变化;性格形成得晚,表现在后,虽具有一定的稳定性,但在社会生活条件影响下,比气质要容易改变。

性格的结构有四个特征,即态度特征、意志特征、情绪特征、理智特征。性格的态度特征表现在对他人、集体、工作、社会以及对自己的态度上。有的关心、热爱、真诚、勤恳、遵纪、自律;有的冷漠、仇视、虚伪、懒惰、自由散漫。性格的意志特征表现在人对自身行为的自觉调节方式和水平上,在人的习惯化了的活动方式中表现出来。有的勇敢、果断、认真,具有目的性、坚毅性和自制力;有的怯懦、软弱,具有盲目性、被动性、任性等。性格的情绪特征表现在人的情绪活动因性格差异而有不同的表现方式。有的情绪表现强烈,难以控制,波动性大;有的情绪表现冷静、容易控制,稳定持久。有的情绪饱满、积极乐观,经常处于愉快舒畅之中;有的情绪消沉,消极悲观,经常处于闷闷不乐当中。

一般来说,粗枝大叶的人,容易导致观察等感知出现失误;缺乏认真严谨精神的人,注意力难以长时间集中于所从事的活动,极容易分心;性情急躁、冲动性强、缺乏耐心的人,容易因怕麻烦而走捷径;不能控制自己情绪的人,操作行为易受环境影响,可能为了表现自己或因愤怒而做出轻率冒险的行为。

③能力与危机事件风险。心理学上把顺利完成某种活动所必须具备的那些心理特征称为能力。能力总是与人的活动联系在一起,只有在活动中才能体现出人所具有的各种能力。

人的能力存在个体差异,这种差异不仅表现为量的差别,还表现出质的差别。量的差别是指人与人之间各种能力所具有的水平不同;质的差别是指人与人在能力的类型上有所不同,如有的人擅长语言表达、有的人擅长逻辑推理等。

汽车驾驶员是一种有一定危险性和负有重要安全责任的职业,这一职业要求从业人员具有良好的性格品质、稳定的情绪状态以及一项特殊能力,即驾驶能力。

良好的驾驶能力是避免交通事故发生的基本前提条件。

从生理上看，能力的不同导致人体力消耗的差异，工作效率高的人较少做无用功，他们善于保持体力，不易产生疲劳感，对不安全因素就能够保持足够的关注。从情绪上看，能力强的人在工作中更有信心，因此更加积极乐观，而能力不足的人则会因"不称职"而感到苦恼，不良情绪则是危机事件发生的诱因之一。从行为上看，能力强的人能够从容不迫，动作规范，做到注意力均衡分配；能力不足的人则容易紧张，慌乱，常顾此失彼，容易产生操作失误，进而增加了危机事件发生的风险。

典型案例

因作息时间不一致导致的宿舍矛盾危机

某大学机电一体化专业的大一学生李某（化名，下同），因性格较为孤僻，生活很有规律，但不合群现象较为严重，特立独行，做事不顾及别人的感受，严重影响了室友的正常学习和生活，造成室友关系较为紧张。小李所在的宿舍共有6名同学，除小李外，其余5名同学关系较为融洽，兴趣爱好也较相同。小李平时作息较为规律，按时起床、午睡和就寝，且要求同学在他睡觉时不准发出较大声响，如播放音乐、电影等，甚至不允许同学之间串门。刚开始室友都很配合，但时间一长，大家都渐渐忍受不了了，每个人心里都或多或少产生了意见。终于，在某次小李再次提出要求时，室友小刘因脾气较为急躁，对小李的行为极度反感，双方发生激烈争执，矛盾正式爆发。

案例剖析：

1. 性格因素

小李的性格较为孤僻，不善于与人交往，导致他在宿舍中难以融入集体，感受到孤独和被排斥。这种孤独感可能进一步加剧了他的不合群行为，形成了一种恶性循环。

2. 固执与自我中心

小李对自己的生活习惯有着严格的要求，并期望室友们能够完全配合他的作息时间。这种固执和自我中心的态度使得他难以理解和接纳他人的需求和感受，从而引发了与室友之间的矛盾。

3. 焦虑与压力

宿舍关系的紧张和不和谐可能对小李造成了心理压力和焦虑。他可能担心自己会被孤立，或者害怕自己的行为会引起更多的不满和冲突。这种持续的焦虑和压力可能对他的学习和生活产生负面影响。

4. 自我认知不足

小李似乎没有充分意识到自己的性格缺陷和不合理要求对宿舍关系的影响。他可能缺乏自我反思和自我认知的能力，难以从自身角度寻找问题的根源并寻求解决之道。

5. 可能的情绪波动

面对宿舍矛盾的不断升级和室友的反感态度，李某可能会出现情绪上的波动。他可能时而愤怒、时而沮丧，情绪难以稳定。

三、防范化解危机事件风险的心理调适

（一）增强安全意识，识别及矫正不安全心理状态

安全意识是人对待安全问题时反映出的人格心理特征，它既包含人的心理因素，也包含人的伦理道德观念；既包含人的认知方式和认知水平，也包含人的行为习惯。具有安全意识的人，总是把责任归咎于自己，不以自我为中心，处处考虑他人的方便和安全。同时，在采取行动时，不过高估计自己的能力，保持谨慎专注的态度；在与他人互动或共同行动时，能照顾他人，善于控制情绪、规范操作动作和流程。

通过参加常规或专业性的安全教育学习，可以有效提升对安全重要性的认识。通过分析实际案例、参与模拟演练、场景互动体验等方式，深刻认识到不安全行为的危害性和严重后果。

通过多与他人谈心交流、咨询专业人士等方式，一方面可以帮助自己更准确地识别自身存在的不安全心理状态，另一方面还能及时缓解心理压力，消除负面情绪。

对于自身存在的各类不安全心理状态，应当有意识地进行矫正。首先要认识

到自己存在哪些不安全心理状态，并勇于面对。不安全心理状态往往源于过去的经历、当前的环境或是对未来的担忧。只有正视它，才能有效地解决它。接着尝试为自己设定一些切实可行的目标，并为之付出努力。实现目标的过程会增强自信心和成就感，从而克服不安全心理状态的不良影响。

> **拓展阅读**
>
> 预防危机事件的目标
>
> 1. 识别并消除潜在风险
>
> 通过全面的风险评估和隐患排查，及时发现并消除可能导致危机的因素，确保安全稳定。
>
> 2. 增强组织的韧性
>
> 通过建立健全的危机预防和管理体系，提高组织在面对突发事件时的应对能力和恢复能力。
>
> 3. 保障人员安全
>
> 预防危机事件的首要目标是确保人员的生命安全，避免或减少人员伤亡。
>
> 4. 维护公共利益
>
> 通过预防危机事件，降低经济损失，保护公共部门的资产和声誉，确保社会的长期稳定发展。

（二）改变不良认知，内化合理信念

首先，要识别出自己或他人在安全方面存在的不良认知。这些可能包括对风险的过度夸大或低估、对安全措施的忽视、对潜在危险的盲目乐观等。了解这些不良认知是如何形成的。它们可能源于过去的经验、社会文化的影响、个人性格特征或是缺乏正确的安全知识。通过深入分析，可以更准确地找到问题的症结所在。

其次，对不良认知进行质疑，思考它们是否合理、是否基于充分的事实依据。可以通过寻找相关的安全知识、统计数据或案例研究来支持或反驳你的不良认知。

基于新的信息和理解，重构你对安全问题的认知。例如，如果你曾经认为"偶尔违反安全规定没关系"，现在可以转变为"遵守安全规定是保护自己和他人免受伤害的必要条件"。

最后，每天对自己说一些积极的、与安全相关的暗示，如"我重视自己和他人的安全"，"我遵守所有的安全规定"。将合理的安全信念转化为实际行动，通过反复练习形成安全习惯。例如，骑行电瓶车时始终佩戴防护装备，遵守限定车道和限速等交通规则。与同事、家人或朋友分享自己的安全观念和行为改变，他们的支持和认可会增强我们的自信心。

（三）调节控制情绪，保持积极心态

首先，要学会识别自己何时处于何种情绪中，如焦虑、愤怒、沮丧等，思考这些不良情绪是如何产生的，是与安全问题直接相关，还是由其他因素（如学业或工作压力、人际关系等）引发。用积极、理性的想法替代消极、负面的想法。例如，将"这个工作太危险了"转变为"只要我遵循安全规程，就可以确保自己的安全"。

当感到紧张或焦虑时，尝试进行深呼吸练习，这有助于放松身心，缓解压力。通过正念冥想，将注意力集中在当前的感觉、思想和情绪上，而不是陷入对过去的回忆或对未来的担忧中。找到适合自己的情绪释放方式，如运动、写日记、与信任的人交谈等。

用积极、鼓励性的语言与自己对话，如"我能够应对这个挑战"，"我相信自己能够保持安全"。为自己设定明确、可实现的安全目标，并为之努力。实现目标的过程会增强自信心和积极心态。当自己在安全方面取得进步或成就时，不妨给自己一些奖励或与亲朋好友分享，这有助于巩固积极心态。

（四）锤炼深层意志，践行优良品质

人的意志品质与人的气质、先天的神经类型有一定的关系，但它并非天生的，不是不可改变的，坚强的意志品质也是可以通过有意识地训练和培养而有所提高的。人的意志是否坚强，受多种因素的影响。

首先，它取决于人对行动目的和意义的认知。对行动的目的愈明确，对行动意义的认识愈深刻，愈能激发人坚强的意志去对待它。基于此，人在行动之前，就要对行动的目的有一个清醒而深刻的认识，这是培养自己坚强意志的重要途径和方法。

其次，坚强的意志还来源于情感的力量。对工作感兴趣，情绪饱满，心情舒畅，对于培养坚强的意志是一种促进。因此，要创造一种和谐、融洽的工作气氛，保持良好的心情状态，先从自己感兴趣的事情入手，逐渐变没兴趣或兴趣不高为兴趣浓厚，这样，经过循序渐进，就可以逐步培养起良好的意志品质。

最后，重要的在于行动，说千遍不如干一遍。意志品质的提高固然需要加强思想教育，但切忌光说不练，只有在行动中才能真正感受到良好意志品质的重要性和必要性。因此，勇于实践，在实践中加强锻炼是提高意志品质的最根本途径。

（五）全面认识自我，克服消极影响

在日常生活中，经常反思自己的行为、想法、情绪等，分析自己的优点和不足。关注自己的内心感受，了解自己的情绪状态和需求，从而更好地管理自己的情绪和行为。向身边的朋友、家人或同事等人征求意见，听取他们对自己的评价和建议，以开放的心态接受并思考这些反馈，以便更全面地了解自己。

分析自己的人格特征中哪些可能对安全产生消极影响，如冲动、粗心、不负责任等。认识到这些消极影响可能带来的后果，如增加事故风险、损害个人和组织的利益等。针对识别出的消极影响，制订具体的改进计划。计划应包括具体的行动步骤、时间表和预期目标等。在日常生活和工作中持续自我监督，关注自己的行为和态度是否符合安全要求，及时发现并纠正自己的不良行为和习惯，避免对安全产生消极影响。

典型案例

做化学实验不慎受伤

小张（化名，下同）是一名大三学生，性格内向，平时学习刻苦，与同学关系融洽。某日，小张在实验室进行化学实验时，不慎将试剂溅到皮肤上，造成轻微灼伤。小张在事故发生时，由于突然的疼痛和对未知后果的担忧，可能会立即感到恐惧和惊慌。随后，他可能会感到无助，因为无法立即控制或改变当前的状况，并可能开始自责，认为自己本应该更加小心。这一突发事件给小张的心理造成了一些冲击。

案例启示：

对于在实验中不慎受伤的小张，可以采取如下的心理调适方法：

1. 现场安抚

实验室导师或在场同学首先进行身体伤害的初步处理，并同时用温和的语气安抚小张，告诉他事故已经得到控制，医护人员很快就会到来。辅导员或其他负责老师接到通知后，迅速赶到现场，向小张传达明确的信息，如"你正在得到帮助，一切都会好起来的"，以稳定他的情绪。

2. 心理评估

辅导员或班干部观察小张的情绪变化，初步评估其心理状态，判断是否需要进一步的心理支持。如果发现小张情绪持续不稳定或表现出明显的心理创伤症状，应及时联系学校的心理咨询师或心理健康中心进行评估。

3. 情绪管理

小张在心理咨询师的指导下学习深呼吸和放松训练等技巧，以在紧张或焦虑时快速平复情绪。鼓励小张通过写日记、绘画或与信任的人倾诉等方式表达自己的情绪，避免情绪积压。

4. 认知重构

引导小张从积极的角度看待事故，认识到这是一次意外，而非自己的过错，从而减轻他的自责感。帮助小张重新规划学习和生活目标，让其看到事故之后依然有美好的未来等待着他。

5. 社会支持

班级同学和老师给予小张更多的关怀和支持，让其感受到集体的温暖和力量。辅导员协助小张与家人保持沟通，让家人了解其近况并提供必要的情感支持。

四、危机事件发生后的心理反应及危机干预

（一）危机事件发生后常见的心理表现

危机事件发生后，人们常常会出现一系列的心理表现和精神障碍。这些反应是应对压力和挑战的自然现象，但也可能对个体的生活造成显著影响。以下是对这些心理表现和精神障碍的详细归纳。

1. 认知层面的反应

（1）观点与评判。人们会产生对危机事件的相关看法和评判，这些观点可能正确也可能失实，直接影响个体的情绪和行为。

（2）信息处理。面对大量信息，人们需要选择权威科学的信息渠道，理性地识别和判断信息，以科学、客观、公正的眼光看待和评价问题。

2. 情绪层面的反应

（1）焦虑。担心自己或身边的人受到伤害，对工作、学习、生活造成重大影响等。适度的焦虑能激发斗志，但过度焦虑则会影响生活和健康。

（2）悲伤。危机事件发生后，有人会产生悲观、失望的感受，出现易哭泣、失眠、食欲或记忆力下降、兴趣减退等表现。

（3）愧疚。因自身身心受到伤害或担心可能给他人带来麻烦而产生愧疚甚至负罪感。

（4）麻木。在长时间的心理承压下，有人可能感到心力耗竭，识别自己的状态是平静还是麻木，非常重要。

拓展阅读

危机事件可能引发一系列精神障碍

1. 急性应激障碍

急性应激障碍是指在遭受严重的精神创伤事件后，在数分钟或数小时内产生的一过性精神障碍。

2. 创伤后应激障碍

创伤后应激障碍是指经历突发灾难事件或自然灾害后所引起的一种精神障碍，表现为在意识清醒的情况下，不断出现创伤时的场景，睡梦中不停出现相关噩梦，以及回避、情感麻木等。

3. 适应性障碍

适应性障碍是指在生活环境发生明显变化时出现的轻度情绪失调和烦恼，主要表现为抑郁、焦虑等心理状态。

（二）遭遇危机事件后的心理应对方法

遭遇危机事件后，科学的心理应对方法对于个人恢复和重建生活至关重要。以下是一些有效的心理应对方法。

1. 承认并接受现实

首先，要承认危机事件已经发生，所有的创伤已经形成，这是无法改变的事实。接受现实是心理恢复的第一步，比垂头丧气、痛不欲生要好得多。

2. 过滤信息，避免过载

在互联网和自媒体发达的时代，信息过载已成为一种常态。要选择权威媒体的报道，减少负面信息的摄取，避免信息过载带来的心理压力和二次伤害。

3. 及时交流与倾诉

与亲友、同事交流自己的看法和感受，避免孤立自己。与关心自己的人在一起，尽情地倾诉内心的真实感受，他们能提供良好的心理支持。

4. 转换视角，积极应对

同一现实或情境，从不同角度看待可能产生不同的情绪体验。学会转换视角，发现积极意义，从而使消极情绪转化为积极情绪。面对危机事件带来的挑战和困难，要保持积极乐观的心态，相信自己能够渡过难关，重拾生活的希望和目标。

5. 适当宣泄情绪

轻快的音乐、放声大喊、适度的运动、一次拥抱等。这些方法可以有效缓解心理压力，帮助自己走出困境。

6. 恢复日常生活

重大危机事件会打乱平时生活的节奏，要尽快恢复正常生活状态。按时吃饭、睡觉、休息，做一些力所能及的事情，有助于重塑稳定感。

（三）心理危机干预

心理危机干预是一种应对个体或群体在遭遇重大生活事件或灾难性事件后出现的心理危机状态的专业干预方式。其目的是在最短的时间内，通过专业的心理援助，帮助个体或群体恢复正常的心理功能，防止心理问题的进一步恶化。

心理危机干预通常包括心理咨询、心理辅导、心理治疗等方式。心理咨询和心理辅导主要通过谈话的方式，来帮助个体了解和认识自己的心理问题，学习应对技巧，增强自我调适能力。心理治疗则是针对已经出现的心理疾病，通过专业的治疗手段，帮助个体恢复正常的心理功能。

心理危机干预一般包括实现接触、危机评估、制订干预目标、实施干预、实现目标与随访五个步骤（图6-3）。

第一步	第二步	第三步	第四步	第五步
实现接触	危机评估	制订干预目标	实施干预	实现目标与随访
与受助者建立联系，了解其心理状况	对受助者的心理危机进行评估，确定问题的性质和严重性	根据评估结果，制订合适的干预目标和计划	按照干预目标和计划，对受助者进行专业的心理援助	过程中，不断评估和调整干预计划，以确保实现干预目标，在干预结束后进行随访，以了解受助者的恢复情况并提供必要的支持

图6-3 心理危机干预的五个步骤

典型案例

偏执型人格学生的情感危机干预

某学院学生李某（化名，下同），女，来自一个普通的工人家庭。入学后，她与室友关系紧张，经多次调解，仍无法与室友缓和关系，之后办理了走读手续，母亲来校陪读。大三下学期，她谈了男朋友，同为本学院学生，两人相处时间不长，男方因她过于敏感、多疑，提出分手，于是她不依不饶，多次纠缠男方及其家长和室友，甚至威胁对方。大四上学期末，她与另一名男生确立男女朋友关系，但她依旧是我行我素，一个月后，男生提出分手，她仍是不依不饶，通过报警、人身威胁等方式逼迫男生复合。

在事件的处理过程中，学校与双方家长密切沟通，经过艰难的思想教育及多方协调，做了大量工作，最终化解了矛盾，避免了事态进一步升级。

案例分析：

此案例是由个人心理问题导致的情感危机事件，处理的关键在于解决学生的思想问题。在日常生活中可以看到，学生李某性格偏执，并存在一定的人际交往障碍。在遇到情感危机时，她偏执于自己在两人交往过程中的付出，过分看重对方曾对自己的承诺，感情上过于依赖对方，以至于让对方感到过于敏感、"黏人"，当对方提出分手或不能满足自己的要求时，便会想方设法逼迫、报复对方。因此，在解决此类问题时，要把解决学生的心理矛盾作为首要突破口，通过心理辅导、家庭教育、朋辈帮扶等途径综合解决。

启发思考：如何重塑性格？

性格的形成是在社会生活实践中逐渐形成的，受家庭因素、社会因素、自身因素等多方面的影响，一旦形成便比较稳定，想要重塑性格也是比较困难的。案例中，李某因性格中存在偏执性，让她对于自己的心理状况认识不清，对自己的偏执行为持否认态度，在外界的帮助下，别人的指导也很难维持太久，继而又陷入从前的状态。当她自己认识到问题时，也很难让自己走出困境。

找出学生心理问题的症结所在，帮助心理问题学生走出困境，这个过程不是一蹴而就的，需要长期努力，也可能会出现不断反复的情况。因此，需要给予心理问题学生长期的关心、关注和帮扶，必要时充分发挥心理咨询机构的作用，寻求咨询帮助，在问题严重时，及时送医治疗。

参考文献

[1] 戈明亮. 安全行为心理学[M]. 北京：中国石化出版社，2021.

[2] 邵辉，赵庆贤，葛秀坤，等. 安全心理与行为管理[M]. 北京：化学工业出版社，2011.

[3] GILIAND B E, JAMES R K. 危机干预策略[M]. 肖水源，等译. 北京：中国轻工业出版社，2000.

[4] AL-BAYATI A J. Impact of construction safety culture and construction safety climate on safety behavior and safety motivation[J]. Safety, 2021, 7（2）：137-152.

[5] FOGARTY G J, SHAW A. Safety climate and the theory of planned behavior: towards the prediction of unsafe behavior[J]. Accident analysis & prevention, 2010, 42（5）：1455-1459.

[6] 李乃文，金洪礼. 基于情境认知的安全注意力研究[J]. 中国安全科学学报，2013, 23（9）：58-63.

[7] 梁振东，刘海滨. 个体特征因素对不安全行为影响的SEM研究[J]. 中国安全科学学报，2013, 23（2）：27-33.

[8] 赵恩乾. 行为安全的致因分析及心理学探讨[J]. 石油化工安全技术，2006, 22（4）：7-8.

第七章

诈骗与心理应对

思维导图

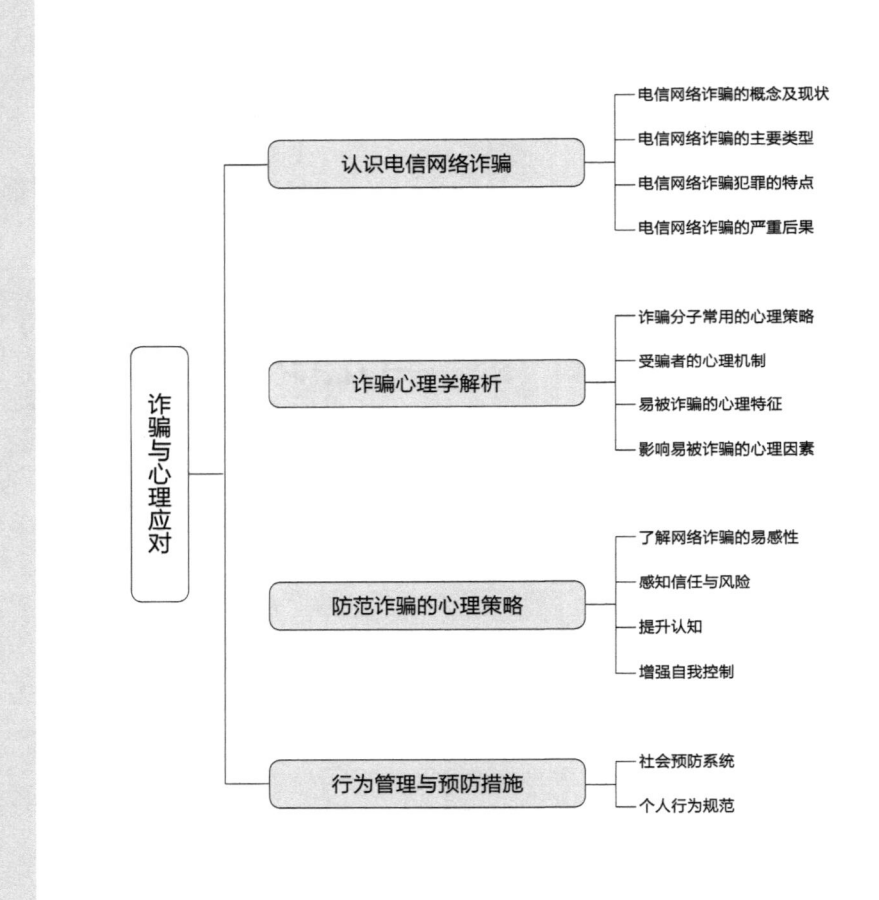

- 诈骗与心理应对
  - 认识电信网络诈骗
    - 电信网络诈骗的概念及现状
    - 电信网络诈骗的主要类型
    - 电信网络诈骗犯罪的特点
    - 电信网络诈骗的严重后果
  - 诈骗心理学解析
    - 诈骗分子常用的心理策略
    - 受骗者的心理机制
    - 易被诈骗的心理特征
    - 影响易被诈骗的心理因素
  - 防范诈骗的心理策略
    - 了解网络诈骗的易感性
    - 感知信任与风险
    - 提升认知
    - 增强自我控制
  - 行为管理与预防措施
    - 社会预防系统
    - 个人行为规范

第七章　诈骗与心理应对

学习目标

1. 掌握电信网络诈骗的常见手段和特征，了解诈骗分子常用的心理策略。
2. 了解易被诈骗的心理特征，知晓自我调节和防范诈骗的心理机制。
3. 熟悉相关法律法规，有效识别帮助诈骗的犯罪行为。
4. 掌握有效措施，保护自己不受诈骗侵害，学习如何根据新情况调整自己的防范措施。

案例导入

"我是通过招聘会应聘进入的，一开始并不清楚他们在实施诈骗，还以为真的在推荐股票进行投资……"李某某和关某某（均为化名）均表示，自己是通过招聘会进入某集团的，起初都没有料到这家公司是打着股票投资的幌子进行诈骗。

李某某称，2017年12月在招聘会上刚好看到该集团招聘"股票讲师"的信息，自己大学就读的是金融证券专业，于是应聘了"讲师"职位。"入职"后，李某某在网络直播时分享专业股票知识，公司要求其用专业获得认可，他以为就是正常的工作。"当时我刚大学毕业，这是我的第一份工作。"关某某说，2017年10月，他大学毕业后不久正在找工作，恰好在一次招聘会上看到该集团在招聘。"上班"后，他被要求在聊天群里与群成员聊天当"气氛组"。

工作一段时间后，李某某意识到该集团是在打着股票投资的幌子进行诈骗，"后来被要求直播时引导受害人去下载该集团提供的股票投资 App，并进行充值交易，接着我才知道受害人的充值其实进了公司老板的私人账户"。

尽管之后李某某和关某某均意识到自己的所作所为是在帮集团老板进行诈骗，但两人并没有立刻离开该集团，停止犯罪行为，而是继续在该集团中担任"讲师""业务员"等职务，因此涉嫌诈骗罪。被告人李某某和关某某，根据《中华人民共和国刑法》第二百六十六条、第三百二十二条，因涉嫌诈骗罪和偷越国（边）境罪，被重庆市沙坪坝区人民检察院提起公诉。

该案承办检察官、沙坪坝区人民检察院检察二部检察官王志华表示，大学生社会经验较少，容易为了获取经济利益，抱着侥幸心理，成为电信网络诈骗犯罪行为的帮凶。大学生们要从该案中吸取经验教训，避免误入歧途，或者遭遇电信网络诈骗。

> **思考题**
> 1. 此案中的李某某和关某某的心理变化是怎样的？
> 2. 哪些人群更容易成为电信网络诈骗的受害者？

一、认识电信网络诈骗

（一）电信网络诈骗的概念及现状

电信网络诈骗，是指以非法占有为目的，利用电信网络技术手段，通过远程、非接触等方式，诈骗公私财物的行为。近年来，电信网络诈骗及其关联的网络黑产犯罪呈多发态势，导致全球范围内的经济损失，受害者不仅包括个人，还有企业和其他组织，严重影响人民群众安全感，严重污染网络环境，影响社会和谐稳定。

2023年，全球诈骗案件数量和损失金额都呈现了显著增长。一项研究显示，2022年8月至2023年8月全球25.5%的人遭受过电信网络诈骗，损失金额超1万亿美元，相当于全球GDP的1.05%，这个数字远高于2021年的553亿美元和2020年的478亿美元。电信网络诈骗预防诈骗来电应用程序"真实来电"与美国哈里斯民意调查日前联合发布的最新版《美国垃圾邮件和诈骗报告》显示，2023年超过5 600万美国成年人承认自己遭遇过电信诈骗，损失达254亿美元。

电信网络诈骗已成为全球打击治理的难题。

国内的情况也非常严峻。据统计，2023年，全国公安机关共破获电信网络诈骗案件43.7万起，全国检察机关共起诉电信网络诈骗犯罪5万余人，同比上升六成多；帮助信息网络犯罪活动犯罪14万余人，同比上升一成多；利用电信网络实施的掩饰、隐瞒犯罪所得、犯罪所得收益犯罪7.5万余人，同比上升106.9%。

（二）电信网络诈骗的主要类型

目前，公安机关发现的电信网络诈骗主要有7大种类60余种方式，包括利诱类诈骗、仿冒身份类诈骗、购物类诈骗、日常生活消费类诈骗、虚构损失类诈骗、木马病毒类诈骗、其他新型违法诈骗等。2023年的数据显示，冒充身份诈骗、刷单兼职诈骗、网络购物诈骗和招嫖诈骗是发案量最高的诈骗类型，占总发案量的88%。特别是招嫖诈骗的增长速度最快，同比上升约16.8%。此外，未成年群体在游戏交易诈骗中是高危人群，由于社会阅历不足和识别诈骗能力较弱，更容易成为诈骗分子的目标。

1. 利诱类诈骗

在电信网络诈骗中，"利诱型"是最为常见的手段。违法犯罪分子往往利用人们渴望"小投入，大回报"的心理，以各种诱惑性信息设置陷阱。其中，刷单返利类诈骗仍是变种最多、变化最快的一种诈骗类型，主要以招募兼职刷单、网络色情诱导刷单等复合型诈骗居多。

（1）网络刷单诈骗。网络刷单诈骗案件中，诈骗分子通过在网站、微信、QQ群等社交媒体发布虚假招聘兼职信息，以兼职做网络刷单可以轻松赚取佣金、高额回报为借口，突出"到账快、高回报"等诱惑，伪造高额的收益记录截图，通过前几笔小额刷单成功返现获取被害人的信任，以"充值越多、返利越多"诱骗受害人做任务，再以"连单""卡单"等借口诱导被害人按其要求，不断地进行扫码或付款操作，骗取被害人钱财。当被害人请求退款或返还本金时，诈骗分子通常以继续付款满足一定金额即可退还本金等说辞，诱骗被害人继续付款，直到被害人幡然醒悟才会停止向诈骗分子转账。根据多年的"发展"，刷单类诈骗大致可分为四个版本：刷单+兼职返佣金、刷单+抖音点赞、刷单+二维码领红包、刷单+招嫖。此类诈骗发案量和造成的损失数均居首位，受骗人群多为在校学生、低收入群体及无业人员。

> **典型案例**
>
> 2023年3月，江苏徐州男子曹某被人拉入一微信群，发现群内有人发红包就抢了几个红包。随后，群里有人发链接诱导其下载App，声称进入高级群可获取更大的收益。加入所谓高级群后，曹某发现群内成员都在发收款到账截图，便在群管理员诱导下开始刷单。曹某连续做完多单任务领取佣金后，全部提现至银行卡中，正当其想继续做任务赚钱时，群管理员称其将做的任务是组合单，必须完成四单才能提现。曹某按照要求陆续加大投入后，群管理员以"操作失误""账号被冻结"等为借口，诱骗其向指定账户累计转账42万元。因返现迟迟不到账，曹某遂发现被骗。

（2）虚假投资理财。虚假投资理财诈骗具有受害面广、隐蔽性强、被骗金额高等危害后果。诈骗分子主要通过网络平台、短信等渠道发布推广股票、外汇、期货、虚拟货币等投资理财信息，吸引目标人群加入群聊，通过聊天交流投资经验，拉入内部"投资"群聊，听取"投资专家""导师"直播课等多种方式获取受害人信任。在此基础上，诈骗分子打着有内幕消息、掌握漏洞、回报丰厚的幌子，诱导受害人在特定虚假网站、App小额投资获利，随后诱导其不断加大投入。当受害人投入大量资金后，诈骗分子往往编造各种理由拒绝提现，而是让其继续追加投资直至充值钱款全部被骗。此类诈骗的受骗人群多为具有一定资产的单身人士或热衷于投资、炒股的群体，诈骗分子利用他们对投资赚钱的渴望，通过构建虚假投资平台，以高收益为诱饵实施诈骗；诈骗分子还会利用人们对金融知识的不熟悉，以及对高回报的盲目追求来诱骗受害者；还有部分诈骗分子通过网恋方式骗取受害人信任，再通过诱导虚假投资理财等进行诈骗。

典型案例

2023年3月，安徽阜阳女子张某在某相亲网站上认识李某后，确定为男女朋友关系。李某自称是外汇投资机构工作人员，有内部投资数据，因自己不方便操作，便让张某帮其在投资平台登录账号进行投资。在李某诱导下，张某多次投资均获得了盈利。随后，李某以为两人未来生活打物质基础为由，诱骗张某在平台自行注册账号投资赚钱。张某按照要求，多次向指定银行卡转账100余万元，并在李某指导下持续投资盈利。这时，该平台客服称张某利用内部信息违规操作涉嫌套利，账户已被冻结，需缴纳罚金，否则将没收账户资金。张某因担心收益无法提现，经与李某商量，决定按照客服要求缴纳40余万元"罚金"。张某缴纳"罚金"后账户仍然无法登录提现，遂意识到被骗。

2. 仿冒身份类诈骗

仿冒身份类诈骗也是常见的电信网络诈骗手段之一，犯罪分子通过冒充不同的身份，利用受害者对于特定身份而生成的，如恐慌、贪婪或对权威的顺从等特殊心理，进行心理操控和诱导。

冒充领导熟人类诈骗。诈骗分子利用受害人领导、熟人的照片、姓名包装社交账号，通过添加受害人为好友或将其拉入微信聊天群等方式，冒用领导、熟人身份对其嘘寒问暖表示关心，或模仿领导、老师等语气发出指令，从而骗取受害人信任，再以有事不方便出面、接电话等为由，谎称已先将某款项转至受害人账户，要求其代为向他人转账。为蒙骗受害人，诈骗分子还会发送伪造的转账成功截图，但实际上其未进行任何转账操作。出于对"领导""熟人"的信任，受害人大多未进行身份核实便信以为真，以为"领导""熟人"已将钱款转账至自己账户。随后，诈骗分子以时间紧迫等为借口不断催促受害人尽快向指定账户转账，从而骗取钱财。此类诈骗通常利用受害人对领导、熟人的信任心理，疏忽了对其身份进行核实。

> **典型案例**
>
> 2024年1月,江苏镇江女子方某在微博上收到一用户发来的消息,该用户头像、名字都与其姐姐一模一样,方某便以为是姐姐找她。对方称手机卡销户了,其他软件都无法登录,请方某帮忙发邮件咨询其预订的一个名牌包是否预订成功。客服回复表示已经订到包,需要支付尾款。在"姐姐"请求下,方某按照客服要求垫付了尾款。之后,客服以方某姐姐订了两个包需要再付一个包的价格才能享受折扣为由,让其再次转账。方某转账两次后客服还要求支付押金,方某遂意识到被骗。

（2）冒充公检法及政府机关类诈骗。诈骗分子冒充公检法机关、政府部门等工作人员,通过电话、微信、QQ等与受害人取得联系,以受害人涉嫌洗钱、非法出入境、快递藏毒、护照有问题等为由进行威胁、恐吓,要求配合调查并严格保密,同时向受害人出示逮捕证、通缉令、财产冻结书等虚假法律文书,以增加可信度。为阻断受害人与外界的联系,诈骗分子通常要求其到宾馆等封闭空间配合工作,诱骗其将所有资金转移至所谓"安全账户",从而实施诈骗。

> **典型案例**
>
> 2024年5月,江苏无锡女子杜某在家中接到自称是无锡市公安局刑侦支队民警的视频电话。视频中,一身着制服的假"民警"称杜某的银行卡涉嫌洗钱犯罪,需要其配合调查。杜某按照要求下载会议软件进行屏幕共享,配合该"民警"核查银行卡内的资金情况。该"民警"称杜某需要将银行卡内资金转移至指定的"安全账户"内,才能证明清白。其间,为证明资金流水正常,该"民警"还让杜某通过银行贷款15万元,一并转到"安全账户"内。被家人发现后,杜某才意识到被骗。

3. 购物类诈骗

购物类诈骗是指犯罪分子利用网络购物平台或社交媒体等渠道,通过虚假商品、服务或优惠信息诱骗消费者,从而获取非法利益的诈骗行为。

(1) 虚假购物诈骗。诈骗分子在微信群、朋友圈、网购平台或其他网站发布低价打折、海外代购、0 元购物等虚假广告,以及提供代写论文、私家侦探、跟踪定位等特殊服务的广告。在与受害人取得联系后,诈骗分子便诱导其通过微信、QQ 或其他社交软件添加好友进行商议,进而以私下交易可节约手续费或更方便为由,要求私下转账。受害人付款后,诈骗分子再以缴纳关税、定金、交易税、手续费等为由,诱骗其继续转账汇款,最后将其拉黑。

> **典型案例**
>
> 2024 年 4 月,四川攀枝花女子王某在浏览网站时发现一家售卖测绘仪器的公司,各方面都符合自己需求,遂通过对方预留的联系方式与客服人员取得联系,客服人员称私下交易可以节省四分之一的费用。王某信以为真,与之签订所谓的"购买合同"。王某预付定金 1.3 万余元后,对方却迟迟不肯发货并称还需缴纳手续费、仓储费等费用,王某遂意识到被骗。

(2) 虚构退款诈骗。冒充电商客服退款诈骗是指骗子冒充购物平台客服人员,谎称受害人商品有质量问题或者商品遗失,需要给其退款并多倍赔偿损失,诱使被害人扫描二维码或者下载 App 操作退款,实则是获取受害人银行卡信息和验证码实施诈骗。

> **典型案例**
>
> 2024 年 3 月,刘先生接到一个陌生电话,对方自称是某购物平台的工作人员,并称刘先生前段时间在网上购买的商品遗失了,平台会进行理赔,刘先生信以为真。工作人员让刘先生下载一款网络通信类 App,刘先生按照对方提示下载后,登录加入会议并和对方通话,通话中工作人员索要刘先生的

支付宝账号并称要通过支付宝给刘先生转钱，刘先生提供支付宝账号后，对方称刘先生的支付宝上的信用积分低，无法将理赔款转过来，让刘先生通过刷流水来提高支付宝上的信用积分。之后，对方给刘先生提供了三张银行卡卡号，让刘先生将自己名下所有银行卡内的钱通过手机银行转账到三张银行卡上，反复操作，提高支付宝的信用积分。毫无戒备的刘先生按其要求，将自己名下银行卡内的8万余元钱转到了对方提供的银行卡账户。在未收到"工作人员"的反馈电话和理赔款时，刘先生才意识到自己被骗，立即向公安机关报了案。

4. 日常生活消费类诈骗

日常生活消费类诈骗是指犯罪分子利用人们日常消费的需求和信任，通过各种手段进行欺诈。

（1）虚假贷款类诈骗。诈骗分子通过网站、电话、短信、社交平台等渠道发布"低息贷款""快速到账"等信息，诱骗受害人前往咨询，然后冒充银行、金融公司工作人员联系受害人，谎称可以"无抵押""免征信""快速放贷"等，引诱受害人下载虚假贷款App或登录虚假网站，再以收取"手续费""保证金""代办费"等为由，诱骗受害人转账汇款。诈骗分子还常以"刷流水验资"为由，诱骗受害人将其银行卡寄出，用于转移涉案资金。此类诈骗的受骗人群多为有迫切贷款需求、急需资金周转的人员。

典型案例

2024年5月，江苏无锡男子王某在家中收到一条低息贷款的短信，王某点击其中的链接，根据操作指引下载了一款App。王某在该贷款App上填写个人信息注册后，便想将贷款提现至银行卡。此时该贷款App显示银行卡有误，平台客服称贷款金额被冻结需要交解冻费。随后，王某向其提供的银行账户转账6万余元，但始终无法将贷款提现，遂意识到被骗。

（2）网络婚恋、交友类诈骗。诈骗分子通过在婚恋、交友网站上打造优秀人设，与受害人建立联系，用照片和预先设计好的虚假身份骗取受害人信任，长期经营与其建立的恋爱关系，随后以遭遇变故急需用钱、项目资金周转困难等为由向受害人索要钱财，并根据其财力情况，不断变换理由提出转账要求，直至受害人发觉被骗。

> **典型案例**
>
> 2016年，上海虹口男子武某在网上结识了自称刚大学毕业的女子杨某，双方很快在线上确立了恋爱关系。在此后的8年里，杨某多次利用网络照片骗取武某信任，虚构母亲突发疾病抢救无效死亡等悲惨家庭情况，利用武某的同情心不断索要钱财。直至2024年4月，武某发现杨某手机号关联账号上发布的照片与其不是同一个人，遂发现上当受骗，累计被骗160余万元。

（3）网络游戏产品虚假交易类诈骗。诈骗分子在社交、游戏平台发布买卖网络游戏账号、道具、点卡的广告，以及免费、低价获取游戏道具、参加抽奖活动等相关信息。与受害人取得联系后，诈骗分子以私下交易更便宜、更方便为由，诱导其绕过正规平台进行私下交易，或诱骗受害人参加抽奖活动，再以操作失误、等级不够等理由，要求其支付"注册费""解冻费""会员费"，得手后便将受害人拉黑。

> **典型案例**
>
> 2023年2月，江苏镇江男子王某通过手机游戏交易App出售自己手游账号时，收到一诈骗分子冒充的"买家"添加好友，双方私聊后商定以830元交易该账号。随后，诈骗分子发送一张含有二维码的虚假交易截图，谎称已经下单成功，让王某扫码联系官方客服确认。王某扫码进入虚假平台后，被所谓客服以缴纳交易保证金的方式诈骗6 000元。

5. 虚构损失类诈骗

虚构损失类诈骗是一种常见的诈骗手段，诈骗者通过虚构各种情境，诱使受害人相信自己遭受了某种损失或面临某种风险，从而诱导受害人进行转账或提供敏感信息。

（1）虚假征信类诈骗。诈骗分子通过冒充银行、金融机构客服人员，谎称受害人之前开通过微信、支付宝、京东等平台的百万保障、金条、白条等服务，或申请校园贷、助学贷等账号未及时注销，或信用卡、花呗、借呗等信用支付类工具存在不良记录，需要注销相关服务、账号或消除相关记录，否则会严重影响个人征信。随后，诈骗分子以消除不良征信记录、验证流水等为由，诱导受害人在网络贷款平台或互联网金融 App 进行贷款，并转到其指定的账户，从而骗取钱财。

> **典型案例**
>
> 2023年9月，四川眉山男子郑某在家中接到一个自称是支付宝"客服"的电话，声称郑某在大学期间以学生身份开通的花呗服务不合规，如果不通过正规途径处理，将会影响其征信。郑某按照"客服"诱导进行了所谓清空贷款操作，在不同 App 上认证借钱，再将贷款转账至指定账户，被骗14万余元。

（2）虚构购物退款类诈骗。诈骗分子通过非法途径获取受害人购物信息后，冒充电商平台或物流快递客服，谎称受害人网购商品出现质量问题、快递丢失需要理赔或因商品违规被下架需重新激活店铺等，诱导受害人提供银行卡和手机验证码等信息，并通过共享屏幕或下载 App 等方式逃避正规平台监管，从而诱骗受害人转账汇款。此类诈骗的受骗人群多为电商平台的网购消费者或店铺经营者。

> **典型案例**
>
> 2023年10月，四川宜宾女子张某接到一个自称是"物流客服"的陌生来电，称因张某快递丢失需要进行理赔。张某随即查看某购物 App，发现一件商品

未更新物流情况，便信以为真，添加了客服微信。随后"客服"发给张某一个链接，要求下载某聊天App和某银行App，进行"理赔"操作。张某根据要求操作后，"客服"称其操作错误账户被冻结，需在银行App里输入"代码"解冻，而这实际上是诈骗分子诱骗张某进行转账操作。张某收到银行转账短信后发现异常，遂意识到被骗。

（三）电信网络诈骗犯罪的特点

一是有组织犯罪，催生大量黑灰色产业链。各种新型电信网络诈骗犯罪已然形成有组织犯罪，多数案件的犯罪主体具有集团化特征，采取"分工严密、层级分明、流程有序的公司化运营模式"，并催生了大量为不法分子实施诈骗提供帮助和支持，从中获利的黑灰色产业链，这些黑灰色产业链加速了电信网络诈骗犯罪的蔓延泛滥，成为此类犯罪愈演愈烈的成因之一。司法大数据反映，19.16%的网络诈骗案件具有精准诈骗的特征，即不法分子获取公民个人信息后有针对性地实施诈骗，极大地提高了诈骗得逞的可能性。

二是犯罪手段演变快，骗术更具迷惑性。据公安部门统计，各种诈骗类型大概可分为48类、共计300余种。而且不法分子的诈骗手段花样翻新快，新手法层出不穷，且更加隐蔽、更具有迷惑性。如被告人黄某某等诈骗案和被告人童某某等诈骗案，就是当前比较突出的"民族资产解冻类"诈骗犯罪案件。此类诈骗犯罪由来已久，随着打击力度的加大，发案率已经逐渐下降，但当前又借助互联网手段，依附社会热点卷土重来。诈骗分子利用人民群众对党和政府的信任，伪造国家机关公文，制作虚假证件，大肆实施诈骗，甚至煽动群众以领取分红为由进京非法聚集，严重损害群众利益，严重影响党和政府形象，也严重影响社会稳定，应当依法严厉打击。

三是犯罪手段发展智能化、信息化。电信诈骗犯罪具有明显的科技化和专业化，其一是体现在作案设备或软件上。犯罪分子可能依靠技术设备和软件侵入特定系统盗取被害人信息，并依此信息对被害人进行诈骗。再通过改变、伪装、虚拟电话号码或者IP地址使公安机关或者电信部门难以定位其所在地，从而逃避抓捕。

其二是诈骗言语程序上的专业化。犯罪分子对被害人实施诈骗时，除了传统的诈骗言语如冒充公检法、谎称中奖等，还会编制一些专业化言语程序，如利用电脑钓鱼网站，编造退货剧本，骗取被害人的短信验证码；再如冒充公检法、税务部门进行诈骗等。犯罪分子利用所掌握的金融、法律、税务等专业知识，在言语交流中让受害人陷入其所编织的陷阱从而完成诈骗。

四是犯罪行为隐蔽性强，难以追责。电信诈骗犯罪非接触性特征明显，隐蔽性强。由于其仅需使用电信设备进行作案，所以作案工具体积小，易于转移犯罪地，且容易躲避侦查。同时，这种非接触性的犯罪，也使得受害人对犯罪分子的情况一无所知，所显示的来电号码不是国外的来电就是已经被篡改、加工过的号码。甚至其作案成员之间也从未谋面，整个诈骗的运作均是由个别核心人物在线上进行指挥。

五是跨境跨国犯罪成为主流。当下一些诈骗犯罪团伙存在跨国作案的情况，其利用国与国之间的法律差异、司法协助的不完善、国际协作管理漏洞等，故意在国外通过移动通信设备对国内被害人实施诈骗。跨国跨地区诈骗的出现，使得电信诈骗案件的处理更加复杂，在该犯罪本身就具有隐蔽性强的特点上，使得案件侦破的难度加大。

六是社会危害巨大，引发次生危害日渐突出。诈骗犯罪的直接目的是获取经济利益，但是在造成直接的经济损失之外，电信网络诈骗犯罪引发次生危害后果的案件日益增多。有的企业被骗走巨额资金，导致停工破产；有的群众被骗走"养老钱""救命钱"，导致生活陷入困境。尤其是近几年连续发生的几起在校学生被骗而导致猝死或自杀的案件，社会影响尤其恶劣。可见，电信网络诈骗犯罪"不仅谋财，而且害命"，社会危害性极大。

（四）电信网络诈骗的严重后果

1. 对受害者个体的伤害

电信网络诈骗对受害者个体的伤害是深远和复杂的，他们损失的不仅仅是金钱，更"要命"的是由此而来的心理压力与其他衍生的伤害。

（1）经济损失。受害者往往会遭受巨大的财产损失，这直接影响到他们的生活质量和经济状况。在一些诈骗案件中，受害者甚至因为无法承受巨额的经济损失而选择自杀。

（2）心理创伤。诈骗不仅会给受害者带来经济损失，更严重的是心理层面的打击。许多受害者在被骗后会感到羞耻、自责、焦虑和绝望，这些负面情绪可能导致他们疏远亲友、孤立自己，甚至产生自杀的念头。

（3）社会关系破裂。受害者因为诈骗事件可能会失去朋友和家人的信任，社会关系网受到破坏，进一步加剧了他们的心理负担。

（4）法律和信用问题。在一些情况下，受害者可能因为诈骗而卷入法律纠纷，特别是当诈骗涉及贷款或信用卡诈骗时，受害者的信用记录可能受损，影响其未来的金融活动。

（5）个人隐私泄露。诈骗往往伴随着个人信息的泄露，这使得受害者面临更多的安全风险，如身份证被盗用，在某些情况下，身份证被盗用可能导致受害者面临法律问题，甚至是面临指控犯罪。

（6）生活秩序被扰乱。受害者在处理诈骗事件的过程中，可能需要花费大量的时间和精力去报案、配合调查、追回损失等，这会严重影响到他们的正常生活和工作秩序。

（7）教育和职业发展受阻。对于学生和职场新人来说，诈骗可能会影响他们的教育和职业发展，有被诈骗的学生表示考虑辍学去打工还钱，以摆脱诈骗带来的经济压力。

2. 对受害者家庭的伤害

电信网络诈骗对受害者家庭的伤害是深远和多维的，主要包括以下几个方面。

（1）经济损失。受害者家庭可能遭受巨大的经济损失，这直接影响家庭的经济状况和生活质量，甚至可能导致家庭陷入财务危机。

（2）心理创伤。家庭成员可能会因为诈骗事件而遭受心理创伤，感到羞耻、自责、焦虑和绝望，这些负面情绪可能导致家庭关系紧张，甚至破裂。

（3）社会信任度下降。家庭成员可能会因为诈骗事件而对外界失去信任，这种信任危机可能会影响到家庭与外界的正常交往和社会参与。

（4）法律纠纷。诈骗事件可能导致受害者家庭面临法律纠纷，特别是当诈骗涉及贷款或信用卡诈骗时，家庭成员的信用记录可能受损，影响其未来的金融活动。

3. 对社会的伤害

（1）社会负面影响。电信诈骗侵害的群体很广泛，而且是非特定的，采取漫天撒网，在某一时间段内集中向某一个号段或者某一个地区拨打电话或者发送短信，受害者包括社会各个阶层，既有普通民众也有企业老板、公务员、学校老师，各行各业都有可能成为电信诈骗的受害者，波及面很宽。因此，电信网络诈骗加剧了社会负面现象的传播。诈骗分子利用人们的贪婪、好奇、恐慌等心理进行诈骗，导致受害人在情感上受到伤害，甚至可能诱发其他社会问题，如家庭纠纷、自杀等。

（2）法律秩序被破坏。电信网络诈骗犯罪往往涉及多个地区，甚至跨国犯罪，给公安机关打击犯罪带来难度。此外，诈骗分子通常采用虚假身份、隐蔽通信手段等方式进行犯罪，导致法律秩序受到破坏。

（3）社会诚信体系受损。电信网络诈骗的高发可能会降低公众对社会的信任度，影响社会的整体信用体系。诈骗行为破坏了人与人之间的信任，使得人们在社交活动中变得谨慎小心，影响了社会和谐，甚至给国家形象带来负面影响。

总之，电信网络诈骗对个人、社会和国家都造成了严重的危害。打击电信网络诈骗犯罪，需要全社会共同努力，增强防范意识，完善法律法规，加强国际合作，共同维护社会和谐稳定。

二、诈骗心理学解析

（一）诈骗分子常用的心理策略

诈骗分子在实施诈骗时，通常会利用一系列心理策略来诱骗受害者，通过这些心理策略，诈骗分子能够有效地操纵受害者的心理和行为，达到诈骗的目的。以下是一些常见的心理策略。

1. 权威性

诈骗分子冒充公检法等权威机构的工作人员，通过塑造权威形象提升自己的可信度。例如，冒充警察、法官或银行工作人员，利用人们对这些角色的信任感进行诈骗。

2. 喜爱水平

诈骗分子在实施诈骗前先与受害者建立关系，通过聊天或社交互动赢得受害者的喜爱和信任。例如，在情感类诈骗中，诈骗分子通过建立情感联系，逐步诱骗受害者进行投资或转账。

3. 遵从性

诈骗分子利用群体效应，将受害者拉入一个群体中，群体成员通常都是"托儿"，营造一种投资获利的假象，使受害者在群体压力下遵从并参与诈骗活动。

4. 急迫性和稀有性

诈骗分子制造时间压力或稀缺性，例如，通过"限时优惠"或"名额有限"等手段，迫使受害者在没有充分思考的情况下做出决策。这种策略常用于刷单返利类诈骗。

5. 趋利避害心理

诈骗分子通过金钱或其他形式的奖赏来诱惑受害者，例如，在中奖类诈骗中，诈骗分子承诺高额奖金，诱使受害者支付所谓的"税费"或"手续费"；或是利用人们对损失的恐惧心理，例如，在冒充公检法诈骗中，威胁受害者如果不"配合"会被认定犯罪，从而引发受害者的恐慌和顺从。

6. 暗示和行为形成技术

诈骗分子通过暗示性的话语和行为，逐步引导受害者进入预设的情境，使其在不知不觉中接受诈骗分子的观点和行为模式。

7. 双重约束诱导技术

诈骗分子通过设置两难选择，使受害者在两个不利选项中做出选择，从而消除其抵触情绪，增强其对诈骗行为的接受度。

8. 解释技术

诈骗分子在诈骗过程中，通过合理的解释和严密的逻辑，弥补诈骗话术中的漏洞，使受害者相信其说法，降低其警惕性。

（二）受骗者的心理机制

受骗者的心理机制是一个复杂且多方面的现象，涉及认知、情绪、人格特征和社会互动等多个层面。了解这些机制有助于更好地预防和应对诈骗行为。

1. 心理控制

诈骗分子通过精心设计的话术剧本,对受害者进行"心理控制",使他们陷入错误认识并支配其行为。例如,在"冒充公检法"诈骗中,诈骗分子虚构被害人"涉案"事件,编造假警察、假检察官和假法官等多个角色人物和突发剧情,让被害人产生高压、紧张的"场所感"和"事件感",从而自愿将资金转入所谓的"安全账户"进行"财产清查"。

2. 贪念和恐惧

诈骗分子常利用人们的贪念和恐惧心理实施诈骗。例如,网络刷单诈骗通过虚假宣传和施以小利诱骗上钩,而冒充公检法诈骗则通过制造虚假的紧急情况和威胁,引发受害者的恐惧心理,进而控制其行为。

3. 认知偏差和情绪状况

诈骗易感性包含了一系列个体特征,如心理特质、经验因素、动机、认知偏差和不平衡的情绪状态。这些因素在诈骗情境下被激活,促使受害者做出错误判断或危险行为。例如,诈骗分子通过提升潜在受害者的参与动机、发展关系、获取钱财、重复实施骗局的过程,逐步增强受害者的认知偏差和情绪依赖。

4. 依赖型人格和回避型人格

一些特殊被害人,如依赖型人格和回避型人格的人,更容易受到诈骗话术的影响。这些人可能对他人的意见极为敏感,容易接受暗示和控制,从而导致他们在诈骗情境中表现出较高的易感性。

5. 沉没成本效应和登门槛效应

在刷单返利诈骗中,大学生受害者常因沉没成本效应和登门槛效应而继续投入更多资金。沉没成本效应是指人们在决策时考虑已经投入的成本,登门槛效应则是指人们在接受了一个较小要求后,更可能接受更大的要求。

6. 权威性和紧急避险心理

诈骗分子常通过冒充权威人士或制造紧急情境来增加其可信度和紧迫感。例如,在冒充公检法诈骗中,诈骗分子塑造公职人员形象,提升可信度;而在冒充熟人类诈骗中,诈骗分子制造紧急情境,如"看病就医"或"发生事故",使受害者在紧张状态下做出非理性决策。

7. 信息加工模式

诈骗分子的策略需要诱发潜在受害对象的启发式加工，抑制其分析式加工模式，以增大诈骗成功概率。例如，钓鱼邮件通过强调时间的紧急性或事件的严重性，诱导个体进行启发式加工，关注信息的外周线索，忽视其他提示风险的线索。

（三）易被诈骗的心理特征

了解易被诈骗的心理特征，有助于增强对电信网络诈骗的防范意识，避免上当受骗。易被诈骗的心理特征通常包括以下几个方面：

1. 过于自信

有些人认为自己不会被骗，对反诈宣传不关注，甚至有些抵触，这种谜一般的认知自信使他们成为高危被骗群体。

2. 涉世不深

这类人群可能还未走出校门或刚步入社会，无法分辨社会的复杂性，容易在诈骗分子的恐吓或诱导下受骗。

3. 缺乏辨别能力

特别是一些年长者，可能因为与网络信息时代脱节，容易相信虚假的投资信息或购买保健品，从而上当。

4. 贪念

期望获得不切实际的利益或回报，容易受到高回报投资或意外之财的诱惑。在大部分诈骗案件中，骗子利用了人的贪念，施以小利诱骗上钩，放小抓大，最后拉黑走人。

5. 恐惧

对未知的恐惧或对可能的负面后果的担忧，使受害者在压力下做出非理性决策。诈骗分子利用人的恐惧心理，如冒充公检法进行威胁恐吓，诱使受害人转账以"解决问题"。

6. 不谨慎

诈骗者经常制造紧迫感，使受害者在没有充分思考的情况下做出决定，因此导致受害者在转账汇款时不经过任何核实，容易受到冒充熟人的诈骗。

7. 猎奇或赌博心理

一些人因猎奇心理，愿意加陌生人为好友，容易受到以美女或帅哥头像进行的诈骗。或者是即使怀疑被骗，也要再赌一把，希望能够挽回损失，结果越陷越深。

8. 法律意识淡薄和自我防范意识差

法律意识淡薄是指个人对法律知识、法律规范的认识不足，缺乏对法律重要性的认识和尊重，这种淡薄的意识可能导致人们在行为上不遵守法律，忽视法律的约束力。自我防范意识差指的是个人在面对潜在风险和威胁时，缺乏必要的警惕性和自我保护能力，这可能表现为对个人财物、人身安全的忽视，或是在面对欺诈、网络攻击等情况下缺乏必要的防范措施。这类人群容易被冒充政府机关的诈骗分子所欺骗。

9. 人格特质

如尽责性较低可能不遵守网络规则，而宜人性较高的个体具有更强的信任和依从倾向，容易放松警惕。当个人的行为与内心信念不一致的认知失调时，可能会为了减少心理不适而接受诈骗者的观点。

10. 情绪状态

不平衡的情绪状态，如急迫的需要或迫切的欲望，可能导致判断力减弱、理性丧失；因此，在情绪不稳定或压力较大时，个体的判断力可能下降，更容易受到诈骗的影响。经常有孤独感的个体可能更渴望社交联系，也更容易成为诈骗者的目标。

（四）影响易被诈骗的心理因素

易被诈骗的心理因素多种多样，通常与个人的认知偏差、情绪状态和社会行为模式有关。如何提高个体对心理因素的认识，通过教育和训练有意识地增强个体的批判性思维、判断力和自我保护能力，就可以减少诈骗心理的不良控制，从而有效抵御诈骗的侵害。

1. 信任倾向

信任倾向是指个体在社交互动中倾向于相信他人的程度。这种倾向可以是积极的，帮助建立人际关系和社会联系，但也可能使个体容易受到诈骗和欺骗。管理信任倾向，首先应该了解自己的信任倾向，并在必要时调整自己的行为。我们可以通过增强批判性思维，设置明确个人信息和财务安全的界限，在做出重要决策时，寻求可信赖的第三方意见，在必要时保持合理的怀疑态度，特别是在涉及金钱或个人信息的情况下。

2. 社会认同

社会认同是指个体对于自己属于特定社会群体的认知和情感联系，这种认同感可以影响个体的行为和态度。积极的社会认同可以促进群体内部的团结和合作，在防范诈骗中起到重要的作用。

3. 自我效能感

自我效能感（self-efficacy）是由心理学家阿尔伯特·班杜拉（Albert Bandura）在20世纪70年代提出的一个概念，它指的是个体对自己在特定领域或任务上能够成功的信心或信念。自我效能感是个体对自己能力的一种主观评估，它影响着个体的行为选择、努力程度以及在面对困难时的坚持性。自我效能感低，就会缺乏自信，容易受到他人意见的影响，包括诈骗者的建议。

4. 识别信息

面对大量信息时，个体可能无法有效处理和评估，从而容易受到诈骗信息的影响。权威服从：对权威的信任和服从，可能使个体在面对自称是权威人士的诈骗者时，放弃自己的判断。

5. 积累经验

了解常见诈骗手段，熟悉各种诈骗手段，包括电话诈骗、网络钓鱼、身份盗用等，提高对潜在风险的认识。对某些领域或技术缺乏了解，使个体难以识别诈骗行为。长期形成的行为习惯可能使个体在面对诈骗时，不自觉地按照既定模式行动。

6. 克服乐观偏差

乐观偏差（optimism bias）是一种普遍存在的心理现象，指的是人们倾向于高估积极事件在自己身上发生的可能性，同时低估消极事件发生在自己身上的可能性。这种偏差也被称为不现实的乐观主义（unrealistic optimism）。乐观偏差有两种表现形式：一是认为好事会发生在自己身上，二是认为坏事不会发生在自己身上，或者更有可能发生在别人的身上。乐观偏差的产生与多种因素有关，包括自我提升动机、自我中心主义和聚焦主义等心理机制。自我提升动机包括自我提高和自我保护两种动机，人们为了避免负性情绪和维持或提高自尊，可能会采取否认、拒绝、歪曲理解等防御性策略，从而产生乐观偏差。自我中心主义导致人们在预测未来事件发生在自己身上的可能性时，更多地关注自己而忽略他人，导致判断时产生乐观偏差。此外，个体因素，如经历、刻板印象、自我效能感和过度自信等也会影响乐观偏差。过分乐观地认为自己不会成为诈骗的受害者，忽视了潜在的风险。

典型案例

"客服"来电说退款　套得密码骗走钱

2021年1月，水城区的L女士接到一个境外电话，称自己是淘宝客服，表示由于质量原因，L女士购买的物品需要退款，并说出了L女士购买的物品信息和个人信息，要求L女士添加微信好友商讨退款事宜，因为对方准确说出了自己的信息，L女士没有怀疑就添加了对方好友。

对方称，L女士一周前通过淘宝平台下单的物品，因为厂家对这批物品进行质量检测，发现此批次产品存在严重质量问题，厂家决定给购买了这批次的消费者全部退款，并称L女士不用将产品退回，可以继续使用。L女士一听，心想还有这么好的事，不仅可以退款还能免费得到东西，出于贪小便宜的想法答应对方退款。这个时候，L女士已步入骗子的陷阱。

对方继续诱骗说退款需要扫一个二维码程序，并根据提示信息操作就可以完成退款，此操作完成后对方就会将钱退回L女士的微信，随后对方就发了一个二维码给L女士。L女士收到二维码后马上点开扫描，并根据提示要求输入了自己的银行卡号码。这时对方称已操作成功并让L女士用微信扫对方提供的二维码，称向L女士退款，L女士用微信扫了二维码后，信息提示要求输入支付密码，L女士这个时候已经被即将退款的喜悦冲昏了头，没有多想就输入了支付密码。随后，L女士就收到银行发来的信息说L女士购物支出5万元人民币，L女士这才慌了，马上通过微信联系所谓的淘宝客服，但此时才发现对方已将她拉黑，L女士这才意识到被骗了。

案例剖析：

1. 手段分析

第一步：骗子谎称受害人购买物品质量有问题需要退款，并准确说出受害人信息，以此博取信任，随后要求受害人添加微信等聊天工具进一步实施后续诈骗。

第二步：骗子诱导受害人扫描二维码或者下载某App，谎称需要通过扫描二维码或者通过App操作退款，其实这个二维码或者App是付款码或者是套取受害人银行卡信息密码的程序。

第三步：骗子通过对方提供的银行卡信息和密码套取受害人钱财。

2. 经验教训

本案中，受害人根据骗子提供的购买记录和个人信息，轻信了对方所说的退款事宜，再加上有贪图小便宜的侥幸心理，最终导致受骗。

3. 反诈警醒

一是网购时一定要选择正规购物平台；产品有问题时，一定要第一时间联系官方客服。

二是在听到对方称是某客服要退款时，一定要第一时间通过正规App联系购买平台的官方客服，且不要随便添加陌生人微信，扫描来源不明的二维码和下载来源不明的App。

三是正规网络商家退货退款无须事前支付费用，切勿轻信他人提供的网址、链接。

三、防范诈骗的心理策略

（一）了解网络诈骗的易感性

1. 网络诈骗易感性定义

电信网络诈骗易感性是指个体在面临特定电信网络诈骗情境下成为受害者，即出现经济损失的倾向性。被骗易感性包含了一系列个体特征，其中包括心理、行为和社会特征等，这些特征在诈骗情境下容易被激活，就会促使其做出错误判断或危险行为。

2. 影响因素分析

电信网络诈骗易感性的影响因素可以从心理学视角进行分析，主要可以归纳为个体稳定因素、情境因素和信息加工因素三大类。

（1）个体稳定因素。这包括个人的心理特质和社会属性，如人格特质、自我效能感以及个人的经验等。例如，尽责性较高的个体可能更遵守网络规则，而不易受骗；而宜人性较高的个体可能因为信任倾向较强而更易放松警惕。

（2）情境因素。情境因素指的是在电信网络诈骗情景下诈骗者及诈骗环境中的相关因素，如诈骗信息的权威性、可信度、稀有性等，这些因素能够提升诈骗易感性。

（3）信息加工因素。这涉及潜在被害人在诈骗互动过程中的信息加工和决策过程。研究表明，个体对信息加工的动机水平、认知能力和加工动机都会影响被骗可能性。例如，当个体处于强烈动机水平下，可能会被环境中的外周路径因素所吸引，导致难以进行精细化加工。

（二）感知信任与风险

感知信任与风险是人们在日常生活中做出决策时经常需要权衡的两个关键因素。以下是一些关于如何感知和处理信任与风险的策略和建议。

1. 感知信任

（1）了解信息来源。评估信息或请求的来源是否可靠。官方渠道和有信誉的个人通常是更可靠的来源。

（2）观察一致性。检查信息是否与已知事实和其他来源的信息一致。

（3）评估动机。考虑提供信息或请求的人的动机，是否存在潜在的利益冲突。

（4）建立关系。通过与他人建立长期的关系，增加信任感。长期的关系通常更可靠。

（5）使用直觉。虽然直觉有时可能不完全准确，但它可以作为初步的警示信号。

（6）获取推荐。通过朋友、家人或同事的推荐来评估信任度。

（7）检查证据。要求提供证据或证明，以验证信息的真实性。

2. 感知风险

（1）评估后果。考虑最坏情况下可能发生的后果，以及这些后果对个人或财产的影响。

（2）识别信号。学习识别常见的风险信号，如过于诱人的提议、压力销售或紧急请求。

（3）进行比较。将当前情况与其他类似情况进行比较，看看是否有不一致之处。

（4）咨询专家。在涉及复杂决策时，应该通过正规渠道咨询专业人士的意见。

（5）使用工具。利用技术工具，如防病毒软件或信用评分系统，来评估风险。

（6）保持警惕。保持对新出现风险的警觉，特别是那些涉及个人信息或财务的决策。

（7）制订计划。制订应对风险的计划，包括预防措施和应急策略。

（8）教育自己。通过阅读、参加课程或研讨会来提高对风险的识别和管理能力。

（9）记录决策。记录决策过程和结果，以便在未来的决策中学习和改进。

通过上述的策略，可以更好地感知信任与风险，并做出更明智的决策。记住，信任不应盲目，风险也不应被忽视。平衡这两者是保护自己免受诈骗和其他风险的关键。

典型案例

完成"刷单"可跟"美女"约会？连刷10单，被骗走60余万元

李某在家收到一条带挑逗性的陌生短信，在家寂寞难耐的李某点开短信中的下载链接，下载了一款名为"万丽会"的交友App，一进该App页面就有多个"美女"向其打招呼，并且发了数个美女图片并附带价格让李某挑选。李某挑选了一个美女，又选了一个98元的套餐后，向对方提供的银行账户转账98元。随后又有一个客服加其好友称，如果想联系该美女，必须先刷四单任务并告诉李某怎么做单，做完四单才能提现。之后，对方又用这种方式骗

李某先后充值198元、512元、3 888元。任务完结后，李某发现提不了现，对方告诉他，经过核实发现李某之前操作有误，如果想提现10 888元，就得先补做三单。李某此时急于把钱提出，就按照对方要求向对方账户陆续转账60余万元后，因没钱才发现自己被骗。

1. 手段分析

手段一：诈骗者通常以提供轻松赚钱的兼职机会为诱饵，吸引受害人参与。

手段二：利用社交平台发布招聘信息，通过小额返利建立信任，然后逐步增加任务金额。

手段三：通过虚构的App或网站下达任务，要求受害人垫资，最后以各种理由拒绝返还资金。

2. 经验教训

骗子在之前发放小额刷单任务并立即返款，树立"即时返款不拖欠"的所谓诚信规则。随后发放包含多单的高级任务，突然打破受害人"刷一单就能返一单的钱"这种固化认知模式，树立新的刷单游戏规则。让受害人为了之前付出的钱，不得已继续完成剩下的任务，让投入的金额如同滚雪球般越滚越大。骗子在不断收钱的同时，用早已烂熟于心的话术，不断要求受害人重复做任务充值，甚至于借贷做任务。

3. 反诈警醒

一是要牢记任何要求预先垫资的线上兼职工作都可能是诈骗，应坚决拒绝。

二是不要因为初期的小额返利而放松警惕，诈骗者可能在建立信任后实施更大额度的诈骗。

三是一旦发现被骗，应立即停止转账并保存好所有交流记录和转账信息，及时报警处理。

（三）提升认知

1. 提升认知的灵活性

提升认知的灵活性在识别诈骗信息和新诈骗行为方面是一个重要的自我保护

措施。以下是一些方法和策略。

（1）持续学习。定期关注和学习最新的诈骗案例和手段，了解诈骗分子的新策略和技巧。

（2）批判性思维。培养批判性思维能力，对任何信息都持怀疑态度，不轻易接受未经验证的信息。

（3）多角度分析。从不同角度分析问题，考虑可能的动机和后果，避免单一视角导致的盲点。

（4）信息核实。在做出任何决定之前，通过可靠的渠道核实信息的真实性，如联系官方机构或使用搜索引擎查找相关信息。

（5）情绪管理。情绪，如恐惧或贪婪等可能会影响对风险的判断，学会管理自己的情绪，避免在情绪化的状态下做出决策。诈骗分子常利用受害者的恐惧、贪婪或急迫感进行操控。

（6）情境模拟。通过模拟不同的诈骗情境，提高自己在面对各种情境时的应变能力。

（7）交流与讨论。与家人、朋友和同事讨论可能遇到的诈骗情境，分享彼此的看法和应对策略。

（8）使用技术工具。利用防病毒软件、防火墙和反诈骗应用程序等技术工具，提高对诈骗信息的识别和防范能力。

（9）培养观察力。注意观察日常生活中的异常情况，如不寻常的电话、邮件或社交媒体信息。

（10）保持警惕。对于任何看似有利可图但太好而不真实的提议，保持警惕，避免贪小便宜。

（11）参与防诈骗教育。参加相关的防诈骗教育课程或研讨会，增强自己的防骗意识和能力。

（12）反思和总结。定期反思自己处理诈骗信息的方式，总结经验教训，不断改进自己的应对策略。

（13）心理干预。在面对诈骗信息时，尝试从心理学角度分析诈骗分子的策略，理解其背后的心理机制。

（14）培养自我效能感。增强对自己能够识别和防范诈骗的信心，相信自己有能力应对各种诈骗行为。

通过这些方法，可以逐步提升自己的认知灵活性，更好地识别和防范诈骗信息和新诈骗行为。

2. 培养批判意识

提高批判性思维能力，包括提升对网络信息的存疑与求证，是识别和防范诈骗行为的重要手段。以下是一些可培养和提高批判性思维的方法。

（1）学会提问。对于任何信息或请求，养成提问的习惯。问自己："这合理吗？""证据在哪里？""有没有其他解释？"

（2）检查证据。寻找支持该论断的证据。如果没有充分的证据，或者证据看起来不可靠，那么就应该怀疑这个信息的真实性。

（3）逻辑分析。学习基本的逻辑原则，分析论点是否逻辑上一致，是否存在逻辑谬误。

（4）避免偏见。认识到自己的偏见和先入为主的观念，并努力克服它们，从不同角度考虑问题，尝试理解不同的观点和立场，以更客观的态度评估信息。

（5）识别情感操纵。意识到诈骗者可能使用情感操纵手段，如引发恐惧、贪婪或同情，以影响你的判断。

（6）信息验证。学习如何验证信息来源的可靠性，使用多个来源交叉验证信息。

（7）了解常见诈骗手段。熟悉常见的诈骗手段和心理策略，这样就能更快地识别潜在的诈骗行为。

（8）培养怀疑精神。对于那些看起来太好而不真实的提议，保持怀疑态度。

（9）思考后果。在作出决定之前，考虑可能的后果，包括最坏的情况。

（10）学习和应用批判性思维技巧。阅读有关批判性思维的书籍，参加相关课程或研讨会，提高自己的思维技巧。

（11）练习和反思。在日常生活中练习做出明智的决策，这将帮助你在面对诈骗时做出快速而准确的判断。

定期反思自己的决策过程，评估自己的批判性思维能力，并寻求改进。

（12）与他人讨论。与他人讨论你的想法和观点，这可以帮助你发现可能被忽略的视角或信息。

通过这些方法，你可以逐步提高自己的批判性思维能力，更有效地识别和防范潜在的诈骗行为。

（四）增强自我控制

1. 树立正确的消费观

树立正确的消费观是个人财务管理和生活满意度的重要组成部分。以下是一些帮助个人建立和维护健康消费习惯的关键要素。

（1）区分需求与欲望。明确区分基本生活需求和个人欲望，优先满足实际需求。

（2）规划预算。制订并遵守个人或家庭预算，合理安排收入和支出。

（3）权衡价格与价值。在购买商品或服务时，考虑其实际价值而非仅仅被价格所吸引。

（4）注重质量优先。重视产品的质量和耐用性，而非仅仅追求品牌或外观。

（5）避免冲动消费。经过深思熟虑后再购买，避免受到促销和广告的即时影响。

（6）理性借贷。谨慎使用信用消费，在借款时保持清醒的头脑，遵循合理的原则和步骤，确保借贷行为不会给自己带来不必要的经济压力和风险。在借款前，明确自己为什么需要这笔资金，是否是必要的开支，是否有其他更经济的解决方案；还要诚实评估自己的财务状况和未来的收入预期，确保自己有能力按时还款，避免逾期。

（7）安全消费。在线和线下消费时注意个人信息保护，避免诈骗和风险。

（8）适度享受。合理享受生活，平衡物质消费与精神满足。

通过这些方法，个人可以建立一个更加健康、可持续的消费模式，这不仅有助于个人的财务稳定，也有助于社会的长期福祉。

2. 增强财商

提高个人对财务知识的理解和管理能力，包括金钱管理、投资理财、预算、储蓄和债务管理等方面的技能。

（1）教育自己。学习基本的金融知识，包括经济学原理、会计基础和投资策略。

（2）理解信用。了解信用的工作原理和如何管理信用是提高金融素养的重要部分。学习如何建立和维护良好的信用记录，可以帮助做出更明智的财务决策。

（3）制订预算。学会制订和遵守个人或家庭预算，合理规划收入和支出。

（4）储蓄习惯。培养定期储蓄的习惯，为紧急情况和长期目标储备资金。

（5）投资知识。学习不同的投资工具和策略，如股票、债券、基金和房地产。

（6）风险管理。理解投资风险，学会如何评估和管理投资组合的风险。

（7）财务规划。制定短期和长期的财务目标，并制订实现这些目标的计划。

（8）债务管理。学会如何管理债务，避免高利贷和不必要的债务累积。

（9）保险意识。了解保险的重要性，选择合适的保险产品以保护自己和家庭。

（10）税务知识。学习基本的税务知识，合理规划税务，合法避税。

（11）避免冲动消费。学会控制冲动消费，做出理性的消费决策。

（12）财务独立。培养独立管理个人财务的能力，减少对他人的依赖。

通过这些方法，个人可以逐步提高自己的财商，更好地管理自己的财务状况，实现财务目标。

四、行为管理与预防措施

（一）社会预防系统

1. 家庭责任和作用

防范诈骗的社会预防系统是一个多层面、跨领域的综合体系，其中家庭扮演着至关重要的角色。以下是家庭在防范诈骗中的一些责任和作用。

（1）教育与培养。家庭是个体最初接受教育和价值观培养的地方。家长应向孩子传授基本的网络安全知识，包括个人信息保护和识别可疑行为，教育孩子识别诈骗风险，培养他们的安全意识。

（2）沟通与交流。家庭成员之间应保持开放的沟通渠道，及时分享有关诈骗的信息和预防策略。开放的沟通环境，有助于孩子在遇到可疑情况时能够及时与家长交流。

（3）监督与指导。家长应对未成年子女的网络活动进行监督和指导，防止他们成为被诈骗的目标。尤其要对孩子的网络活动进行适当的监督，指导他们安全使用电子设备和互联网。

（4）示范作用。家庭成员，特别是父母应通过自己的行为树立榜样，通过自己的行为展示如何谨慎地处理个人信息和网络交易，如何安全地使用互联网和金融工具。

（5）信息共享。家庭应成为一个信息共享的平台，成员可以在此交流各自了解到的诈骗案例和防范知识。为孩子使用的设备安装必要的安全软件，并教会他们如何使用。

（6）紧急响应计划。家庭成员应共同制订应对诈骗的紧急响应计划，以便在发生诈骗时迅速采取行动。

（7）法律意识。家庭成员应增强法律意识，了解与个人信息保护和网络安全相关的法律法规。

（8）心理与情感支持。如果家庭成员遭遇诈骗，其他家庭成员应提供必要的心理支持和情感安慰，帮助他们走出心理阴影。

（9）社区参与。家庭可以参与社区的防诈骗教育活动，与其他家庭一起提高防诈骗能力。

（10）风险评估。家庭成员应学会评估日常生活中可能遇到的诈骗风险，并采取相应的预防措施。

（11）持续学习。家庭应持续学习最新的诈骗手段和防范方法，以应对不断变化的诈骗策略。

（12）信任建立：在家庭内部建立信任，确保在涉及金钱和个人信息的事务中进行充分沟通。

（13）隐私保护。教育家庭成员保护个人隐私，不轻易向外界透露敏感信息。

通过这些措施，家庭不仅能够提高自身的防诈骗能力，还能为构建一个更安全、更有防范意识的社会做出贡献。

2. 学校责任和作用

学校在加强防范电信网络诈骗的宣传教育中扮演着至关重要的角色。以下是学校可以采取的一些责任和作用。

（1）安全教育。在学校课程中加入网络安全和防诈骗教育，增强学生的防范意识。定期邀请警方、网络安全专家等举办防诈骗专题讲座，普及相关知识。教育学生了解相关法律法规，知道在遇到诈骗时如何依法维权；教育学生如何安全使用互联网，包括保护个人信息和识别钓鱼网站。

（2）模拟演练。分析真实的诈骗案例，让学生了解诈骗的手段和危害。组织模拟诈骗情景演练，让学生在实践中学习如何识别和应对诈骗。紧急响应培训，通过模拟训练，促使学生掌握在遇到诈骗时的紧急响应措施，包括报警和联系家人。教育学生如何安全使用社交媒体，避免泄露个人信息。

（3）宣传材料。制作并分发防诈骗宣传手册、海报和视频，增强学生的防范意识。

（4）心理辅导。提供心理辅导服务，帮助学生应对可能的诈骗心理压力。

（5）家校合作。学校与家长合作，共同加强对学生的防诈骗教育，确保信息的一致性和连贯性。

（6）建立反馈机制。建立学生、家长和教师之间的反馈机制，及时了解诈骗事件并采取行动。

（7）社区合作。学校与社区合作，共同开展防诈骗宣传活动，扩大教育的影响力。

（8）技术支持。提供技术支持，如安装防病毒软件和防火墙，保护学校网络的安全。

随着诈骗手段的不断更新，学校应持续更新教育内容，确保教育的时效性。通过这些措施，学校可以有效地提高学生对电信网络诈骗的防范能力，减少诈骗事件的发生，保护学生的利益和安全。同时，这也有助于构建一个更加安全、和谐的校园环境。

3. 社会责任和作用

（1）社区作用。社区可以组织公共教育活动，如研讨会、讲座和工作坊，增强居民的防诈骗意识，尤其要特别关注老年人群体，因为他们可能更容易成为诈骗的目标。建立社区信息共享平台，如社区公告板或在线论坛，发布防诈骗警告和提示。与当地警方、学校和其他组织建立合作关系，共同开展防诈骗活动。组织社区志愿者参与防诈骗宣传，尤其是在高风险群体中进行教育和帮助。加强与社区警务的联系，确保居民在遇到诈骗时能够及时获得帮助。利用社区文化活动和集市等场合进行防诈骗宣传，扩大影响力。社区领导和管理者可以通过制定和执行相关政策来增强社区居民的网络安全意识。提供政府网站、防诈骗热线等可靠资源的链接与途径，指导社区居民尽快获得支持服务。

通过这些措施，社区可以形成一个强大的支持网络，有效地提高防范电信网络诈骗的能力，保护居民不受诈骗的侵害。

（2）政府层面。

①强化系统观念和法治思维。坚持以人民为中心，统筹发展和安全，强化系统观念、法治思维，注重源头治理、综合治理，坚持齐抓共管、群防群治，全面落实打防管控各项措施。

②加强法律制度建设。制定和完善相关法律法规，明确电信网络诈骗的界定、处罚和预防措施。例如，《中华人民共和国反电信网络诈骗法》就是为了预防、遏制和惩治电信网络诈骗活动，加强反电信网络诈骗工作，保护公民和组织的合法权益。

③严厉打击电信网络诈骗违法犯罪。坚持依法从严惩处，形成打击合力，提升打击效能；坚持全链条纵深打击，依法打击电信网络诈骗以及上下游关联违法犯罪。

④加强国际执法合作。积极推动涉诈在逃人员通缉、引渡、遣返工作，提升在信息交流、调查取证、侦查抓捕、追赃挽损等方面的合作水平。

⑤构建严密防范体系。强化技术反制，建立对涉诈网站、App 及诈骗电话、诈骗短消息处置机制；强化预警劝阻，不断提升预警信息监测发现能力。

⑥加强宣传教育。建立全方位、广覆盖的反诈宣传教育体系，开展防范电信网络诈骗违法犯罪知识进社区、进农村、进家庭、进学校、进企业活动。

⑦加强行业监管。建立健全行业安全评估和准入制度；加强金融行业监管，

及时发现、管控新型洗钱通道；加强电信行业监管，严格落实电话用户实名制。同时，金融、电信、网信部门依照职责对银行业金融机构、非银行支付机构、电信业务经营者、互联网服务提供者落实本法规定情况进行监督检查。

⑧强化属地管控综合治理。加强犯罪源头的综合整治，各级党委和政府要加强对打击治理电信网络诈骗违法犯罪工作的组织领导，统筹力量资源。

⑨建立反电信网络诈骗工作机制。国务院建立反电信网络诈骗工作机制，统筹协调打击治理工作。地方各级人民政府组织领导本行政区域内反电信网络诈骗工作。

⑩保护个人信息。个人信息处理者应当规范个人信息处理，加强个人信息保护，建立个人信息被用于电信网络诈骗的防范机制。

支持反制技术研究：国家支持电信业务经营者、银行业金融机构、非银行支付机构、互联网服务提供者研究开发有关电信网络诈骗反制技术。

通过这些措施，政府可以更有效地打击电信网络诈骗，保护公民的财产安全和合法权益。

（二）个人行为规范

1. 克服不良心理，树立正确的金钱观

（1）克服不良心理对于个人成长和社会发展都至关重要。认识自我，了解自己的优点和缺点，接受自己的不完美，增强自我认同。学会识别和管理自己的情绪，避免情绪波动影响决策。避免盲目比较，不与他人盲目比较，专注于自己的成长和进步。通过不断学习和实践，增强自信心，提升自己的能力。保持积极乐观的态度，看到生活中的积极面。认识到贪婪的危害，培养满足感和感恩心态。学会控制冲动消费，避免因一时冲动做出不理智的决策。重视精神价值和人际关系，而不仅仅是物质财富，树立正确的价值观。通过这些方法，个人可以逐步克服不良心理，实现个人和社会的和谐发展。

（2）树立正确的金钱观，认识到金钱是实现目标的工具，而非生活的全部。通过日常行为培养和强化正确的金钱观是一个持续的过程，涉及生活习惯、决策方式和价值观念的形成。每月制定并遵守个人或家庭预算，明确收入、必要支出和储蓄的比例。培养定期储蓄的习惯，哪怕一开始只是小额存款。在消费前评估

需求与欲望，对比不同产品或服务的性价比，理性消费，避免冲动购物。通过阅读书籍、观看教育视频、参加在线课程或研讨会等途径，学习金融知识，提高自己的金融知识水平。同时，可以学习基础的投资知识，了解不同投资工具的特点和风险，从小额投资开始实践。对个人财务管理负责，记录日常支出，了解个人消费习惯，识别并削减非必要开支，按时支付账单、避免不必要的债务和维护良好信用记录，在必要时借贷，但要确保了解所有条款，避免高利贷和过度负债。为自己设定短期和长期的财务目标，如购买房产、教育储蓄或退休规划。重视非物质价值，如家庭、友谊和个人成就，而不是将物质财富作为衡量成功的标准。理解财务自由的含义，在财务允许的范围内，合理地享受生活，保持工作与生活的平衡；从年轻时就开始规划退休生活，了解并利用退休储蓄和投资计划，制订实现财务自由的长期计划。根据个人和家庭的需要，选择合适的保险产品，如健康险、寿险等，以规避风险。

通过这些日常行为，可以逐步培养和强化正确的金钱观，实现财务健康和个人成长。

2. 积极学习，保护个人重要信息

积极学习并保护个人重要信息是现代社会中每个人都需要具备的基本能力。认识到个人信息的价值和泄露可能带来的风险，增强保护个人信息的意识。通过阅读、参加研讨会或在线课程，学习网络安全知识，了解网络安全的基本知识和最佳实践。使用强密码，为不同的账户设置复杂且独特的密码，并定期更换，在可能的情况下，启用两步验证或多因素认证，增强账户安全性。在社交媒体和其他平台上谨慎分享个人信息，避免泄露敏感数据。使用 VPN、隐私浏览器等工具，保护上网隐私，使用防病毒软件和防火墙保护个人电脑和移动设备，及时更新操作系统、应用程序和安全软件，修补安全漏洞。学会识别钓鱼邮件和网站，不要点击可疑链接或下载不明附件。审查并管理手机和电脑上应用程序的权限，避免不必要的数据访问。避免在公共 Wi-Fi 网络上进行敏感操作，如网上银行或购物。避免在不安全的网站上输入信用卡信息，使用安全的支付方式。定期备份重要文件和数据，以防丢失或被勒索软件加密。了解与个人信息保护相关的法律法规，知道在个人信息被滥用时如何维权。与家人和朋友分享个人信息保护的知识，增强他们的安全意识。参与社区或学校的网络安全宣传活动，增强整个社区的保护意识。

通过这些措施，可以有效地保护个人重要信息，减少因信息泄露带来的风险和损失。

3. 保持警惕，确认网络行为的真实性

（1）确认网络行为的真实性。确认网络行为的真实性对于防范网络诈骗和保护个人信息至关重要。通过以下措施，可以提高对网络行为真实性的识别能力，减少网络诈骗的风险。

核实来源。在提供个人信息或进行交易之前，确认信息或请求的来源是否可靠。仔细检查链接和网址，确保它们是合法和安全的，避免点击可疑链接。使用安全的网络，在社交媒体上谨慎互动，避免过度分享个人信息。对于任何要求提供敏感信息或进行紧急支付的请求保持警惕。在线支付时使用安全的支付方式，如信用卡或可信的第三方支付服务。当接到声称来自银行或服务提供商的电话或邮件时，通过官方渠道核实联系信息。不在不安全的网站上输入个人信息，不向未经验证的第三方透露敏感数据。对于承诺高回报的投资或商业机会保持怀疑，避免落入诈骗陷阱。安装并更新防病毒软件，保护设备不受恶意软件侵害，在下载和安装应用程序前，检查应用的安全性和用户评价。定期检查银行和信用卡账户，留意任何未授权的活动。在线捐赠前，核实慈善机构的真实性和信誉。定期了解最新的网络诈骗手段和案例，提高识别能力。

（2）选择安全支付方式。在网络购物时，选择安全的支付方式对于保护个人财务安全至关重要。以下是一些推荐的支付方式。一是信用卡，提供交易保护措施，并且在发生未授权交易时，持卡人通常享有一定的责任限制。二是借记卡，使用借记卡直接从银行账户扣款，但请确保是安全的购物网站。三是第三方支付服务，如微信支付等，它们提供额外的交易保护和便利性。四是数字钱包，它们使用令牌化技术，保护你的信用卡信息不被直接存储在商家服务器上。五是货到付款，对于某些商品，可以选择货到付款服务，但要注意检查商品后再付款。六是银行转账，直接通过网上银行进行转账，注意仅建议在信誉良好的商家或个人之间使用。七是使用加密支付平台，一些电商平台使用加密技术保护消费者的支付信息。在支付前还应检查商家信誉，尤其是在不熟悉的网站上购物前，检查其评价和用

拓展阅读

如何识别网站是否使用了安全的支付方式？

可以通过以下几个步骤进行判断：

检查网址：确保支付页面的 URL 以"https"开头，其中"s"代表安全（secure）。这表明数据传输加密。

查看安全锁标志：在浏览器地址栏中查找一个小锁形标志，通常位于网址的左侧。这表示页面使用的是安全连接。

了解支付合作伙伴：了解网站使用的支付网关或第三方支付服务，这些服务通常提供额外的安全措施。

检查网站的隐私政策：阅读网站的隐私政策，了解它们如何保护和使用你的支付信息。

使用信任的支付方式：使用信用卡或借记卡支付，这些卡通常提供在线购物保护。

检查支付页面的域名：确保支付页面的域名与主网站一致，避免被重定向到仿冒网站。

查看 SSL 证书：SSL 证书是网站安全的重要标志。一些浏览器会显示更多关于证书的信息，包括颁发机构和有效期。

了解商家的声誉：在网上搜索商家的评价和用户反馈，了解其他消费者的购物体验。

检查支付页面的响应性：如果支付页面看起来设计粗糙或响应性差，这可能是一个警示信号。

避免公共网络：不要在公共 Wi-Fi 网络上进行支付，因为这可能增加数据被截获的风险。

使用支付保护软件：确保你使用的设备安装了最新的防病毒软件，并进行安全更新。

检查是否有额外的安全措施：一些网站会提供额外的安全措施，如双因素认证或交易密码。

注意浏览器警告：如果浏览器显示安全警告，如证书错误或网站安全问题，不要进行支付。

通过这些方法，你可以更加准确地判断某一个网站是否使用了安全的支付方式，从而保护自己的财务信息安全。

户反馈，了解商家的退款和退货政策，支付后定期检查银行和支付账户，注意任何异常活动。选择安全的支付方式并结合良好的网络安全习惯，可以有效降低网络购物的风险。

4.不抱侥幸，掌握应急挽救措施

在网络诈骗或其他安全事件发生时，不抱有侥幸心理并掌握应急挽救措施是非常重要的。

（1）关键应急步骤。一旦确认遭遇诈骗，立即联系当地警方报案。如果涉及银行转账或信用卡支付，立即通知银行或信用卡公司，尝试停止交易或请求退款。更改所有可能受影响的账户密码，特别是涉及财务的账户。对于重要的账户，如邮箱、银行账户和社交媒体，启用两步验证以增加安全性。仔细检查所有账户的交易记录，寻找任何未授权的活动。保留所有与诈骗有关的通信记录、交易凭证和证据，以便警方调查。取消自动支付，尤其是诈骗者设置了自动支付时，立即取消这些安排。可以使用信用监控服务，以便于追踪可能的身份盗窃或信用滥用行为。警惕后续诈骗，诈骗者可能会尝试进一步的诈骗，如假装是警方或银行工作人员联系你。如果个人信息泄露，通知亲友警惕以你的名义进行的可疑联系或请求。如果诈骗造成了严重后果，可以考虑寻求法律和财务专业人士的帮助。如果对受害者的心理造成影响，必要时寻求心理健康支持。参加社区或在线提供的防诈骗教育课程，了解更多防诈骗知识。

通过采取这些应急挽救措施，可以在一定程度上减少诈骗带来的损失，并提高未来防范诈骗的能力。

（2）身份信息被盗用的处置。一旦发现身份信息被盗用，迅速采取行动至关重要，可以按照以下步骤处置。

一是立即报警。向当地警方报案，提供尽可能多的细节。比如，你怀疑身份被盗用的时间和方式。

二是联系银行和信用卡公司。立即通知银行和信用卡公司，告知他们你的身份可能被盗用，请求他们监控账户并暂停任何可疑活动。如果你的身份信息被用于开设其他类型的账户，如手机服务或公用事业账户，也需要通知相关服务提供商。

三是更改密码。更改所有敏感账户的密码，包括银行账户、信用卡账户、电子邮件和其他在线服务。

四是检查信用报告。访问信用报告机构，查看信用报告中的活动，检查是否有未授权的账户或活动。可以冻结信用报告，防止诈骗者利用你的信用信息开设新账户。

五是监控税务信息。检查是否有以你的名义提交的未授权税务申报。

六是收集证据。保留所有与身份盗用相关的证据，包括通信记录、账单和交易记录。

通过这些措施，可以减少身份盗用带来的损失，并提高未来防范类似事件的能力。

5. 守住底线，防止成为犯罪帮凶

增强法律意识，了解相关法律法规，充分认识到参与诈骗活动的法律后果，避免参与任何看似有利可图但来源不明或可疑的活动。对于承诺高额回报的投资或商业机会一定要保持警惕，避免贪小便宜，吃大亏。

（1）保护好自己的"两卡"。在防范诈骗中，"两卡"指的是银行卡和电话

> **拓展阅读**
>
> 如果你发现你的银行卡或电话卡被用于非法活动，怎么处理才是正确的？
>
> 1. 立即挂失
>
> 立即联系银行或电信运营商，挂失你的银行卡或电话卡，以阻止进一步的非法使用。

2. 收集证据

保留所有与非法活动相关的证据，包括短信、电话记录、邮件通知等。

3. 报警

尽快向当地警方报案，并提供你所收集的证据。警方可能会进一步调查此事。

4. 联系银行或运营商

与银行或电信运营商沟通，说明你的情况，并要求他们提供帮助。他们可能会提供一些额外的安全措施或建议。

5. 更改密码

更改所有相关账户的密码，以防止未经授权的访问。

6. 更新安全措施

更新你的安全措施。比如，启用两步验证或多因素认证，以提高账户的安全性。

7. 通知亲友

如果你的个人信息已经泄露，通知你的亲友，提醒他们警惕可能的诈骗行为。

8. 监控账户活动

在一段时间内，密切关注你的银行账户和电话账户的活动，以确保没有其他未授权的交易或使用。

9. 法律咨询

咨询法律专业人士，了解你的权利和可能需要采取的法律行动。

10. 增强防范意识

通过这次事件，增强你对个人信息保护的意识，避免将来再次发生类似情况。

记住，及时行动是关键。挂失和报警可以迅速阻止非法活动，并有助于保护你的财产和个人信息安全。同时，保持与银行或运营商的沟通，确保他们了解情况并提供必要的支持。

卡，它们是诈骗分子常用的工具。以下是保护自己"两卡"的措施。

保护个人信息，不要随意透露自己的银行卡号、密码、验证码以及电话卡相关信息。通过银行和电信运营商的正规渠道，办理银行卡和电话卡，并且不要出租、出借或出售自己的银行卡和电话卡，这可能涉及洗钱或其他非法活动。警惕陌生来电，对于声称来自银行或电信运营商的陌生来电，尤其是对方要求提供个人信息或进行转账时，务必要提高警惕。收到含有链接的短信或邮件时，不要轻易点击，因为这些链接极有可能指向诈骗网站。保持良好行为习惯，定期更换银行卡和电话卡相关的密码，并使用强密码；开通银行卡的交易提醒功能，一旦发现异常交易，立即联系银行。警惕钓鱼网站，在进行网上银行或电话卡服务时，确保网站地址正确，避免访问假冒的官方网站；在手机和电脑上安装安全软件，帮助识别和拦截诈骗电话和短信。

（2）规范日常行为。不要转发任何未经核实的信息，特别是那些可能涉及诈骗的信息。避免参与任何可能涉及洗钱或其他非法金融活动的交易。不能帮助他人实施诈骗，包括提供技术支持、资金转移或其他形式的协助。在线交易时使用安全的支付方式，避免直接转账给个人。发现诈骗行为或可疑信息时，及时向警方或相关部门举报。及时与家人和朋友分享防诈骗知识，增强他们的防范意识。

典型案例

"内部票""含泪转让"？"代购演唱会门票"诈骗

演唱会、体育赛事等文体演出市场持续火爆，很多演唱会门票甚至"一票难求"，为了能近距离一睹偶像风采，很多歌迷想尽了办法，找黄牛、约代抢等方式都用上了。但是要小心，你在"四处淘票"之时，也成了诈骗分子的"重点关注对象"。

市民刘女士（化名，下同）在某短视频平台上看到出售演唱会门票的信息，就主动添加了对方的联系方式，对方称有"特殊渠道"，原价680元的门票只要加价200元即可买到。刘女士向对方支付880元后，对方却称刘女士的支付订单"没有备注，购票不成功"，要求刘女士重新支付，并称之前多付的钱稍后就能退还。刘女士求票心切，重新支付之后，对方又以"操作超时""验证信息"为由，持续要求刘女士转账。刘女士这才意识到被骗。

案例剖析：

1. 手段分析

手段一：谎称内部票。诈骗分子在各大平台上发帖，声称有售票平台、歌手公司预留的"内部票"。然而当歌迷买票时，会以定金、辛苦费等各种理由要求支付款项，甚至以"卡单了""需要重新支付才能出票"等幌子继续骗取更多钱财，等歌迷发现被骗后要求退款时却发现早已被拉黑。

手段二："含泪转让"。诈骗分子在社交平台发布转让门票的消息，编造"已买到票但有事去不了""跟朋友闹矛盾不想去"等原因，并发送虚假网站链接，要求歌迷通过虚假网站进行付款，支付之后拉黑失联。

手段三：黄牛票。诈骗分子常常会以"未绑定实名""官网买不到"等话术吸引歌迷朋友们高价购买。但是随着近年来大型活动入场"人""脸""证"多方面认证，歌迷们高价购买了门票但最终却很难入场。

手段四：虚假链接和网站。诈骗分子事先潜伏在微信、QQ等社交软件群里，发布门票销售信息，发送虚假网站链接或要求通过不安全的网站付款，骗取钱财。

2. 经验教训

购买门票应通过官方渠道，避免私下交易或通过不明来源的网站和个人购买。不要轻信社交平台上的"内部票"或"转让票"，尤其是要求先行支付定金或使用非正规支付方式的情况。对于演唱会现场的黄牛票要保持警惕，避免购买来路不明的门票。

3. 反诈警醒

一是购票时务必使用官方指定的支付方式和渠道，不要向个人账户直接转账。

二是如果收到门票，应通过官方提供的验票方式核实门票真伪。

三是如果遇到要求重复支付或支付额外费用的情况，应立即停止交易并报警。

四是对于任何形式的退款要求，应通过官方客服渠道进行，不要下载不明 App 或点击不明链接。

参考文献

[1] 崔蒙，欧阳国亮，胡彦斌. 电信诈骗话语模式解读 [M]. 北京：新华出版社，2018.

[2] 卜卓，卢歌. 电信互联网诈骗防范一本通 [M]. 北京：北京邮电大学出版社，2020.

[3] 重庆市成人教育丛书编委会. 金融防诈骗 [M]. 重庆：重庆大学出版社，2021.

[4] 赵作斌. 防诈骗手册 [M]. 武汉：华中科技大学出版社，2021.

[5] 王永阳，孙丽娜. 反电信网络诈骗实用问答：以案普法版 [M]. 北京：中国法制出版社，2023.

[6] 上海市第一中级人民法院金融诈骗类专题课题组. 金融诈骗类犯罪专题分析报告 [J]. 法律适用，2017（8）：97-106.

[7] 许志炜，童泽林，郭昱琅，等. 诈骗受害大学生的人格特质 [J]. 中国心理卫生杂志，2021，35（09）：775-780.

[8] 裴炳森，李欣，吴越. 基于 ChatGPT 的电信诈骗案件类型影响力评估 [J]. 计算机科学与探索，2023，17（10）：2413-3425.

[9] 孙晨博，赵雪莲，赵桂芬，等. 大学生电信网络诈骗受骗易感性问卷的编制 [J]. 中国心理卫生杂志，2024，38（10）：894-900.

# 第八章

网络暴力与心理应对

思维导图

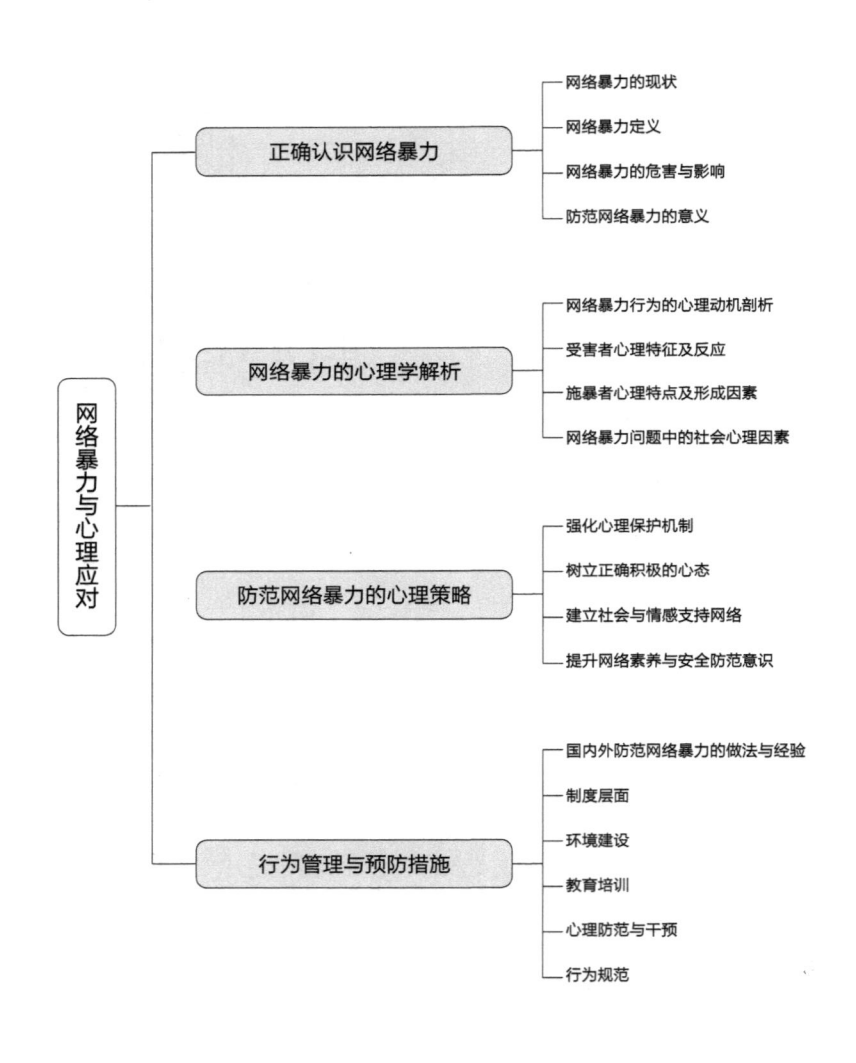

网络暴力与心理应对
- 正确认识网络暴力
  - 网络暴力的现状
  - 网络暴力定义
  - 网络暴力的危害与影响
  - 防范网络暴力的意义
- 网络暴力的心理学解析
  - 网络暴力行为的心理动机剖析
  - 受害者心理特征及反应
  - 施暴者心理特点及形成因素
  - 网络暴力问题中的社会心理因素
- 防范网络暴力的心理策略
  - 强化心理保护机制
  - 树立正确积极的心态
  - 建立社会与情感支持网络
  - 提升网络素养与安全防范意识
- 行为管理与预防措施
  - 国内外防范网络暴力的做法与经验
  - 制度层面
  - 环境建设
  - 教育培训
  - 心理防范与干预
  - 行为规范

学习目标

1. 通过剖析网络暴力现象背后的复杂心理动机,理解网民的心理状态,理解网络暴力的心理学根源。

2. 知晓相关法律法规,增强自身的社会责任感和道德意识。

3. 通过学习,掌握自我调节与控制的方法,保持理性思考,提高自身的辨别能力,理性看待网络舆论。

案例导入

案例一:2023年5月,武汉一位小学生在校园里被车撞倒,抢救无效死亡。他的母亲,仅仅因为上班期间匆忙赶过去时还穿着工作装,在网络上被人议论"精心打扮才过去的""身材高挑还穿高跟鞋美滋滋""想讹多少钱直接说"。几天后,这位本来就已精神崩溃的母亲,在网络恶臭言语的攻击下,选择跳楼轻生。

案例二:2022年7月,24岁的杭州女孩郑某华(化名)在被保研到华东师范大学后,她第一时间拿着录取通知书到医院,与病床上84岁的爷爷分享这一喜事。病床前,染着粉红色头发的她拍下和爷爷的合照,并分享到社交平台留作纪念。原以为这只是一次普通的分享,直到第二天被私信"轰炸"了,郑某华才惊讶地发现,自己的照片被盗用,已在各个平台扩散,这给她带来了很大困扰。在照片和用它制作的视频下面,各种不堪入目的评论接踵而至:有营销号搬了她的图,编出"专升本"的故事,卖起了课;有好事之人,说她是陪酒女、夜店舞女、不正经人、妖精、红毛怪……还有人甚至攻击她生病的爷爷,而这仅仅是因为她的头发。

> **思考题**
>
> 1. 请你试想一下案例中两位受害者在遭受网络暴力时的心理反应和变化，为什么被网暴者会容易陷入抑郁甚至很快就自杀？
> 2. 我们在面临网络暴力时，应该如何自救？

一、正确认识网络暴力

（一）网络暴力的现状

1. 国外关于网络暴力的现状

自互联网诞生以来，关于计算机、信息技术、互联网的研究一直方兴未艾，与此同时，对网络伦理、网络道德的研究也如火如荼进行着。国外关于网络暴力的研究主要集中于两个方面，一方面，研究对象侧重于青少年和妇女这两类弱势群体的网络暴力问题，且多采用定量分析的方法。如一项样本包括 1 416 名青少年（女童占50.1%）的研究，调查分析网络欺凌相关的可能风险，结果表明学校园欺凌和网络欺凌之间以及校园受害和网络受害之间存在横断面和纵向联系。另一方面，国外对网络暴力的治理研究多采用法律手段，通过法律监管保护网民的隐私权、名誉权，规范网民行为。2006 年美国爆发的"女童梅根事件"影响恶劣，这使得美国制定了《梅根·梅尔网络欺凌预防法》。亚洲国家包括日本和韩国也纷纷采用法律法规的形式约束网民行为，如韩国推行的"网络实名制"，日本颁布了《反黑客法》《青少年互联网环境整备法》。

2. 国内关于网络暴力的现状

随着国内网民数量的快速增长，网络暴力也成为影响社会稳定的因素之一。2016 年 5 月由中国互联网络信息中心（CNNIC）发布的第 54 次《中国互联网络发展状况统计报告》显示，截至 2024 年 6 月，我国网民规模近 11 亿人。较 2023 年 12 月增长 742 万人，互联网普及率达 78.0%。网民数量的激增导致网民成为公民社会中不可小觑的重要力量，然而网民个人素质的良莠不齐，使网络的广泛应用沦为了网络暴力事件频频发生的工具。公安部发布的相关消息显示，2024 年，全国公安机关共办理网络暴力案件 8 600 余起，依法采取刑事强制措施 2 500 余人，行政处罚 8 500 余人。最高检工作报告显示，检察机关坚决惩治网络暴力及"网络水平"造谣引流、舆情敲诈等违法犯罪，净化网络环境。

（二）网络暴力定义

1. 微观视角：言语攻击说

微观视角的言语攻击说，即网络暴力仅指一定数量的网民在网络上集体对某个人或某个群体进行语言攻击或谩骂的行为。

2. 中观视角：非物理攻击说

中观视角的非物理攻击说，即在网络上采取非物理暴力的方式攻击他人，不限于言语攻击，包括造谣、曝光隐私等。有学者指出："网络暴力是一种依托虚拟网络平台，兼具实在暴力因素的网络失范行为。"

3. 宏观视角：现实行为延展说

宏观视角的现实行为延展说，即网络暴力不限于中观非物理攻击，而是由现实延伸到网络，由网络再延展到现实的一系列暴力行为。有学者认为，网络暴力是社会言论的扩大及社会暴力的延伸。

（三）网络暴力的危害与影响

1. 侵犯他人基本权益

网络暴力作为一种新兴的通过互联网平台进行的暴力形式，对个体的基本权益构成了严重的威胁。从侵犯他人基本权益的角度来看，网络暴力的危害与影响是深远且复杂的。

首先，网络暴力严重侵犯了个体的名誉权。在网络空间中，个人信息的传播速度极快，一旦受到网络暴力的攻击，受害者的名誉往往会受到极大的损害。不实言论、恶意攻击、造谣诽谤等网络暴力行为，将对受害者的社会形象、职业发展和人际关系造成严重影响；其次，网络暴力侵犯了个体的隐私权。网络暴力往往伴随着对受害者隐私的侵犯，如人肉搜索、泄露个人信息等行为。这些行为不仅会让受害者感到恐惧和不安，还可能导致其遭受进一步的骚扰和攻击；此外，网络暴力还会对受害者的心理健康造成极大的影响。长期受到网络暴力的攻击，受害者可能会产生焦虑、抑郁、自卑等负面情绪，甚至可能引发自杀等极端行为。

从社会层面来看，网络暴力的危害与影响同样不容忽视。网络暴力破坏了社会的和谐稳定，加剧了社会矛盾和冲突。同时，网络暴力也降低了公众对互联网的信任度，影响了互联网的健康发展。

2. 扰乱网络空间环境

当今网络社会信息传播迅速，任何事件都可能被放大至头条，网民的集体力量可以揭露腐败和违法行为。然而，网络是把双刃剑，它在提供申诉和求助平台的同时，也衍生出网络舆论和暴力。网络暴力往往以正义为名，实则是对个体权利的侵犯，是一种道德的背离。网民在匿名的掩护下，轻易地站在道德高地审判他人，却忽视了自身的道德约束，这种以道德为名的暴力，实则是一种道德绑架，破坏了网络空间的道德环境。言论自由并非无边界，它受到他人权利和公共秩序的限制。自媒体平台也并非完全公共空间，部分用户往往忽视了自身在网络空间中的责任和应遵守的规则，导致网络空间的无序化以及虚假和暴力信息的泛滥，使得网络规则的建立和执行更加艰难。

3. 传播错误价值导向

网络社会中传播主体的多元化促进了价值观的多元化。自媒体本身的匿名性和虚拟性，增加了网民的自主选择性，一旦负面情绪和暴力性的价值观聚集，就会对现实的主流价值观构成威胁。在网络暴力发展初期最明显的表现就是拥有不同价值观念的网民站在自己的立场上开展网络骂战，两者互不退让，使社会主流意识形态和价值观受到冲击、弱化。部分自媒体为了抢占时效、博取关注，发布大量未经证实的信息，内容性质带有主观、片面、歪曲甚至虚假等特征，扰乱了受众的视线。由于广大网民缺乏鉴别和验证网络谣言的能力，一般人容易被舆论影响，只能获得片面的信息，有的甚至在后续发酵的传播中形成与主流价值观相悖的观点。这对社会大众遵循的社会主义核心价值观造成了负面的解构，加大了社会舆论引导难度。

4. 诱发社会矛盾

改革开放 40 多年来，中国社会经历了深刻的变革，社会情感基调也随之变化。在自媒体的掩护下，网民自由表达不满和情绪，导致网络负面信息泛滥，加剧了社会情绪的感染和抑郁情绪的蔓延。网络"人肉搜索"和隐私泄露使得当事人感受到被出卖的痛苦，引发对隐私保护和人际关系的怀疑，加剧了信任危机。一些自媒体为追求关注，发布未经核实甚至是虚假的新闻，操纵舆论，损害了自媒体的公信力。网络暴力及其治理不力的问题削弱了公众对政府治理能力的信任，社会信用透支，负面情绪如怀疑、猜忌、怨恨等不断积累，威胁社会和谐稳定。

（四）防范网络暴力的意义

1. 保护个人心理健康

网络暴力往往表现为侮辱、威胁、诽谤、骚扰等形式，这些行为可以对受害者造成严重的心理创伤，包括焦虑、抑郁、自卑等情绪问题，甚至可能导致自杀倾向。防范网络暴力能有效减少这些负面影响，保护个体的心理健康。

2. 维护网络空间秩序

网络暴力破坏了网络社区的和谐氛围，影响了网络空间的正常秩序。通过制定相关法规和政策，以及公众教育，可以创建一个更加文明、理性的网络环境，促进健康的网络文化发展。

3. 保障言论自由与信息流通

健康的网络环境鼓励开放、理性地讨论，而不是谩骂和攻击。防范网络暴力能够促进真实、有价值的信息传播，保障公众的知情权和言论自由。

4. 促进青少年健康成长

青少年是网络暴力的主要受害群体之一，他们正处于价值观形成的关键时期。有效的防范措施，可以保护青少年免受网络暴力的影响，帮助他们树立积极的人生观和价值观，促进其健康成长。

5. 增强社会凝聚力

网络暴力会撕裂社会共识，加剧社会分裂。通过集体行动来防范网络暴力，可以增强社会成员之间的相互理解和尊重,促进社会的和谐与团结。

防范网络暴力对于维护个人权益、促进社会稳定和谐、保障言论自由与信息流通都具有重要的意义。社会各界,包括政府、企业、学校和普通网民,都需要共同努力,采取有效措施,共同营造一个健康、积极的网络环境。

拓展阅读

运用法律武器抵制网络暴力侵害

事件背景:

2021年,北京市民徐女士的同事李某,在未经徐女士同意的情况下,将其照片肆意使用,并经过技术裁剪处理后,刻意放大女性身体的敏感部位,用于微博账号头像,并发布了多条侮辱和性骚扰的微博。这些行为给徐女士带来了严重的精神困扰和心理压力。

求助过程:

徐女士在发现自己受到网络暴力后,及时向公安机关报案。在公安机关处理的同时,徐女士还向微博平台投诉了李某的侵权行为。面对网络暴力,徐女士没有选择沉默和忍受,而是选择通过法律途径维护自己的合法权益。她向法院提起了民事诉讼,要求李某承担民事责任。

事件结果:

公安机关接到报案后迅速介入调查,对李某进行了行政拘留处罚,有效遏制了网络暴力的进一步蔓延;微博平台根据相关规定,对侵权微博进行了强制下线处理,减少了网络暴力的传播范围和影响。法院最终认定李某的行为构成性骚扰,判决其向徐女士赔礼道歉并赔偿精神损害抚慰金。

二、网络暴力的心理学解析

（一）网络暴力行为的心理动机剖析

人们为什么会参与网络暴力？人们参与的动机是什么？中国青年报社会调查中心与腾讯网新闻中心在2006年9月联合开展的一项3 226人参与的在线调查，揭示了网民对于网络暴力特征的认识，他们从发起者和参与者动机角度出发，将网络暴力的心理动机归为盲目式的道德审判和宣泄式的恶意攻击两种。

1. 盲目式的道德审判

此类网络暴力往往始于正义与道德的初衷，基于朴素的正义感，围绕特定的舆论热点事件爆发，国外常称之为"网上羞辱（online shaming）"，即以暴力的形式追求社会正义。这类事件无固定发起人或限定攻击对象，普通人也可能成为目标，随着事态升级，网络暴力转向人肉搜索，追查真相并将其隐私公之于众；在此之后，更多不明真相的网民盲目参与，导致初衷被扭曲，最终演变为打着"道德"旗号进行的言语谩骂、隐私曝光、现实谴责等暴力行为，给当事人带来严重心理困扰。由此不难看出，此种类型网络暴力的实质是一种以事件本身为缘起、相关当事人为对象的直接性的网络暴力。

2. 宣泄式的恶意攻击

这类网络暴力有一个明显的特征就是"舆论头子"的作用，他们通过描述一件为大众所感兴趣的事件，或者对某个人或某单位的一个帖子或报道进行评论，从而引导或激发网民的社会情绪，进而对此发表煽动性、攻击性和侮辱性言论，达到诋毁目的，并最终引起大量网民的追随与围观。所谓的"公知"在这类网络事件中往往充当着网络推手的作用。在此过程中，由于网络的匿名性，会进一步加深网络暴力事件中受害者的无力感。

（二）受害者心理特征及反应

1. 网络暴力进行时受害者心理特征及反应

网络暴力的产生和进行往往伴随着受害者负面情绪的滋生，给受害者带来了深远的心理影响，受害者在经历网络暴力时，可能会展现出一系列心理特征和反应，这些可以概括为以下五个方面（图 8-1）。

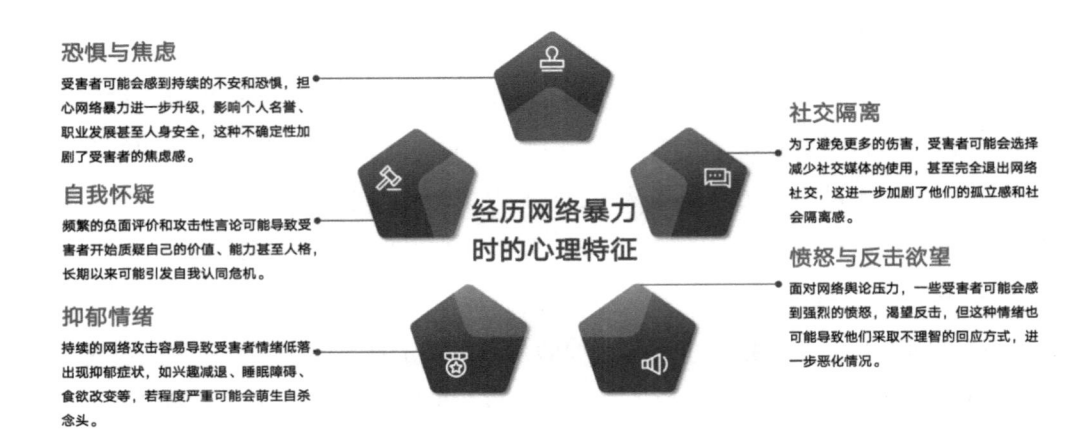

恐惧与焦虑
受害者可能会感到持续的不安和恐惧，担心网络暴力进一步升级，影响个人名誉、职业发展甚至人身安全，这种不确定性加剧了受害者的焦虑感。

自我怀疑
频繁的负面评价和攻击性言论可能导致受害者开始质疑自己的价值、能力甚至人格，长期以来可能引发自我认同危机。

抑郁情绪
持续的网络攻击容易导致受害者情绪低落，出现抑郁症状，如兴趣减退、睡眠障碍、食欲改变等，若程度严重可能会萌生自杀念头。

社交隔离
为了避免更多的伤害，受害者可能会选择减少社交媒体的使用，甚至完全退出网络社交，这进一步加剧了他们的孤立感和社会隔离感。

愤怒与反击欲望
面对网络舆论压力，一些受害者可能会感到强烈的愤怒，渴望反击，但这种情绪也可能导致他们采取不理智的回应方式，进一步恶化情况。

图 8-1　经历网络暴力时的心理特征

基于以上心理特征，在经历网络暴力时，受害者通常选择沉默应对、积极抗辩、寻求支持和自我保护等，进行自我防御或主动出击。

2. 网络暴力结束后受害者心理特征及反应

随着网络事件关注度的下降，网络暴力也逐渐平息。在经历了和舆论开展复杂、激烈、反复的斗争之后，受害者心理特征及反应通常呈现多样化，既包括负面的持续影响，也包括积极的恢复和成长过程，往往表现出以下典型的心理特征（图 8-2）。

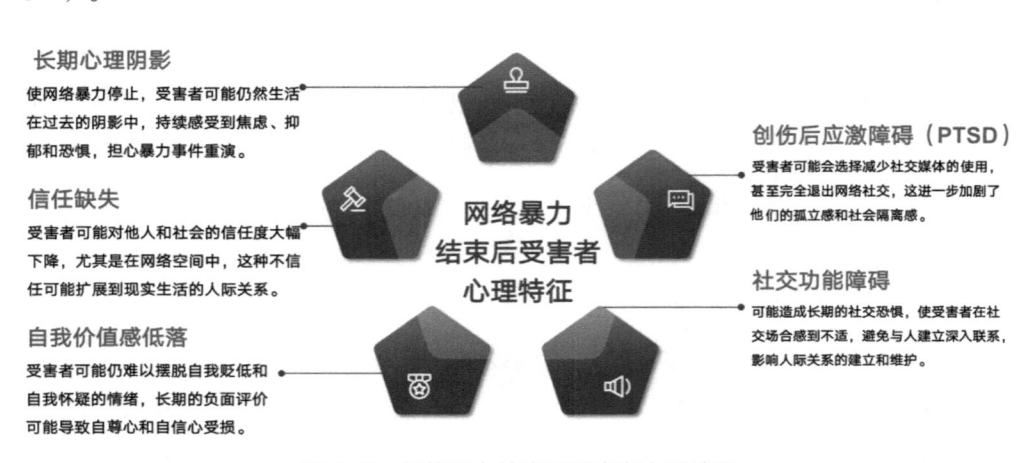

长期心理阴影
使网络暴力停止，受害者可能仍然生活在过去的阴影中，持续感到焦虑、抑郁和恐惧，担心暴力事件重演。

信任缺失
受害者可能对他人和社会的信任度大幅下降，尤其是在网络空间中，这种不信任可能扩展到现实生活的人际关系。

自我价值感低落
受害者可能仍难以摆脱自我贬低和自我怀疑的情绪，长期的负面评价可能导致自尊心和自信心受损。

创伤后应激障碍（PTSD）
受害者可能会选择减少社交媒体的使用，甚至完全退出网络社交，这进一步加剧了他们的孤立感和社会隔离感。

社交功能障碍
可能造成长期的社交恐惧，使受害者在社交场合感到不适，避免与人建立深入联系，影响人际关系的建立和维护。

图 8-2　网络暴力结束后受害者心理特征

受害者往往会寻求专业帮助、社交恢复、法律维权、自我反思等各种渠道以缝合网络暴力造成的心理创伤。

3. 网络暴力对受害者的长期心理创伤

网络暴力对受害者的长期心理创伤是深刻且复杂的,它不仅影响受害者当下的心理状态,而且可能造成长久的情感、认知和社会功能障碍(图8-3)。

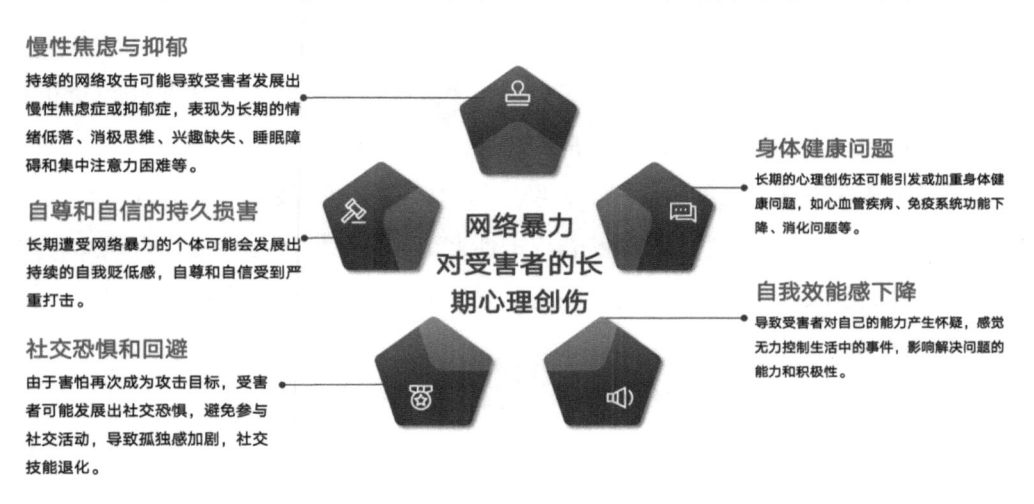

慢性焦虑与抑郁
持续的网络攻击可能导致受害者发展出慢性焦虑症或抑郁症,表现为长期的情绪低落、消极思维、兴趣缺失、睡眠障碍和集中注意力困难等。

自尊和自信的持久损害
长期遭受网络暴力的个体可能会发展出持续的自我贬低感,自尊和自信受到严重打击。

社交恐惧和回避
由于害怕再次成为攻击目标,受害者可能发展出社交恐惧,避免参与社交活动,导致孤独感加剧,社交技能退化。

身体健康问题
长期的心理创伤还可能引发或加重身体健康问题,如心血管疾病、免疫系统功能下降、消化问题等。

自我效能感下降
导致受害者对自己的能力产生怀疑,感觉无力控制生活中的事件,影响解决问题的能力和积极性。

图 8-3 网络暴力对受害者的长期心理创伤

网络暴力对受害者的心理影响复杂而深刻,其恢复过程可能漫长且复杂,需要个人努力、社会支持和专业干预相结合。社会应当提供更多资源和渠道,帮助受害者走出心理阴霾,重建健康生活。与此同时,提升公众的网络素养,营造健康的网络环境至关重要,势在必行。

(三)施暴者心理特点及形成因素

1. 施暴者的心理特点

(1)侵略性人格。施暴者往往具有侵略性的人格特质,这种性格使他们更容易将模棱两可的信息解读为敌对信息,更愿意把别人的观点归因为对自己的挑衅。他们倾向于以攻击性的方式回应他人的言论或行为,无论是在现实生活中还是在网络环境中。

(2)缺乏同理心。网络暴力施暴者往往缺乏对他人的同理心,无法理解和感受受害者的痛苦和困扰。他们可能会忽视受害者的感受，甚至以伤害他人为乐，从而加剧网络暴力的严重程度。

（3）认知偏差。虽然并非所有网络暴力施暴者的知识水平都较低，但从心理学角度来看，一些施暴者可能因为对事件的理解不够深入，或者对相关问题的知识储备不足，造成认知偏差，而更容易受到情绪驱使，发表偏激或攻击性言论。

（4）宣泄情绪。部分网络暴力施暴者可能将网络作为宣泄自己负面情绪的出口。他们可能在生活中遇到了挫折或困难，无法找到合适的方式解决问题，因此通过网络攻击他人来发泄自己的情绪。

（5）从众心理。在某些情况下，网络暴力施暴者可能受到从众心理的影响。当看到其他人对某个事件或人物发表攻击性言论时，他们可能会选择跟风发表类似言论，以表明自己与大多数人站在同一立场上。这种从众心理在一定程度上加剧了网络暴力的扩散和恶化。

2. 施暴者心理特点的形成因素

网络暴力施暴者的心理特点的形成是一个长期且复杂的过程，涉及个人心理和社会环境等多方面综合因素（图 8-4）。

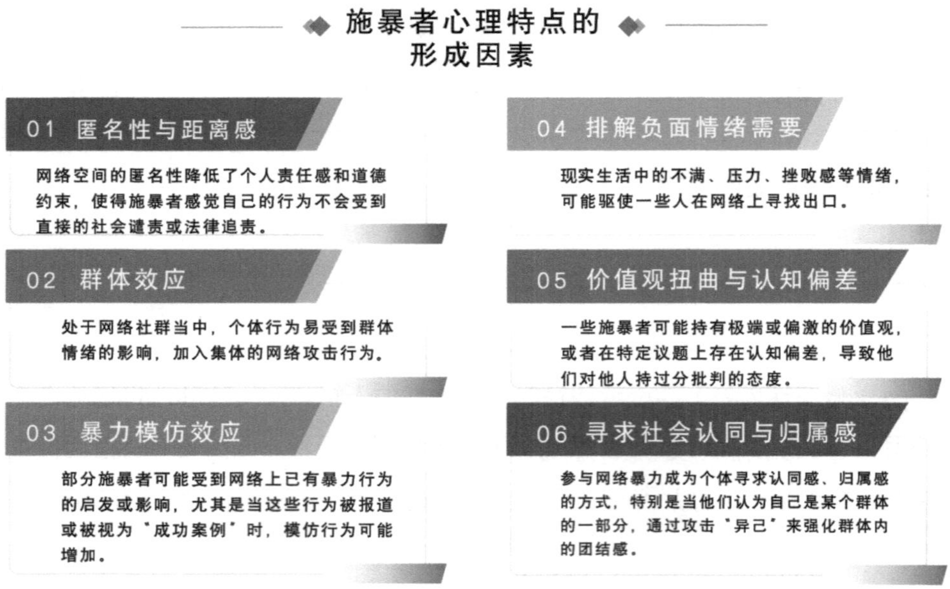

◆ 施暴者心理特点的形成因素 ◆

01 匿名性与距离感
网络空间的匿名性降低了个人责任感和道德约束，使得施暴者感觉自己的行为不会受到直接的社会谴责或法律追责。

02 群体效应
处于网络社群当中，个体行为易受到群体情绪的影响，加入集体的网络攻击行为。

03 暴力模仿效应
部分施暴者可能受到网络上已有暴力行为的启发或影响，尤其是当这些行为被报道或被视为"成功案例"时，模仿行为可能会增加。

04 排解负面情绪需要
现实生活中的不满、压力、挫败感等情绪，可能驱使一些人在网络上寻找出口。

05 价值观扭曲与认知偏差
一些施暴者可能持有极端或偏激的价值观，或者在特定议题上存在认知偏差，导致他们对他人持过分批判的态度。

06 寻求社会认同与归属感
参与网络暴力成为个体寻求认同感、归属感的方式，特别是当他们认为自己是某个群体的一部分，通过攻击"异己"来强化群体内的团结感。

图 8-4 施暴者心理特点的形成因素

（四）网络暴力问题中的社会心理因素

1. 眼见未必为实——网络暴力产生的社会认知机制

（1）信息简化与事实标签化。在快节奏的网络环境中，复杂信息往往被简化处理，导致事实被过度简化或错误标签化，个体倾向于根据有限信息快速形成刻板印象和判断。这种简化过程可能强化原有的偏见，激发针对特定群体或个人的负面情绪和攻击性行为。

（2）观念对立与身份区隔。在网络空间中，人们倾向于加入与自己观点相似的群体，形成"回音室效应"，这加剧了观念的两极分化。当不同群体间的界限分明时，观念的对立易于引发敌对情绪，导致针对"对方"群体的网络暴力行为。

（3）流量误导与真相偏离。互联网的信息缺乏系统性，许多事件的信息是碎片化的、片段的、分散的，这本身为公众了解事件真相带来困难，身处"后真相"时代的我们，传递的信息在被媒介多重表征之后，信息内容夹杂情绪表达偏离了事实本身。

2. 都是情绪"惹的祸"——网络暴力产生的社会情绪机制

（1）情绪简化与放大。在互联网环境中，信息传播速度快，内容易于被情绪化处理。原本复杂的事件被简化为易于激发情绪的标签或梗概，导致情绪反应先于理性思考。一旦负面情绪被点燃，很容易在网络中迅速放大，引发群体性的情感共鸣和过激行为。

（2）群体极化与情绪感染。在线群组中，相似情绪的个体聚集，通过互动强化彼此的情绪，形成"群体极化"现象。强烈的群体情绪像涟漪一样扩散，新加入者也可能被这种强烈的情绪氛围所感染，进而参与其中，进一步加剧网络暴力的程度。

（3）信息茧房与回音室效应。社交媒体算法倾向于推送符合用户偏好的内容，形成信息茧房。这导致个体接触到的信息单一化，情绪化的观点不断得到强化，减少了对不同立场的理解和同情，增加了攻击性行为的可能性。

3. 始于正义，走向恶意——网络暴力产生的社会价值观机制

（1）正义感的误用与扭曲。最初，很多网络暴力事件的发起者可能抱有揭露

不公、维护正义的初衷，希望通过网络平台的力量纠正错误、声援受害者。然而，这种正义感在缺乏冷静思考和全面信息的情况下，容易被情绪化解读和过度简化，导致目标对象被错误定位或过度惩罚，正义诉求转变为网络暴力。

（2）假借道德名义进行道德绑架。在社交网络中，一旦某个事件引发了广泛讨论，群体极化现象便可能发生，即观点相近的人聚集在一起，互相强化原有的立场，形成极端化意见。此时，群体内部可能出现道德绑架现象，即个体感到必须跟随群体行动，否则会被贴上"不正义"的标签，这种压力会迫使更多人加入网络暴力的行列，即使他们内心可能并不完全认同。

（3）责任分散效应。在网络匿名性和大规模参与的背景下，个体往往感觉自己的行为只是众多声音中的一小部分，责任被大大稀释。这种"匿名的多数"心态降低了个体对自身行为后果的认识，使得人们在参与网络攻击时少有顾虑，认为自己的行为不会造成实质性的伤害。

典型案例

网络暴力案：侵犯隐私与诽谤的法律制裁

2023年，江苏省章某（化名）通过安装定位和窃听设备，非法获取了受害人的隐私信息，包括但不限于个人行踪、通信记录等敏感数据。为了扩大影响力和危害程度，章某购买了多个互联网账号，并雇用了"网络水军"团伙。这些"水军"被指使在多个网络平台上传播受害人的"不雅"视频、图片和侮辱性文章。章某不仅传播受害人的真实隐私信息，还利用虚假内容对受害人进行诽谤和攻击，并通过编造谣言、伪造证据等方式，进一步加剧了受害人的困境。为了彻底摧毁受害人的名誉和生活，章某还利用他人名义向受害人单位邮寄了虚假内容的举报信。这些信件中包含了大量捏造的事实和诽谤性言论，导致受害人在工作和生活中遭受了极大的打击和困扰。

2023年1月，江苏公安机关依法对章某采取了刑事强制措施，以限制其继续实施犯罪行为。经过调查取证和审理程序，章某因犯侵犯公民个人信息罪、寻衅滋事罪和故意伤害罪，一审被依法判处有期徒刑六年，并处罚金人民币一万元。此案被公安部列入依法惩治网络暴力违法犯罪10起典型案例之一，引起了社会各界的广泛关注和讨论。

案例剖析：

1. 网络暴力行为分析

（1）谣言编造与传播。章某作为始作俑者，编造并传播关于受害人的虚假信息，这是网络暴力的典型表现之一。谣言的编造和传播不仅侵犯了受害人的名誉权，还对其精神造成了极大的伤害。

（2）雇用"网络水军"。章某通过雇用"网络水军"团伙，利用多平台、多账号进行信息扩散，这种有组织、有预谋的网络暴力行为具有更强的隐蔽性和危害性。它能够在短时间内形成巨大的舆论压力，对受害者造成难以估量的损失。

（3）隐私侵犯。章某还非法对受害人实施跟踪定位，侵犯其公民个人信息。这种行为不仅违反了法律法规，也进一步加剧了网络暴力的严重程度。隐私的泄露和侵犯让受害者处于更加无助和危险的境地。

2. 受害者影响

受害人因章某的网络暴力行为，精神受到严重创伤，工作生活受到极大影响。她可能面临来自同事、朋友甚至陌生人的误解和指责，导致社交关系紧张、心理压力增大。长此以往，还可能引发更严重的心理问题，如抑郁症、焦虑症等。

3. 案例启示

政府和相关部门应加大对网络平台的监管力度，建立健全网络暴力预防和应对机制。通过技术手段和人工审核相结合的方式，及时发现并制止网络暴力行为。公众应加深对网络暴力的认识和警惕性。在遭遇网络暴力时，要及时报警并寻求法律援助。同时，也要学会保护自己的隐私信息，避免成为网络暴力的受害者。对于实施网络暴力行为的犯罪分子，应依法予以严厉打击和制裁。通过法律手段维护网络环境的健康和安全，保护广大网民的合法权益。

三、防范网络暴力的心理策略

（一）强化心理保护机制

1. 提升心理韧性

心理韧性是指个体在面对压力、挫折和逆境时，能够保持积极态度和适应的能力。在防范网络暴力的背景下，提升心理韧性尤为重要。强化心理保护机制，坦然接受事实，培养良好心态，积极思考，制订自我提升策略等方法，旨在帮助个体在网络空间中构建强大的心理防线，提高自我保护能力，以应对可能遭遇的网络暴力。

2. 增强情绪管理能力

学会识别并调整非理性思维模式，如"全有或全无"的思维，通过认知行为疗法的技巧，将负面情绪转化为建设性的思考。通过健康渠道表达情绪，如运动、艺术创作、写日记等，以减轻情绪压力，避免在网络平台上冲动回应。学习运用深呼吸、冥想、正念练习等方法，在遭遇网络暴力时迅速平复心情，避免情绪失控。

3. 培养应对压力的策略

时间管理与优先级设定：教导个体有效管理时间，合理分配网络与现实生活中的任务，减少因时间紧迫或任务堆积造成的额外压力。面对网络暴力，积极寻找解决问题的途径，如举报不良信息、屏蔽攻击者等。同时，培养解决问题的能力，增强自信心和应对挑战的勇气。此外，需学会适时远离网络环境，特别是在情绪波动大或身心疲惫时，给自己留出"数字排毒"时间，减少网络暴力的直接影响。

（二）树立正确积极的心态

为了有效防范网络暴力，个体需从心理上进行自我调适与提升，其中，树立正确积极的心态是至关重要的一环。

1. 培养积极心态

认识自我价值。首先，个体应深刻认识到自己的独特价值和能力，不轻易被他人的网络言论所动摇。通过自我肯定练习，如记录每日成就、积极自我对话等，增强自信心和自尊感。

乐观面对挑战。面对网络上的负面言论或攻击，学会以乐观的态度去解读和处理，认识到每一次挑战都是成长的机会，通过积极应对培养积极心态。

设定合理目标。为自己设定清晰、可实现的目标，并为之努力。当注意力集中在个人成长和进步上时，就更容易抵御外界负面信息的干扰。

2. 增强共情能力

尝试换位思考。共情是理解他人情绪、感受和需求的能力。通过主动倾听、换位思考等方式，尝试站在网络暴力受害者的角度去感受他们的痛苦，从而减少对他人施加伤害的行为。

倾听与理解。真正倾听他人的观点，即使不同意也要尊重对方的看法。通过有效的沟通来解决问题，而不是通过争吵或攻击。

表达同情与支持。同情心是理解他人痛苦并愿意帮助的一种情感。在网络互动中展现出同情心，可以帮助缓和紧张的气氛，减少敌意。当发现网络暴力行为时，勇敢地站出来，用温和、理性的语言表达同情和支持，为受害者提供正面的声音和力量。

3. 发展批判性思维

辨别信息真伪。在信息爆炸的网络时代，学会筛选和辨别信息的真伪至关重要。培养对信息的批判性审视能力，不盲目相信或传播未经证实的消息。

分析言论动机。对于网络上的言论，尝试分析其背后的动机和目的。理解不同立场和观点的存在，以更加客观、全面的视角看待问题。

理性表达观点。在表达自己的观点和看法时，保持冷静和理性，避免使用攻击性、侮辱性的语言。通过合理的论证和论据来支持自己的观点，促进有意义的讨论和交流。

（三）建立社会与情感支持网络

构建一套有效的心理迁善机制，特别是通过建立健全的社会与情感支持网络，对于预防和减轻网络暴力的负面影响至关重要。

1. 建立健全社会支持网络

积极参与线上线下的兴趣小组和社团活动，加入社区志愿者组织或其他非营利组织，与志同道合的人建立联系。这样的社交圈可以为你提供情感上的支持和鼓励，在遇到网络暴力时给予你安慰和建议。

2. 加强家庭支持

与家人建立开放、诚实的沟通机制，让他们了解你在网络上的经历和感受；同时，与家庭成员一起参加户外活动或共同完成某项任务，这有助于加深家庭成员间的情感联系，增加彼此的信任和支持；家庭成员之间可以互相提醒，注意彼此的网络安全和心理健康。家长尤其需要注意孩子在网上的行为，及时发现并解决潜在问题。

3. 寻求专业支持

建立起心理咨询、心理治疗、互助小组、法律援助等多层次的社会与情感支持网络，对于帮助个人更好地抵御网络暴力的负面影响意义重大。在遇到困难时，可以依靠是一种巨大的安慰，这种支持网络不仅能够减轻个人的心理负担，还能增进个人的整体福祉和社会的和谐稳定。

（四）提升网络素养与安全防范意识

1. 加强网络安全教育

（1）普及网络安全知识。在学校、社区、企业和家庭等各个层面开展网络安全教育，让公众了解网络暴力的形式、危害以及防范方法。同时，引导大众学习网络基础知识，包括网络结构、数据传输原理、隐私保护概念等，让公众了解网络运作的基本机制，认识到个人信息保护的重要性。可以通过举办讲座、研讨会、发放宣传册等方式进行。

（2）培养良好的上网习惯。教育公众在上网时遵守法律法规，尊重他人，不随意发布或转发未经核实的信息。同时，提倡文明上网，鼓励正面互动。

（3）增强自我保护意识。教育公众如何识别网络诈骗、恶意软件和其他安全威胁，通过真实案例的剖析，展示网络暴力的表现形式、危害后果及法律责任，提高公众对网络暴力的警惕性和认识深度。

2. 培训网络安全技能

个人要学会如何设置复杂的密码，定期更改密码，并使用安全软件来保护自己的账户和数据不受侵害；如何安全地浏览互联网，比如使用信誉良好的浏览器插件阻止恶意广告，不在不安全的网站上输入个人信息等；学习应急处理方法，培训用户在遭受网络暴力时如何及时采取措施，比如保存证据、报告给相关部门或网站管理员，并寻求法律帮助。

3.建立健全网络安全制度

（1）完善法律法规。国家和地方政府应制定和完善相关法律法规，明确网络暴力的定义、法律责任以及惩罚措施，为打击网络暴力提供法律依据。

（2）强化平台责任。网络服务提供商和社交媒体平台需要承担起监管责任，建立健全内部审核机制，及时发现和处理违规内容，保护用户的合法权益。

（3）建立快速响应机制。设立专门的举报通道，方便用户报告网络暴力事件，对网络暴力行为进行监督和抵制，同时加强舆论引导，营造清朗的网络空间。相关部门应确保能够迅速响应，及时采取措施处理问题。

（4）加强跨国跨平台合作。鉴于网络全球化性质，国际社会需要加强合作，共同制定和执行打击网络暴力的标准和协议。同时，应建立公安、网信、教育等多部门联动的网络安全监管体系，加强信息共享和协作配合，形成打击网络暴力的合力。

典型案例

网络谣言与真相

互联网上一篇题为《史上最恶毒后妈把女儿打得狂吐鲜血》的帖子曾迅速走红，该帖图文并茂地讲述了江西省鄱阳县一名6岁女童小慧被继母陈某虐待至口吐鲜血、大小便失禁、6块脊椎断裂的悲惨遭遇。帖子迅速在全国范围内引起轰动，网民们纷纷对陈某表示愤怒和谴责，称其为"史上最毒后妈"。随着帖子的广泛传播，舆论迅速发酵。网民们纷纷声讨陈某，要求对其严惩不贷。同时，一些媒体也跟风报道，加剧了事件的热度。面对舆论的强烈反响，江西省鄱阳县公安局迅速成立专案组对此事件展开全面调查。警方通过询问小慧、陈某、小慧的父亲、邻居、幼儿园园长等多方当事人，并综合医院专家的诊断结果,逐步还原了事件真相。

经过调查,警方发现陈某并没有虐待小慧的行为。小慧体表的初始伤势实际上是她自己跌倒造成的。此外,小慧还患有血友病等多种疾病,其身上的瘀斑和出血症状与疾病本身有关,而非人为所致。警方最终公布了调查结果,为陈某洗清了冤屈。(案例中均为化名)

案例剖析:

1. 网络暴力的体现

(1)谣言的迅速传播与放大。该事件起源于一篇未经核实的网络帖子,帖子中夸大其词地描述了后妈陈某虐待继女小慧的惨状。这些虚假信息在网络上迅速传播,被大量转发和评论,形成了强大的舆论压力。网络暴力的一个显著特点就是谣言的迅速传播和放大,它能够在短时间内对一个人或事件造成巨大的负面影响。

(2)情绪的极端化与煽动性。网民们在看到帖子后,情绪迅速被点燃,对陈某进行了极端的谴责和辱骂。他们甚至发出了网络通缉令,要求严惩"最毒后妈"。这种情绪的极端化和煽动性,是网络暴力的重要特征之一。它使得网民们在缺乏理性思考的情况下,对事件做出过激的反应。

(3)人肉搜索与隐私侵犯。在事件发展过程中,一些网民试图通过人肉搜索找到陈某的真实身份和联系方式,并将其公之于众。这种行为不仅侵犯了陈某的隐私权,还可能导致其遭受更多的骚扰和威胁。人肉搜索是网络暴力的一种极端表现,它使得受害者在现实生活中也难以逃脱网络暴力的阴影。

2. 网络暴力的影响

(1)对受害者的伤害。陈某作为该事件的受害者,遭受了巨大的精神压力和伤害,她被迫面对来自四面八方的指责和辱骂,甚至产生了自杀的念头。这种伤害不仅限于心理上,还可能对其日常生活和工作造成长期的影响。

(2)对社会信任的破坏。该事件中的谣言和虚假信息破坏了社会的信任基础。网民们对信息的真实性产生了怀疑,对媒体和政府的公信力也造成了损害。这种信任的缺失可能导致社会更加分裂和不稳定。

（3）对网络环境的污染。网络暴力行为污染了网络环境，使得网络空间充满了负面情绪和暴力色彩。这种环境既不利于人们的健康成长和理性思考，也不利于社会的和谐稳定。

四、行为管理与预防措施

（一）国内外防范网络暴力的做法与经验

1. 制定法律法规

（1）美国关于防范网络暴力的做法。实际上，美国并没有直接使用"网络暴力"这一表述，但类似现象被立法部门分为"网络欺凌""网络追踪""网络骚扰"等类别，并制定了相关法律进行规制。美国于1996年制定的《通信规范法案》（Communications Decency Act，CDA）第230条，旨在鼓励在线服务对其平台上的内容进行管理，在不侵犯用户言论自由的前提下，为用户创造一个安全的网络环境。此外，美国联邦政府、州政府通过了《联邦禁止利用计算机犯罪法》《计算机安全法》《反欺凌法案》等法案以应对网络空间中的不良行为。

（2）德国关于防范网络暴力的做法。德国联邦议会于2017年6月通过了《改进社交网络中的法律执行的法案》，开启了德国重拳治网的"监管风暴"。该法案重在强化政府对社交媒体平台的法律监管，要求符合条件的社交网络服务提供者建立不法信息投诉与处理机制，并设置巨额罚款；1997年6月，德国通过了世界上首部全面规范互联网的法律《多媒体法》（德文简称IUKDG）。该法不仅规定了网络服务商的责任和义务，还明确要求服务商不得链接或在搜索引擎中出现法律禁止的不良信息，为网络环境的净化提供了坚实的法律基础。

（3）韩国关于防范网络暴力的做法。韩国通过对实名制和反网络暴力进行立法，强制要求网络用户在某些情况下使用真实姓名，以降低因匿名性带来的网络暴力。韩国于2011年推出《个人信息保护法》，对于使用"人肉搜索"手段将他人信息进行曝光的行为进行了严格规定；根据韩国《信息通信网法》与《中华人民共和国刑法》的相关规定，对于在互联网上发布谣言以及进行人身攻击的行为，违法者可能面临七年以下有期徒刑的处罚。此外，韩国制定了针对青少年群体的《校园暴力预防与对策法》，其中明确界定了网络霸凌的行为内容，为防范和打击青少年间的网络暴力提供了针对性措施。

（4）国内关于防范网络暴力的做法。

①法律法规层面。我国制定了《中华人民共和国网络安全法》《中华人民共和国个人信息保护法》《中华人民共和国刑法修正案（九）》《中华人民共和国民法典》等法律法规要求网络运营者履行安全管理义务，保护公民个人信息安全，对网络暴力行为进行管控，规定了个人信息处理的原则、权利与义务，为个人在网络空间的权益提供了法律保护。

②行政法规与部门规章层面。为治理网络暴力信息，营造良好网络生态，保障公民合法权益，维护社会公共利益，我国首部以部门规章形式公布的反网络暴力专门立法——《网络暴力信息治理规定》（以下简称规定）于2024年8月1日起施行。规定明确了网络信息服务提供者、用户及相关部门的责任和义务，开启了网络暴力信息治理法治化新篇章。

③实施细则与指南层面。《网络信息内容生态治理规定》明确了网络信息内容生产者、服务提供者和使用者的责任，要求采取措施防范和处置网络暴力等不良信息；《网络暴力行为治理指南》旨在指导网络服务提供者如何有效治理网络暴力行为，提出了网络暴力行为的界定标准、处理流程、用户投诉机制等。

2. 加强平台监管

为规范数字网络平台，保障用户安全和基本权利，欧盟于2020年制定数字服务法案（digital services act，DSA）。该法案是欧盟近20年来在数字领域的首次重大立法，旨在更新现有的互联网规则，要求在线平台采取更多措施来检测和删除非法内容，包括网络暴力和仇恨言论，确保用户的在线安全，阻止非法或违反平台服务条款的有害内容的传播。

国内层面，根据规定要求，网络信息服务提供者应履行网络信息内容管理主体责任，建立完善网络暴力信息治理机制，制定和公开管理规则、平台公约，并与用户签订服务协议,明确网络暴力信息治理相关权利和义务。平台需对用户进行真实身份信息认证,加强用户账号信息管理,防范和制止假冒、仿冒、恶意关联相关主体进行违规注册或发布信息。

3. 健全举报机制

澳大利亚成立了专门的网络安全专员办公室,有专人负责对投诉类型、对象和严重程度进行分类处理,并提供相应的跟踪服务;法国、比利时等国设立了热线电话,为家长和教师报告网络暴力案例提供便捷渠道。同时优化举报流程,为公众提供便捷的举报渠道,在显著位置设置举报按钮或链接,方便用户快速举报网络暴力信息。

中国政府积极推动网络举报平台的建设,为网民提供便捷的举报渠道。例如,中央网信办等部门建立了网络举报和辟谣平台,鼓励网民积极举报网络暴力等违法信息。各地网信部门也结合实际情况,开设了线上举报专区,实现线上线下受理处置全覆盖,方便网民随时随地进行举报。同时,优化举报服务,强化举报平台服务功能,提供集"举报投诉""举报指南""典型案例""法律法规"等多功能于一体的举报服务产品,加强举报渠道建设,依法依规制定举报指引,明确举报要件,方便网民有效准确举报。

4. 开展宣传教育

(1)国外开展防范网络暴力知识宣传教育的做法。

①设立专题宣传活动。许多社会机构、慈善团体和社交媒体也会联合开展专题宣传活动。如澳大利亚成立了全国性的反对校园网络暴力日;希腊设立了全国性的反对校园网络暴力主题周;英国教育部门的一些机构联合慈善团体成立了"反网络暴力联盟";韩国政府支持的 Cyber Safety 项目,通过媒体宣传和社区活动来提升公众对网络暴力问题的关注。

②国际日设定。在成员国共同推动下,联合国教科文组织从 2020 年开始,把每年 11 月的第一个星期四定为"反对校园暴力和欺凌包括网络欺凌国际日",呼吁各个国家采取措施,加强对校园网络暴力的防范;欧盟发起的更安全的互联网日(Safer Internet Day)全球性活动,旨在提高人们对网络安全的认识。

③开设教育课程。加拿大在学校中实施专门的课程，教授学生如何安全地使用互联网以及如何处理网络欺凌；澳大利亚推出 eSafety 专员计划，提供资源和支持给学校，帮助他们教育学生关于网络安全和个人隐私的重要性。此外，国外还注重家长与教师参与，如新西兰通过家长会和教师培训工作坊等形式，让家长和教师了解如何帮助孩子避免成为网络暴力的受害者或参与者。

（2）国内开展防范网络暴力知识宣传教育的做法。

①网络安全教育。将网络安全教育纳入学校课程，从小学到高中阶段都有相应的课程内容，教育学生如何安全地使用互联网，识别和预防网络暴力；通过德育课程和主题活动，培养学生正确的价值观和社会责任感，鼓励学生在遇到网络暴力时能够勇于站出来反对。

②公众媒体宣传。利用电视、广播、网络等多种媒体形式，播放公益广告和专题节目，提高公众对网络暴力危害性的认识；通过微博、微信等社交媒体平台发起话题讨论，鼓励用户分享如何避免网络暴力的经历和建议；每年定期举办网络安全宣传周活动，集中宣传网络安全知识，包括防范网络暴力的内容。

③专题讲座与培训。邀请网络安全专家、心理学家等专业人士到学校、社区、企事业单位举办讲座，传授如何防范和应对网络暴力的知识；对教师进行专门的培训，帮助他们了解网络暴力的特点和危害，以及如何在课堂上教育学生预防网络暴力。

5. 提供心理援助

国外开展防范网络暴力知识宣传教育的做法较多。法国教育部联合法国"电子-儿童"协会共同推出了"3018"系统，该系统不仅提供网络暴力投诉通道，还设有心理咨询服务，为受害者提供了全方位的支持；美国一些民间项目不仅为网络暴力受害者提供免费的心理咨询，还在必要时提供法律咨询和诉讼资金援助；其他国家也在探索类似的联合服务模式，通过整合法律和心理资源，为受害者提供更加全面和有效的援助。此外，部分国家开始利用互联网搭建在线心理援助平台，提供心理援助服务。这些平台通常提供在线咨询、心理测试、自助资源等功能，方便受害者随时随地获取心理支持和帮助。

国内开展防范网络暴力知识宣传教育的做法。中国政府高度重视网络暴力问题，并在相关政策文件中提出了加强心理援助的要求。例如，《"十四五"国民健康规划》提出"完善心理危机干预机制，将心理危机干预和心理援助纳入突发事件应急预案"，这为网络暴力受害者的心理援助提供了政策依据。同时，还设立全国性的心理援助热线，为遭受网络暴力的人提供及时的心理支持和咨询服务，各地还设有地方性的心理援助热线，提供本地化的心理咨询服务；开发心理健康应用程序，提供在线咨询、心理测评等功能，帮助人们更好地管理情绪；搭建在线心理咨询平台，通过在线平台提供心理咨询服务，包括即时聊天、视频咨询等多种形式。

（二）制度层面

1. 建立和完善反网络暴力制度和政策

（1）国家层面。制定专门的反网络暴力法律，明确规定网络暴力的定义、法律责任以及处罚措施；更新现有法律，如《中华人民共和国网络安全法》《中华人民共和国个人信息保护法》等，以适应网络环境的变化；明确网络服务提供者的责任，要求其采取措施防止和处理网络暴力行为。

（2）地方层面。地方政府可以根据本地情况制定实施细则，补充国家层面的法律法规；设立专门的机构或部门负责网络暴力的预防和处理工作。

2. 设立有效的投诉渠道和程序（图 8-5）

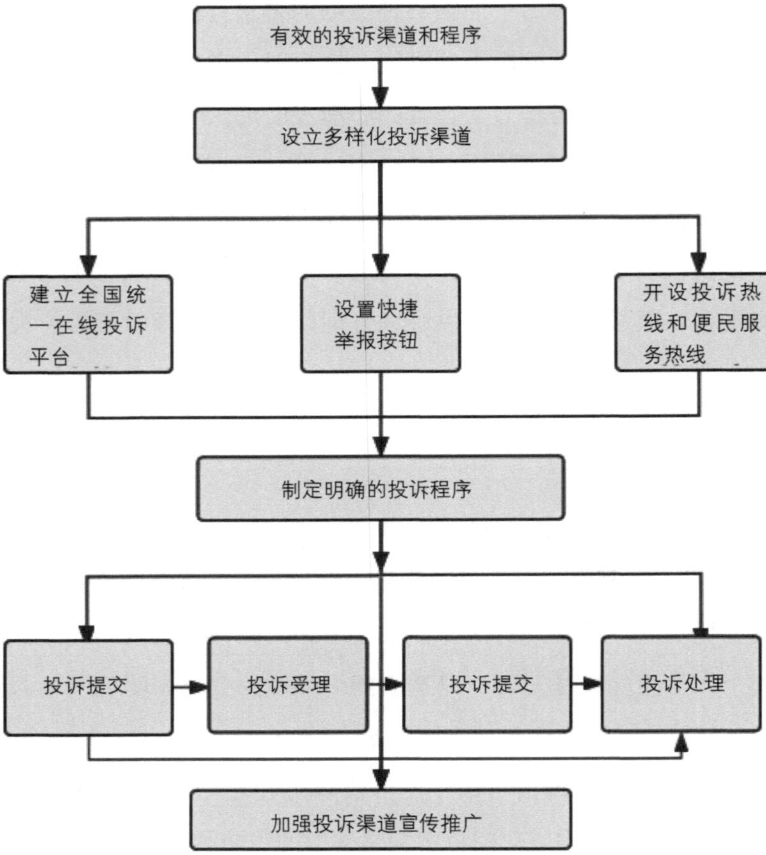

```
           有效的投诉渠道和程序
                   │
           设立多样化投诉渠道
                   │
        ┌──────────┼──────────┐
   建立全国统     设置快捷      开设投诉热
   一在线投诉     举报按钮      线和便民服
   平台                        务热线
        └──────────┼──────────┘
                   │
           制定明确的投诉程序
                   │
        ┌─────┬─────┬─────┐
     投诉提交→投诉受理→投诉提交→投诉处理
        └─────┴─────┴─────┘
                   │
           加强投诉渠道宣传推广
```

图 8-5　有效的投诉渠道和程序图

3. 强化法律适用

法律作为社会规范的重要组成部分，其有效适用能够显著降低网络暴力事件的发生频率，保护受害者的合法权益，维护网络空间的健康秩序。

（1）明确网络暴力的法律定义与界限。首先，需要明确网络暴力的法律定义及其界限。网络暴力通常包括但不限于网络诽谤、侮辱、人肉搜索、恶意炒作等行为，这些行为严重侵害了他人的名誉权、隐私权等合法权益。通过立法或司法解释，将网络暴力行为具体化、明确化，有助于司法实践中对网络暴力行为的准确识别和有效打击。

（2）加大执法力度。在完善法律法规的基础上，应进一步加大执法力度，确保法律得到有效执行。一方面，公安机关、网信部门等应加强对网络暴力行为的监测和查处，对涉嫌违法犯罪的行为依法追究刑事责任或给予行政处罚。另一方面，法院应加强对网络暴力案件的审理，依法公正判决，维护受害者的合法权益。

（3）细化法律适用标准。针对网络暴力的复杂性和多样性，应细化法律适用标准，确保法律适用的准确性和公正性。例如，可以制定网络暴力行为的分类标准，明确不同类型行为的法律责任和处罚幅度。同时，对于网络暴力行为中的侮辱、诽谤等具体行为，应制定更为详细的认定标准和证据规则，以便司法实践中的准确适用。

（4）加强司法保障和救济。在强化法律适用的过程中，还应加强司法保障和救济措施。一方面，应建立健全网络暴力受害者的司法救助机制，为受害者提供法律咨询、法律援助等支持。另一方面，应加强对网络暴力案件的审判监督，确保司法公正和权威。同时，鼓励和支持受害者通过法律途径维护自己的合法权益，对于恶意诉讼或滥用诉权的行为依法予以制裁。

4. 加强网络监管

（1）强化法律法规建设。首先，需要建立和完善与网络监管相关的法律法规体系。这包括明确网络暴力的定义、表现形式及法律后果，为网络监管提供坚实的法律基础。同时，要适时修订和完善现有法律法规，确保其能够适应网络技术的快速发展和网络环境的不断变化。

（2）设立专门监管机构。成立或明确专门的网络监管机构，负责统筹协调网络监管工作。这些机构应具备高度的专业性和权威性，能够有效地执行网络监管任务。同时，要建立健全监管机制，确保监管工作的规范性和高效性。

（3）推进技术手段与监管业务的融合。利用大数据、人工智能等现代信息技术手段，提升网络监管的智能化水平。通过数据分析、网络审查、信息收集、监听等手段，及时发现和处置网络暴力行为。同时，要加强技术手段与监管业务的深度融合，确保技术手段能够精准地服务于监管需求。

（三）环境建设

一个和谐的网络社区不仅能够减少网络暴力的发生，还能促进网民之间的良性互动，提升整个网络空间的文明程度。

1. 建立和谐的网络社区

（1）明确社区规范与价值观。网络社区应制定明确、合理的社区规范，包括言论自由与责任、尊重他人、禁止辱骂、诽谤、恐吓等暴力行为的具体条款。同时，社区应倡导积极向上的价值观，如诚信、友善、公正、包容等，引导网民树立正确的网络道德观念。

（2）建立公正的管理机制。网络社区应设立公正、透明的管理团队，负责监督社区规范的执行情况，及时处理违规行为。管理团队应具备良好的道德品质和职业素养，能够公正、客观地处理各类纠纷和投诉。同时，社区应建立有效的申诉机制，保障网民的合法权益不受侵害。

（3）加强教育与引导。网络社区应加强对网民的教育和引导工作，通过发布倡议书、开展主题讨论、邀请专家讲座等方式，提高网民对网络暴力的认识和防范意识。同时，社区应加强对未成年人的保护和教育，设置青少年模式或家长监管功能，限制未成年人接触不适宜的内容，引导其健康上网。

（4）建立多元包容的文化氛围。网络社区应尊重不同文化、不同观点的多样性，鼓励网民在遵守社区规范的前提下自由表达。社区应建立多元包容的文化氛围，允许不同意见的存在和交锋，但要求网民在交流过程中保持理性和尊重。通过这种方式，可以促进思想的碰撞和融合，推动网络文化的繁荣发展。

2. 加强技术防范

通过技术手段，可以有效地识别和阻止网络暴力行为，保护网民的合法权益，维护网络环境的和谐稳定（图8-6）。

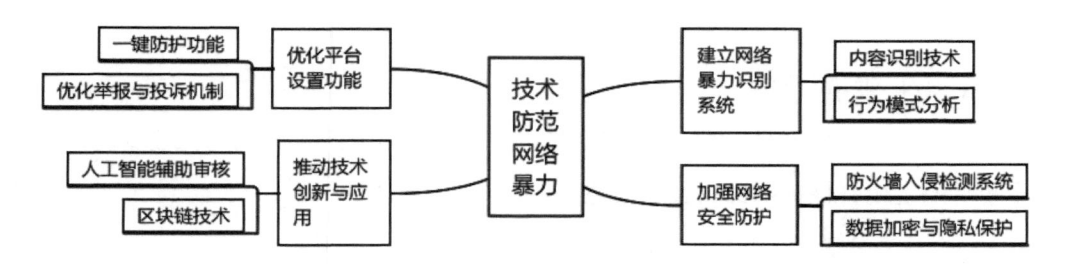

图 8-6　防范网络暴力的技术手段

3. 促进改良网民网络行为

网民作为网络空间的主体，其行为直接影响着网络生态的走向，通过全社会的共同努力和持续推动，逐步改善网民的网络行为习惯，营造健康、和谐的网络环境。

（1）倡导文明上网风尚。通过表彰文明上网的网民和网络社区，树立正面典型，引导广大网民向善向美。同时，鼓励网民积极参与网络公益活动，传播正能量。制定并推广网络文明公约，明确网民在网络空间中的行为规范。通过公约的约束作用，引导网民自觉遵守网络道德和法律法规。

（2）加强自律与自我约束。引导网民树立自律意识，自觉抵制网络暴力、谣言等不良信息。在面对网络争议时，保持冷静和理性，不盲目跟风或参与攻击。鼓励网民建立自我监督机制，对自己的网络行为进行反思和评估。对于不当行为及时纠正并改正，不断提升自己的网络素养和道德水平。

（3）强化社会监督与引导。通过媒体曝光、公众监督等方式，对网络暴力等不良行为进行曝光和谴责。形成强大的社会舆论压力，迫使不良行为者改正错误并承担相应责任。同时，通过网络文学、网络音乐、网络视频等丰富多样的网络文化活动，营造积极向上的网络文化氛围，引导网民不断提升自己的审美能力和文化素养。

（4）案例教育与警示。定期发布网络暴力等违法违规行为的典型案例，深入分析其成因、危害及法律后果。通过案例教育让网民认识到网络暴力的严重性和危害性。通过警示教育片、宣传海报等多种形式，向网民展示网络暴力的真实场景和后果，让网民在视觉上受到冲击和震撼，从而更加自觉地抵制网络暴力等不良行为。

4. 强化事前风险预防

通过事前风险预防,可以及时发现并消除潜在的网络暴力风险,减少网络暴力事件的发生,保护网民的合法权益。

(1) 建立健全预警机制。利用大数据、人工智能等技术手段,对网络信息进行实时监测和分析,识别出可能引发网络暴力的关键词、话题和用户行为模式。一旦发现异常,立即启动预警机制,向相关部门和人员发出预警信息,并根据历史数据和实际情况,设定合理的风险阈值。当网络信息的热度、负面评论数量、举报频次等达到或超过阈值时,自动触发预警机制。

(2) 加强内容审核与监管。建立健全的内容审核制度,对发布在网络上的信息进行严格审核。特别是对涉及敏感话题、争议性事件的信息,要加大审核力度,确保信息的真实性和客观性。对经常发布不当言论、参与网络暴力的用户和账号进行重点关注和监管,通过限制其发布权限、加强审核等措施。

(3) 建立应急响应机制。针对可能发生的网络暴力事件,制订详细的应急预案。明确应急处置流程、责任分工和应对措施,确保在事件发生时能够迅速、有效地进行处置。建立跨部门协作机制,加强与公安、司法、教育等部门的沟通和协作。在发生网络暴力事件时,能够迅速调动各方力量进行处置和打击。

(四) 教育培训

提升网民的道德水平、法律意识及网络素养是从根本上防范网络暴力的方式,从而营造更加健康、和谐的网络环境。

1. 加强网民思想素质教育

通过学校教育、社会宣传等多种渠道,普及网络知识,提升网民的网络素养。包括教会网民如何辨别网络信息的真伪、如何理性表达观点、如何尊重他人隐私和权益等,引导网民树立正确的世界观、人生观和价值观,增强网络道德观念,提高自我约束能力,减少网络暴力行为的发生(图 8-7)。

加强网民思想素质教育

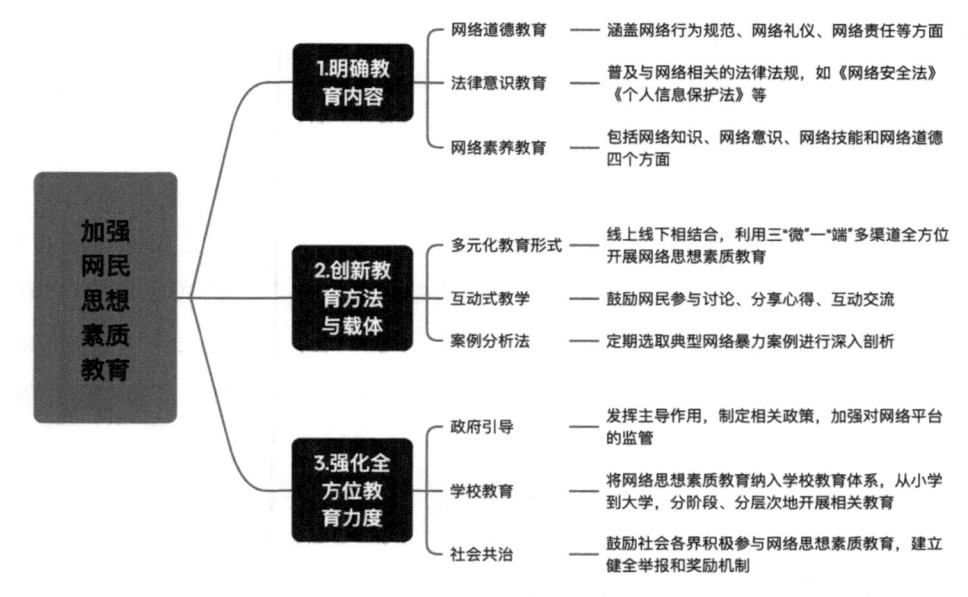

1. 明确教育内容
- 网络道德教育 —— 涵盖网络行为规范、网络礼仪、网络责任等方面
- 法律意识教育 —— 普及与网络相关的法律法规，如《网络安全法》《个人信息保护法》等
- 网络素养教育 —— 包括网络知识、网络意识、网络技能和网络道德四个方面

2. 创新教育方法与载体
- 多元化教育形式 —— 线上线下相结合，利用三"微"一"端"多渠道全方位开展网络思想素质教育
- 互动式教学 —— 鼓励网民参与讨论、分享心得、互动交流
- 案例分析法 —— 定期选取典型网络暴力案例进行深入剖析

3. 强化全方位教育力度
- 政府引导 —— 发挥主导作用，制定相关政策，加强对网络平台的监管
- 学校教育 —— 将网络思想素质教育纳入学校教育体系，从小学到大学，分阶段、分层次地开展相关教育
- 社会共治 —— 鼓励社会各界积极参与网络思想素质教育，建立健全举报和奖励机制

图 8-7　加强网民思想素质教育的途径

2. 普及法律知识

普及法律知识旨在提高网民的法律意识，使他们了解自己的权利和义务，以及网络空间中的合法行为界限。

（1）明确普及法律知识的重要性。网络暴力信息的传播和扩散，往往伴随着对法律法规的无知或漠视。因此，普及法律知识，提高网民的法律意识，是防范网络暴力的基础性工作。通过普及法律知识，网民能够明确哪些行为构成网络暴力，了解网络暴力的法律后果，从而在根本上减少网络暴力行为的发生。

（2）普及内容的选择。向公众普及网络暴力相关法律法规（如《网络暴力信息治理规定》《中华人民共和国网络安全法》）、网络侵权法律条款（如《中华人民共和国刑法》中的诽谤罪、侮辱罪；《中华人民共和国民法典》中关于名誉权、隐私权保护的相关规定），以及网络举报与维权途径。

（3）普及方式的多样化。通过举办法律知识讲座、研讨会、培训班等线下活动，以及利用网络平台、社交媒体等线上渠道，结合典型网络暴力案例，让网民了解网络暴力的具体表现形式、危害后果及法律责任，增强法律教育的针对性和实效性。同时，制作并发放普法宣传册、海报、视频等宣传材料，以图文并茂、生动形象的方式普及法律知识。

3. 消除网络成瘾造成的心理问题

针对防范网络暴力的行为管理与预防措施，我们需要深入探讨网络成瘾对个体心理的影响，以及如何通过有效的措施来消除这些心理问题，从而保护网民的心理健康，减少网络暴力行为的发生。

（1）认识网络成瘾的心理影响。网络成瘾，又称网络过度使用或网络依赖，是指个体无法控制自己对网络的使用，导致在日常生活、工作、学习等方面出现明显的障碍和损害。网络成瘾者常常表现出情绪波动大、易怒、焦虑、抑郁等情绪问题，他们可能因离开网络而感到不安，或在网络世界中遭遇挫折后产生挫败感和自我否定，导致网络成瘾者忽视现实生活中的社交关系，造成社交技能退化、孤独感增加等问题。

（2）消除网络成瘾心理问题的措施。通过教育和引导，帮助网络成瘾者认识到自己的网络使用行为已经超出了正常范围，为网络成瘾者提供专业的心理咨询和治疗服务。这包括认知行为疗法、家庭治疗、团体治疗等多种方法。通过心理干预，帮助他们调整心态、改变行为模式、恢复社交功能等，鼓励他们主动寻求改变，建立健康的网络使用习惯。

4. 坚持社会媒体正向引导

社会媒体承担着不可推卸的责任。社会媒体作为信息传播的重要平台，其内容和导向直接影响着公众的认知、情绪和行为。因此，坚持社会媒体的正向引导，对于营造健康、积极、和谐的网络环境，防范和减少网络暴力行为具有重要意义。

（1）明确正向引导的目标与原则。以弘扬社会主义核心价值观、传播正能量，提升公众的网络素养和道德水平为目标，坚持真实性、客观性、公正性和建设性。确保发布的信息真实可靠，不夸大、不歪曲事实；在报道和评论时保持客观中立，不偏袒任何一方；积极倡导公正合理的网络秩序，抵制任何形式的网络暴力。此外，鼓励建设性的讨论和反馈，促进网络空间的良性发展。

（2）实施策略与措施。社会媒体平台应建立健全内容审核机制，对发布的信息进行严格把关，及时删除和屏蔽含有暴力、仇恨、谣言等不良内容的信息。同时，加强对用户行为的监管，对违反规定的行为进行处罚，维护网络空间的清朗。在重大事件和热点话题中，社会媒体应积极发挥舆论引导作用，及时发布权威信息，澄清事实真相，防止谣言和虚假信息的传播。同时，社会媒体从业人员应不断提升自身的媒体素养和职业道德水平，树立正确的新闻价值观和职业观，坚守职业操守，不追求点击率和关注度而牺牲新闻的真实性和公正性。

（五）心理防范与干预

1. 心理干预和支持的作用

心理干预和支持作用不仅体现在帮助受害者减轻心理创伤、恢复心理健康，还涉及预防潜在的心理问题发生，以及构建更加健康的网络环境（图 8-8）。

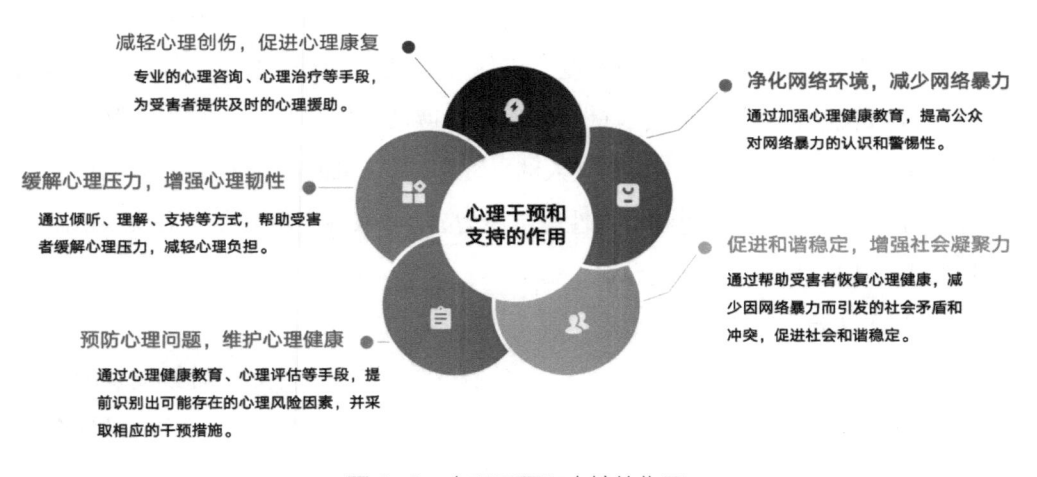

图 8-8　心理干预和支持的作用

2. 心理防范和干预的做法（图 8-9）

心理防范
- 加强心理健康教育
- 建立心理预警机制
- 营造健康网络环境
- 增强个体心理韧性

心理干预
- 紧急心理援助
- 专业心理咨询与治疗
- 组建心理支持小组
- 长期跟踪与关怀
- 家校合作与社区支持

图 8-9　心理防范与心理干预做法

（六）行为规范

1. 自我约束

自我约束要求个体在网络空间中自觉遵守道德规范、法律法规和社会公序良俗，以负责任的态度表达自己的观点和情感，避免成为网络暴力的制造者或传播者。

（1）认识自我约束的重要性。自我约束是维护网络秩序和稳定的基础。每个网民都是网络社区的一员，个人的言行举止同样代表着个人的形象和素养，其行为直接影响到整个网络环境的和谐与否。网络暴力往往源于个体的不当言行或情绪的失控。自我约束能够减少冲动和攻击性言论的产生，从而预防网络暴力的发生。

（2）自我约束的具体做法。网民应自觉遵守国家法律法规，不发布、不传播违法信息；尊重他人的知识产权，不盗用、不篡改他人的作品和成果；在网络交流中，保持礼貌、友善和尊重的态度，不侮辱、谩骂、攻击他人；尊重他人的隐私和权利，不泄露他人的个人信息或进行人肉搜索等侵犯隐私的行为；尊重不同的声音和意见，以开放的心态接受他人的批评和建议；加强自身网络素养的培养，提高对网络信息的辨识能力和批判性思维能力，学会从多个角度和渠道获取信息，避免被片面或虚假的信息所误导。

2. 隐私保护

了解个人信息的重要性。对个人信息的保护，如同给身处于纷繁复杂的网络空间之中的网民们披上了"防弹衣"。需增强个人隐私保护意识，了解保护姓名、身份证号码、联系方式、住址等敏感信息对预防网络暴力的重要性。

注意信息安全。在社交媒体平台上设置合理的隐私设置，限制他人查看自己的个人信息和动态；使用复杂的密码，并定期更改密码，启用两步验证等安全措施；谨慎授予应用程序访问个人信息的权限，避免在公共Wi-Fi环境下进行敏感操作，不随意点击来源不明的链接或下载未知来源的文件。警惕网络钓鱼诈骗，不轻易透露个人敏感信息。

3. 积极举报

积极举报网络暴力行为。鼓励网民在遇到网络暴力行为时能够及时报告，以便及时发现并制止网络暴力行为，防止其进一步扩散和升级，保护受害者的合法权益。同时，也有助于清除网络上的不良信息和违法内容，净化网络环境，营造清朗的网络空间。

网民需了解并掌握各网络平台提供的举报渠道和方式，如举报按钮、举报邮箱、客服热线等。在举报前，应尽可能收集并保存与网络暴力行为相关的证据材料，如截图、录屏、聊天记录等；在进行举报时，应详细填写举报信息，包括被举报人的账号、昵称、发布时间、具体内容等。同时，还应简要说明举报理由和依据，以便平台或相关部门快速判断并处理；提交举报后，应保持与平台或相关部门的沟通联系，及时了解举报处理进展和结果。

4. 心理建设

心理建设关注于提升个体在网络环境中的心理承受力、自我保护意识和积极应对能力，有助于个体更清晰地认识自己，了解自己的情绪、需求和边界，以更加积极和理性的方式减轻网络暴力带来的负面影响。

网民应保持乐观、积极的心态，将网络暴力视为网络环境中的一部分，而不是将其过度放大或内化为个人问题，认识到网络上的言论往往带有一定的主观性和偏见，不必过分在意或受其影响；时刻关注自己的情绪变化，及时识别并调整负面情绪，避免陷入消极情绪的旋涡；明确自己的价值观和底线，对于侵犯自己权益的行为要敢于说"不"，并坚决维护自己的合法权益；与家人、朋友或专业心理咨询师建立紧密的联系和支持系统，及时获得情感支持和帮助。

典型案例

向网络暴力亮剑 | 高考前的网络风暴

曾经因"高考百日誓师热血演讲"而被网暴的女孩，已考入中国人民大学，她用实力反击伤人于无形的网暴之恶。

曾经在2023年全网热传的"高考百日誓师热血演讲"短视频，演讲人正是符文迪，当时她是湖南桑植一中的一名高三学生。视频被传上网后，引来了大量对她讽刺挖苦的评论，有的人用难听的话嘲笑她的表情，还有的上升到了对她精神、人格层面的攻击。不少自媒体转载时，截取符文迪表情最夸张的瞬间，或者用引争议的标题来吸引眼球；甚至还有的制作符文迪表情包，在视频里加入搞笑元素重新剪辑。

事情过去一年多，现在符文迪已经考入中国人民大学。由于她选的是新闻专业，平时学习和交流经常会涉及关于互联网传播的话题，聊到网络暴力时，她也不介意分享自己的经历和看法。

启示：

回首那场风波，符文迪觉得自己是幸运的。她讲述，有不少同学也曾经遭遇过不同形式、不同程度的网络暴力，但并不是每个人都能从周围的世界里得到足够的支撑。正因为这样，在网络世界里遇到困扰时，不少同学选择不告诉家长和老师。

作为网暴亲历者，符文迪希望用自己的切身感受告诉大家，一定要对网暴的伤害给予足够的重视。"经历网络暴力的人肯定是需要帮助的，它比生活中的压力还要特殊。一定要意识到，对网络暴力感到伤心甚至绝望并不是一件可耻的事情。"

参考文献

[1] 侯玉波，李昕琳. 中国网民网络暴力的动机与影响因素分析 [J]. 北京大学学报（哲学社会科学版），2017，54（1）：101-107.

[2] 王天楠，谢鹏. 网络暴力发展趋势分析及治理路径 [J]. 中国电子科学研究院学报，2019，14（9）：917-923.

[3] 黄悦，刘荣华. 网络暴力的成因及对策探讨 [J]. 清远职业技术学院学报，2023，16（3）：52-58.

[4] 田圣斌，刘锦. 社会治理视域下网络暴力的识别与规制 [J]. 中南民族大学学报（人文社会科学版），2020，40（3）：168-173.

[5] 管哲. 互联网时代网络暴力的形成、特征及应对策略 [J]. 中国军转民，2023（18）：82-83.

[6]王华伟.网络暴力治理：平台责任与守门人角色[J].交大法学，2024（3）：51-64.

[7]刘金瑞.网络暴力侵权法规制路径的完善[J].政法论坛，2024，42（3）：66-76.

[8]王燃.论网络暴力的平台技术治理[J].法律科学（西北政法大学学报），2024，42（2）：121-134.

[9]王嘉庚.网络暴力侵权民事救济：困境与路径[J].河南理工大学学报（社会科学版），2024，25（1）：7-13.

[10]胡岑岑，黄雅兰.超越看门人：社交媒体平台网络暴力治理比较研究[J].苏州大学学报（哲学社会科学版），2024，45（4）：172-180.

[11]殷慧莎.网络暴力的成因及治理对策研究[J].网络安全技术与应用，2024（1）：132-135.

[12]许博洋，涂欣筠.青少年网络暴力的形成机理：链式诱发、内在衍化与风险迭加[J].青年研究，2024，455（2）：27-39.

[13]徐宁.网络暴力治理的法治化规制路径建构：以"武汉被撞学生妈妈因网暴坠亡"事件为例[J].法制博览，2024（14）：129-131.

[14]陈婷.自媒体时代网络暴力行为及其治理探究[D].哈尔滨：哈尔滨工业大学，2021.

[15]STANDAGE TOM. Writing on the wall: Social media - the first 2,000 Years[M]. Bloomsbury paperbacks, 2014: 288-318.

[16]FANTI K A, DEMETRIOU A G, HAWA V V. A longitudinal study of cyberbullying: Examining risk and protective factors[J]. Clarivate analytics web of science, 2012, 9（2）: 168-181.

[17]GUSTAVE LE BON. The Crowd: A Story of the popular mind[M]. Dover publications inc. Reprint edition, 2003.

[18]GILOVICH THOMAS. Social psychology[M]. W. W. Norton & Company, 2012: 230.

第九章

毒品成瘾及心理应对

思维导图

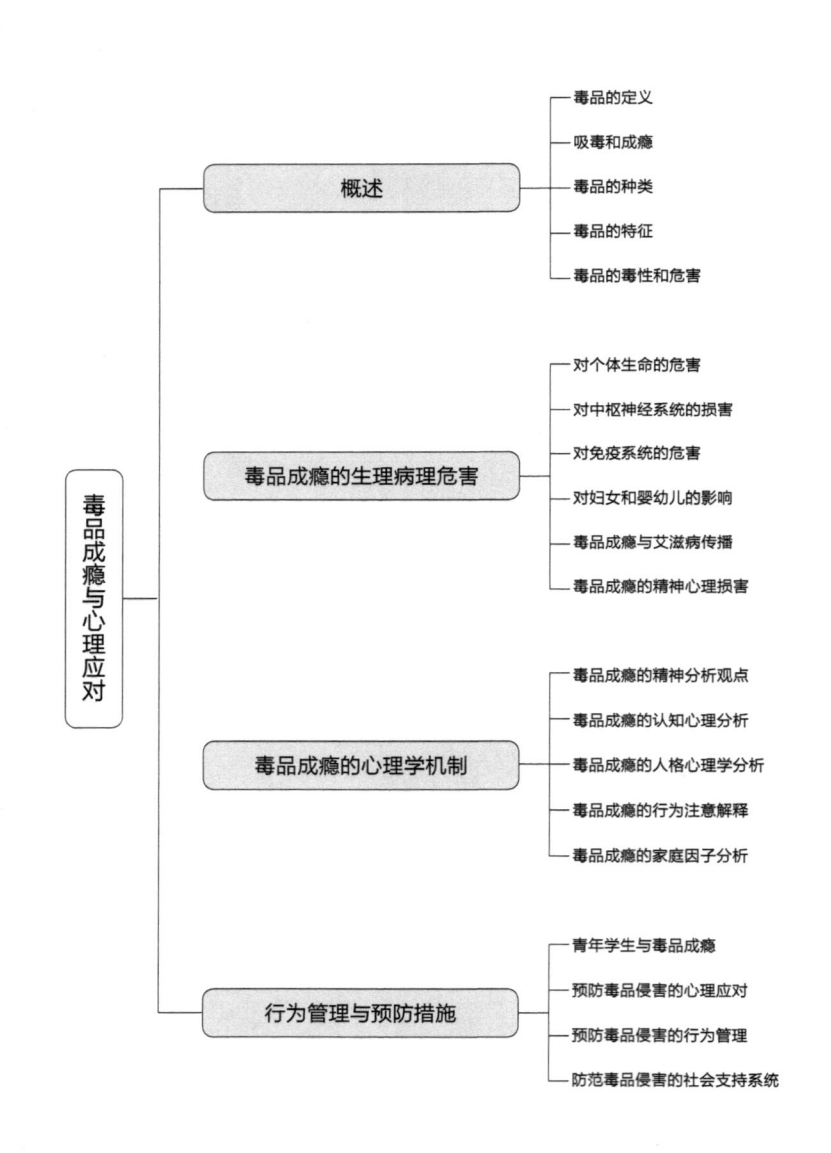

- 毒品成瘾与心理应对
  - 概述
    - 毒品的定义
    - 吸毒和成瘾
    - 毒品的种类
    - 毒品的特征
    - 毒品的毒性和危害
  - 毒品成瘾的生理病理危害
    - 对个体生命的危害
    - 对中枢神经系统的损害
    - 对免疫系统的危害
    - 对妇女和婴幼儿的影响
    - 毒品成瘾与艾滋病传播
    - 毒品成瘾的精神心理损害
  - 毒品成瘾的心理学机制
    - 毒品成瘾的精神分析观点
    - 毒品成瘾的认知心理分析
    - 毒品成瘾的人格心理学分析
    - 毒品成瘾的行为注意解释
    - 毒品成瘾的家庭因子分析
  - 行为管理与预防措施
    - 青年学生与毒品成瘾
    - 预防毒品侵害的心理应对
    - 预防毒品侵害的行为管理
    - 防范毒品侵害的社会支持系统

学习目标

1. 了解毒品的种类、成分及其对健康的影响，认识毒品滥用的法律后果和社会影响。
2. 掌握毒品成瘾的生理和心理机制，提高对毒品危害性的认识，增强自我保护意识。
3. 学习拒绝毒品的技巧和策略。
4. 培养健康的生活方式和应对压力的能力，以减少对毒品的依赖。

案例导入

2023年，一起涉及许某、王某、吴某（均为化名）3人的贩卖依托咪酯案件震惊社会。依托咪酯，一种原本用于临床麻醉的药物，被不法分子利用，添加在电子烟油中制成新型毒品"上头电子烟"，并进行非法贩卖。

案件中，许某作为供货源头，通过非法渠道获取含有依托咪酯的电子烟油，并以低价贩卖给王某和吴某。王某和吴某则作为中间商，加价转售给下线或最终消费者，从中牟取暴利。这一贩卖网络涉及多地，对社会造成了极大的危害。

警方经过周密侦查，成功掌握了许某等3人的犯罪证据，并在一次交易中将他们一网打尽。经鉴定，他们贩卖的电子烟油中均含有依托咪酯成分，属于新型毒品。

法院在审理此案时认为，许某、王某、吴某3人的行为已经构成了贩卖毒品罪，依法对他们进行了严厉的制裁。许某被判处有期徒刑一年，并处罚金2 000元；

王某被判处有期徒刑八个月，并处罚金 1 000 元；吴某被判处有期徒刑七个月，并处罚金 1 500 元。

许某、王某、吴某贩卖依托咪酯的案件是一起典型的毒品犯罪案例，这起案件不仅揭示了不法分子利用新型毒品牟取暴利的丑恶行径，也提醒了社会公众要增强毒品辨别能力，提高拒毒、防毒意识。同时，它也彰显了我国司法机关打击毒品犯罪的决心和力度，对于维护社会稳定和保障人民健康具有重要意义。

> **思考题**
> 1. 如何提高公众对新型毒品的认识和警觉性？
> 2. 如何预防自己成为毒品犯罪的受害者或参与者？

一、概述

（一）毒品的定义

毒品是国际社会共同面临的世界性难题，毒品及相关犯罪给世界上大多数国家和地区的政治、经济、公众健康等方面都产生了极其深远的负面影响。在国外，人们一般将毒品归为"illegal drugs"，直译为"非法药品"，通常从医学概念将其称为"麻醉药品"或"精神药品"，既包括具有医疗价值的成瘾性药品，如鸦片、吗啡、地西泮等；也包括仅有成瘾性而没有医疗价值的药品，如甲基苯丙胺、摇头丸和致幻剂等。世界卫生组织认为，凡是有别于日常的生活必需品且能改变人的身体功能和结构的可食性物品，都可以被称为毒品。

在我国，不同领域专家对毒品的定义和解释也有所不同。在医学领域，毒品通常被视为药品的一种，将其定义为出于非医疗目的而反复连续使用且能够产生依赖性（成瘾性）的药品。这类药品在严格管控下合理使用具有临床治疗价值，即在正常使用下并非毒品，而是药品。医务工作者一般会按照药理性能对毒品进行分类，如麻醉类药品、精神类药品、新精神活性物质等，同时将吸毒行为称为"药物滥用"或"药物成瘾"。

从社会学角度来看，毒品是指那些存在依赖潜力、容易给用药个体造成精神和机体危害，且能引起一系列社会问题的化学制品。在法学领域，毒品有明确的定义。根据我国《中华人民共和国刑法》第三百五十七条的规定，毒品是指鸦片、海洛因、甲基苯丙胺（冰毒）、吗啡、大麻、可卡因以及国家规定管制的其他能够使人形成瘾癖的麻醉药品和精神药品。从定义可以看出，戒毒领域所说的毒品不包括能够夺取人生命的砒霜、氰化物等剧毒品，而必须同时具备"国家规定管控""能够使人形成瘾癖""麻醉药品或精神药品"三个要素。

（二）吸毒和成瘾

吸毒，即个体摄入毒品的行为。在国外，吸毒一般被称为物质滥用（substance abuse）或药物滥用（drug abuse）。滥用是指非医疗目的，违反国家法律，私自、过度地反复使用致依赖性药物，并造成个人危害和法律社会问题。一般情况下，药物滥用可发展成药物依赖（drug dependence）。在医学领域，吸毒成瘾与"药物成瘾"（drug addiction）含义等同，指吸毒人员滥用具有致成瘾性作用的精神活性药物所导致的一种特殊精神和躯体状态。这种状态表现为吸毒人员对某种或多种药物强烈的"渴求"愿望和强迫性觅药行为，以求感受特殊的精神体验或避免因中断用药而产生的临床戒断反应。药物成瘾的形成是吸毒人员连续反复使用成瘾药物，使其中枢神经系统功能与结构发生改变，导致耐受、敏化、依赖形成，临床上表现为以精神心理障碍为特征的身心病理损害过程。

2010年的《吸毒成瘾认定办法》从社会和医疗卫生的角度将吸毒成瘾定义为："指吸毒人员因反复使用毒品而导致的慢性复发性脑病，表现为不顾不良后果、强迫性寻求及使用毒品的行为，同时伴有不同程度的个人健康及社会功能损害。""吸毒成瘾"与"毒品成瘾"两个概念是等价的。

（三）毒品的种类

联合国《1961年麻醉品单一公约》《1971年精神药物公约》《禁止非法贩运麻醉品和精神药物公约》规定了经联合国经社理事会麻醉品委员会认定的毒品和制毒物质的种类。1996年1月，我国首次由卫生部公布了《麻醉品品种目录》和《精神药品品种目录》，随后几次对毒品的种类进行了修订。目前，我国管制毒品目录包括449种麻醉药品和精神药品（121种麻醉药品、154种精神药品、174种非药用类麻醉药品和精神药品）、整类芬太尼类物质、整类合成大麻素类物质，数量之多在全世界位于前列。目前，常见的分类主要有以下几种。

1. 国际公约和国际组织的分类

（1）国际公约和管制法律将毒品分为三大类，即麻醉药品（narcotic drug），主要包括阿片类镇痛剂类、可卡因类、大麻类；精神药物（psychotropic drug），主要包括中枢神经兴奋类、中枢神经抑制类镇静催眠药；挥发性溶剂（solvents）。

（2）联合国麻醉药品委员会将药品分成六大类，包括吗啡型药物（包括鸦片、吗啡、海洛因等），可卡因、可卡叶、大麻，安他非命等人工合成兴奋剂，安眠镇静剂（包括巴比妥类药物和安眠酮），精神药物。

（3）世界卫生组织将成瘾性物质分为八大类，包括酒精类、巴比妥类、阿片类、可卡因类、大麻类、致幻剂类、烟碱类、挥发性溶剂类。

2. 我国药品监督管理部门的分类

根据《麻醉药品目录》《精神药品品种目录》，我国把毒品分为麻醉药品和精神药品两大类。

（1）麻醉药品，是指对中枢神经有麻醉作用，连续使用易产生躯体依赖性、能形成瘾癖的药品，比较常见的有鸦片、吗啡、海洛因、大麻、可卡因、美沙酮等。

（2）精神药品，是指直接作用于中枢神经系统，使之兴奋或抑制，连续使用能产生依赖性的药品。根据作用于中枢神经系统的作用不同，分为中枢神经兴奋剂、中枢神经抑制剂和致幻剂三大类；根据国家对精神药品管制的级别不同，分为一类精神药品（如氯胺酮、冰毒、摇头丸等）和二类精神药品（如地西泮、氯硝西泮、巴比妥等）。

3. 其他毒品分类方法

（1）按照毒品的来源，可分为天然毒品、半合成类毒品和合成毒品。天然毒品是指从原植物中提取的毒品，如鸦片、大麻、可卡因等；半合成类毒品是由天然毒品与化学物质反应后合成的一类新的毒品，如二乙酰吗啡、二氢吗啡酮等；合成毒品是由化学物质加工提炼而成的毒品，如海洛因、哌替啶、甲基苯丙胺、美沙酮等。

（2）按照毒品对人中枢神经的作用，可分为抑制剂、兴奋剂和致幻剂。抑制剂能抑制中枢神经系统，具有镇静和放松作用，如地西泮类；兴奋剂能刺激中枢神经系统，使人产生兴奋，如苯丙胺类；致幻剂能使人产生幻觉，导致自我歪曲和思维分裂，如大麻类、麦角乙二胺（LSD）等。

（3）按照毒品使用方式，可分为服食剂、吸食剂和注射剂。服食剂如摇头丸、盐酸二氢埃托啡、三唑仑等；吸食剂如K粉、可卡因、冰毒等；注射剂如吗啡、海洛因等。

（4）按照毒品的发展阶段，可分为传统毒品、合成毒品和新精神活性物质。传统毒品又称第一代毒品，主要包括鸦片、吗啡、海洛因、大麻、可卡因等麻醉药品；第二代毒品是合成毒品，主要指冰毒、摇头丸、兴奋剂等精神药品；第三代毒品被称为新精神活性物质（new psychoactive substance，NPS）。

（四）毒品的特征

按照毒品的医学、社会、法律等属性，可将毒品的特征归纳为强效性、依赖性、耐受性、危害性和非法性五个方面。

1. 强效性

毒品从本质上来说属于精神活性物质。精神活性物质是指摄入人体后影响思维、情感、意志行为等心理过程的物质。这类药物的一个显著特征是大多数都具有较强的精神心理效应，是普通的精神药物所不能替代的。例如，吗啡的镇痛效能是普通解热镇痛剂的5~10倍，芬太尼是吗啡的80~100倍，舒芬太尼是吗啡的800倍以上，而二氢埃托啡的镇痛效能是吗啡的2 000~12 000倍。强效性是成瘾性药物的显著生物学特性。该类药物可通过大脑奖赏机制触发用药者产生特殊的心理愉悦和精神体验，使用药个体在解除病痛的同时又能深层次体验某种特殊的精神欣悦与心理放松，像兴奋、欣快、愉悦、刺激、开心、平静等。当精神活性物质被非医疗目的滥用时，其依赖潜力和成瘾倾向往往随之产生，从而在药物"正性作用"的强效推动下成瘾。

2. 依赖性

依赖性又称成瘾性，是毒品致瘾的根本原因。根据毒品对机体生理和心理作用的不同，毒品的依赖性可分为生理依赖和心理依赖。

（1）生理依赖。生理依赖又称身体依赖或躯体依赖。当毒品连续性反复或周期性作用于机体，会使机体产生适应性的改变，形成一种在毒品作用下异常的新平衡态；当体内有足够毒品存在的情况下，可保持生理和心理功能正常；一旦停止给药或骤减用药，机体就会失衡，继而出现一系列严重的生理性躯体反应和精神病理效应，临床上称之为戒断反应或戒断症状。戒断反应主要表现为中枢神经痛和精神障碍，轻者全身不适，重者可威胁生命。

急性戒断反应往往给成瘾者造成难以自制的、严重的痛苦体验和躯体不适，为了避免痛苦的戒断症状，吸毒者就只能强迫自己定期吸毒，且不断加大剂量，但这又会导致生理依赖的不断加重。这就是药物依赖和毒品成瘾的重要原因。

（2）心理依赖。心理依赖又称精神依赖，俗称"心瘾"，是依赖性物质作用于人体中枢神经系统所产生的一种特殊精神效应和心理状态。毒品让吸毒者产生心理愉悦、精神刺激和情绪满足，在此驱使下，吸毒者会对毒品表现出非常强烈的渴求心理，不顾一切、不计后果地实施强迫性觅用。精神依赖是吸毒成瘾者产生顽固性复吸的重要原因之一。由于心理依赖能够使毒品成瘾者的心理表型、人格特质和精神结构等发生深层次病理改变，因此，现代医学倾向于将药物依赖认定为一种以精神心理障碍为主要表现的慢性高复发性脑病。

大多数毒品同时具备生理依赖性和心理依赖性。在一般情况下，吸毒者首先会出现心理依赖，而后出现生理依赖，而且一旦产生生理依赖后，心理依赖会进一步加深。

3. 耐受性

药物耐受性是机体对药物敏感性降低的现象，是人体对药物作用所产生的一种适应性反应和代偿机制。在长期、反复使用同一种药物后，机体会出现药效下降或药物作用维持时间缩短的现象，必须增加剂量才能获得与之前同样或相似的药效。此时若立即停药，大多会导致急性戒断反应。耐受性是造成毒品成瘾者不断增加吸食剂量，导致毒品对机体损害作用递进加重的重要生物学机制。

大多数成瘾性药物都具有药物耐受性。但需要注意，药物耐受性大多具有可逆转性和可恢复性，即停止用药后药物耐受性可随之逐步递减。在一般情况下，经一定时间后，机体对大多数药物的反应可恢复到原态水平。当人体对某种药物产生耐受性后，对其他同类药物的敏感性也可能降低，例如，阿片、海洛因与美沙酮之间就存在交叉耐受现象，即"交叉耐受性"。交叉耐受性的产生表示机体对更多相近药物敏感性下降，会导致成瘾者摄入更多的同类药物。

4. 危害性

危害性是毒品的社会学特征，主要表现在自身危害、家庭危害和社会危害三方面。自身危害主要是指对吸毒者身心健康的伤害。家庭危害主要指吸毒会导致家庭经济困难、激化家庭成员矛盾并最终导致妻离子散、家破人亡等。社会危害主要体现在与毒品相关的违法犯罪活动是滋生其他违法犯罪问题的温床，会对社会治安构成严重威胁。

5. 非法性

非法性是毒品的法律特征。毒品作为一种受国家法律管制的特殊药物，在种植、生产、运输、销售和使用等各环节都受到国家相关法律法规的严格管控。我国将涉毒行为归为两类：一类是犯罪行为，如走私、贩卖、运输、制造毒品罪等；二类是违法行为，如吸食毒品。

（五）毒品的毒性和危害

1. 常见毒品的毒性作用

（1）常见毒品的毒性作用。

①阿片类毒品的毒性作用。阿片类毒品包括鸦片、海洛因、吗啡等常见的毒品种类，可以通过多种给药途径进入体内，通过激动中枢和外周的阿片受体，抑制突触神经传递而起到镇痛、镇静、欣快等作用。阿片类药物毒性反应较强，急性中毒可导致恶心、呕吐、呼吸抑制、瞳孔缩小甚至呼吸、循环衰竭而死亡；长期反复使用，会对全身各系统（中枢神经系统、呼吸系统等）造成不同程度的损害。

②苯丙胺类毒品的毒性作用。苯丙胺类兴奋剂主要是指苯丙胺及其同类化合物，主要通过激动中枢和外周的多巴胺受体、5-羟色胺受体等，刺激突触神经传递而起到兴奋、欣快等作用。

苯丙胺类兴奋剂急性中毒反应可引起收缩压和舒张压升高，低剂量时由于心排血量增加而反射性地降低心率，高剂量时可出现心动过速和心律失常，呼吸速率及深度增加，出汗等。可同时出现头痛、发热、心慌、疲倦、瞳孔扩大和睡眠障碍等。部分急性中毒者还可能出现咬牙、共济失调、恶心和呕吐等。长期大量滥用苯丙胺类兴奋剂者，可出现躯体多系统的损害。由于滥用期间厌食和长期消耗，滥用者体重大多会明显下降；滥用时可能有磨牙动作，长期滥用者常会出现口腔黏膜的磨伤和溃疡；还会因神经系统损害，出现肌腱反射增高、运动困难和步态不稳等表现。

③致幻类毒品的毒性作用。致幻剂毒品进入人体后，会阻断神经传导，使机体发生生理变化，产生一种新的功能而影响人的感知觉系统，使服用者对周围世界的感知觉加工发生改变。

致幻剂对人体的急性毒副作用表现为使患者产生栩栩如生、富有鲜明色彩图像的幻觉，使人有神秘的昏昏然的感觉，可以解除疲劳和饥饿感。幻觉鲜明生动，通常为视幻觉，包括明亮的色彩、几何图案或动物形象；还有增强性行为的刺激作用，也可产生植物神经刺激症状，如瞳孔扩大、心动过速、血压升高，还可引起肢体反射亢进和静止性震颤、恶心、呕吐等。长期滥用致幻类毒品对身心系统可产生严重的损害。以摇头丸为例，长期服用可导致肌肉萎缩、精神恍惚、抑郁、睡眠障碍、焦虑和偏执等；身体损伤包括肌肉紧张、不由自主地咬牙、恶心、疼痛、寒战或盗汗等，并可使心率加快、血压升高，对于具有循环系统疾病或心脏病的人尤其危险。

2. 常见毒品的精神心理效应

（1）阿片类毒品使用的精神心理效应。阿片类毒品在使用后往往会引起心理行为的改变。以海洛因使用为例，使用者的快感体验可分为短暂"过电"体验期、持续"升仙"体验期和快感体验后期（图9-1）。

短暂"过电"体验期	持续"升仙"体验期	快感体验后 3~6 小时
强烈快感称为"冲劲"或"闪电",并将其表述为"飘飘欲仙、销魂极乐"或"难以言表的比性高潮更强烈的快感",历时数十秒至数分钟后进入似睡非睡的松弛状态。	也称"麻醉高潮"或"行星",生理上表现为组胺释放、毛细血管扩张、周身发红、极感舒适;心理上表现为所有不适感一扫而空,而呈现平安宁静感、美妙舒适感、想入非非感、羽化成仙感;此期可持续 0.5~2 小时。	感觉良好,精神振作,能投入正常生活状态,但过后若不再次吸毒就会出现戒断综合征。无论是为了追求快感或避免戒断综合征,吸毒者必须在"药劲"刚刚消失或戒断综合征刚刚出现时再次吸食海洛因。

图 9-1　阿片类毒品使用的精神心理效应

长时间滥用阿片类毒品会引发心理渴求,吸毒者常称为"心瘾""想瘾"或"意瘾"。心理渴求为内在心理体验,与阿片类物质的欣快效应、使用者的快感体验和关联记忆有关,常难以克制,具有本能的驱策力,受其驱使常出现强制性觅药行为(外在的行为表现)。心理渴求时心神不宁,一心想着吸毒,专注于吸毒快感的记忆。随着吸毒人员成瘾程度的加深,其心理渴求也会愈加强烈,成为导致戒毒人员复吸的核心因素。

长时滥用阿片类毒品还会引发吸毒人员的强迫性觅药行为,并导致戒断症状。阿片类毒品的戒断症状在躯体反应表现为疼痛、恶心、食欲下降、胸闷、气短、流涕、怕冷、寒战等,在精神心理上通常表现为焦虑、烦躁不安、坐卧不宁、抑郁、睡眠障碍等。吸毒者因停止吸食或减少吸食量而产生的戒断症状,可通过再次吸食足量毒品而快速消除,这也使戒断症状成为戒毒人员复吸的核心因素。

(2)苯丙胺类毒品使用的精神心理效应。急性使用苯丙胺类毒品后可体验到兴奋、欣快感或焦虑不安,同时表现为自信心和自我意识增强、警觉性增高、精力旺盛、饥饿感及疲劳感减轻等,并出现判断力受损。行为上表现为活动增多、话多、易激惹、坐立不安。当毒品继续增加时,可出现严重的焦虑情绪、情感表现愚蠢且不协调;思维联想松散,逻辑性差,并可在意识清晰的状态下出现幻觉、多疑、妄想。在精神症状的影响下可出现明显的冲动、攻击等行为;言语上语速增快,表达含混不清或持续言语;行为上表现为刻板动作,一个行为(如擦桌子)

可持续几小时甚至十几小时而不感疲倦。

长时滥用苯丙胺类毒品的吸毒人员存在认知功能损害，主要包括决策功能、抑制反应、计划能力、学习能力、记忆力及注意力、动机等方面的损害。在长期滥用者中，最初用药后的欣快感往往代之以突发的情绪变化，表现为情绪不稳、易怒、易激惹，后者表现为因小事而大发脾气。此外，还有可能出现冲动性增强的表现，如冲动性攻击行为、冲动性觅药行为等。

（3）致幻类毒品使用的精神心理效应。急性使用致幻类毒品可引发感觉和精神心理的异常变化。感觉变化包括物体的形状扭曲、颜色改变、注意力无法集中、自我感觉听力显著提高，少数情况下会出现感觉错乱（如听到颜色、看到声音等）。精神心理变化包括情绪改变（欣喜、悲伤或易激惹）、紧张、时间感扭曲、无法表达自己的想法、人格解体、梦境般的感觉和视幻觉。

长时滥用致幻类毒品最大的危险显然是其精神效应。长期滥用者会引起认知功能的改变，人格解体，会促发精神病或抑郁症，有时会诱使吸毒者自杀。长时滥用者还会出现"闪回"现象，所谓闪回就是待药效消失一段时间后，使用者在体内不存在致幻剂的情况下又体验到了致幻剂所引起的某些感觉效应。这些效应多数是视幻觉，有时可以持续数月甚至数年，而且致幻剂使用的频率与闪回的发生频率并无关系。

长时滥用致幻类毒品还会导致吸毒者心理行为的变化。滥用者最常见的是人格改变，即长期使用后外表显得呆板、不修边幅、反应迟钝，还会导致记忆力、计算力和判断力下降。青少年使用后容易形成一种称为"动机缺乏症状群"的情况，表现为情感淡漠，缺乏进取精神，人格与道德沦丧，对事物缺乏兴趣和追求。

二、毒品成瘾的生理病理危害

自20世纪70年代起，毒品滥用范围遍及全球，其传播速度之快、范围之广、负性层面影响之大，已远远超过当今世界上任何传染病和流行疾病。药物滥用对个体的损害几乎涉及机体所有组织器官和功能系统，其造成的身心健康破坏程度是复杂而严重的。

> **拓展阅读**

关于毒品，以下是一些常见的错误观点及其真相

1. 不吸毒就不需要了解毒品防范知识

了解毒品知识，提高防范意识，是预防毒品侵害的重要手段。

2. 吸毒后一两个月检测不出来

吸毒后，毒品会在体内残留一段时间，不同毒品的代谢时间不同，但并不意味着一两个月后就完全检测不出来。

3. 毒品可以启发灵感

毒品并不能真正启发灵感，它只是暂时改变了大脑的化学物质，造成一种错觉。

4. 吸毒可以减肥

这是一个极其危险的误区。吸毒导致的体重下降是病态的，伴随着免疫力下降和器官损害，绝不是健康的减肥方式。

5. 吸食摇头丸、K粉不上瘾

摇头丸、K粉等新型毒品同样具有成瘾性，尤其是心理依赖，会导致顽固的"心瘾"。

6. 戒毒很简单

戒毒是一个复杂且艰难的过程，复吸率极高。吸毒造成的心理依赖难以根除，需要长期的努力和治疗。

7. 吸毒成瘾后无法戒除

虽然戒毒困难，但并非不可能。通过专业的治疗和坚定的意志力，一些人能够戒除毒瘾。

8. 有钱人才可能吸毒

吸毒并不局限于经济条件，任何人都可能因各种原因沾染毒品。

9. 过分相信自己的毅力

毒品会削弱人的意志，引起人格改变，过分自信可能导致无法摆脱毒瘾。

10. 把毒品当成"良药"

毒品并非良药，其毒害远远大于任何药理作用，已被明确禁止使用。

11. 脱毒治疗结束即大功告成

戒毒是一个长期的过程，脱毒治疗只是第一步，防复吸和心理康复同样重要。

12. 吸毒不是违法行为

法律明确规定，吸毒是违法行为，贩毒更是犯罪行为。

（一）对个体生命的危害

国外研究数据显示，阿片类毒品海洛因滥用过量直接引起的死亡率极高。英国学者评估，英国阿片类依赖者的死亡率为同地区、同年龄正常人口死亡率的20~28倍；每年英国海洛因成瘾者死亡率可高达2%~3%。英国一项调查显示，吸毒者的平均寿命（死亡年龄）为30岁以下。进一步研究发现，一方面，平均寿命缩短，反映出吸毒人群年龄趋于低龄化；另一方面，较年轻的吸毒者死亡率有升高趋势。

1. 过量中毒致死

海洛因等阿片类过量中毒多发生于一次过大剂量用药或静脉注射用药的情况下，往往导致意外猝死。

2. 戒断治疗后复吸中毒致死

毒品成瘾者经过一定时期脱毒治疗后，机体对毒品耐受性降低甚至消失，但大多数成瘾者对此并不了解。此时，若其对毒品敏感性恢复，但其仍经验性使用脱毒前成瘾时使用的剂量，甚至为追求快感加大用药剂量，容易导致过量中毒死亡。

3. 滥用混杂毒品导致急性中毒致死

毒品是世界各国共同缉查和打击的非法违禁品，只能在地下黑市交易流通，根本无质量、信誉和安全保障可言，在层层非法交易中不断掺假混杂习以为常，极易被细菌和真菌污染。加之吸毒者注射毒品时几乎不采取任何消毒程序，更无澄清滤过保护措施，严重的污染和异物杂质会严重危害体质日渐衰弱的滥用者。

4. 绝望自杀

吸毒者的自杀率比一般人群高 15~20 倍，主要原因是心理扭曲变态，精神情绪崩溃，而毒品引起的抑郁症则是导致"药源性精神障碍"绝望自杀的重要病因之一。

（二）对中枢神经系统的损害

1. 中枢神经元的变性和凋亡

阿片类药物可造成中枢神经细胞超微结构发生变性损伤，引发中枢神经元突触和树突结构的可塑性发生改变，使神经细胞骨架蛋白及结合蛋白、脑源性神经营养因子等出现病理性变化，这是导致脑功能障碍的因素之一。随着毒品滥用剂量增大、时间延长，中枢神经元开始出现细胞凋亡。细胞凋亡是由基因调控的生物内环境稳定需要的细胞主动死亡过程。长期滥用海洛因可直接造成中枢神经细胞的大量凋亡，凋亡的范围和程度随着吸毒的时间和剂量，特别是复吸的重叠损伤而呈进行性发展。细胞凋亡是不可逆性的质变现象，凋亡规模达到一定程度并超出神经系统代偿能力和调节范围，其后果的严重性可能正是毒品对人类大脑毁灭性损害的根源。

2. 对多级神经中枢的功能和结构的损害

毒品对多级生命中枢具有不同的药学作用和毒性损害。特别是静脉成瘾者注射过量中毒时可直接引起脑损害。静脉注射毒品所掺的混杂物可直接造成脑栓塞，导致缺血性脑坏死。另外，吸毒过量引起的肺水肿可诱发颅内压增高而导致脑水肿，进而引起脑功能障碍等严重后果。

长期滥用海洛因等阿片类毒品可引起智力减退、个性改变、记忆力降低、集中思维能力和判断能力下降、认知与行为分离和震颤性麻痹等大脑功能改变。研究显示，长时间滥用苯丙胺类兴奋剂可引起典型的慢性中毒症状，表现为幻觉、偏执意念、妄想，伴有注意力和记忆力等认知功能障碍。

（三）对免疫系统的危害

毒品成瘾群体艾滋病病毒（HIV）高感染率和艾滋病（AIDS）高发生率已经引起现代医学的关注。研究表明，毒品滥用对人体非特异性免疫功能、体液免疫功能的损害非常明显，其中静脉滥用对细胞免疫功能损害尤为显著。有研究结果显示，吸毒人群HIV高感染率的原因和机制不应只考虑不洁注射和性传播等早已形成共识的感染途径，海洛因等阿片类毒品对免疫细胞的病理损害作用与该人群艾滋病高发生率密切相关。

（四）对妇女和婴幼儿的影响

1. 对女性生理功能的损害

近年来，女性药物成瘾者比例呈增长趋势，长期滥用药物对女性生理功能和身心健康有明显病理损害作用。有研究结果显示，毒品滥用会导致女性的性功能明显受损，妊娠功能明显降低。这不仅严重损害大多数正值青春期女性吸毒者的生理发育、心理素质和系统功能，而且势必给下一代的健康带来隐患。

大多数女性吸毒者为维持吸毒往往违背意愿地以非法方式谋求毒资，卖淫、偷窃、诈骗甚至走私贩毒，有很大比例以提供性服务来获取毒资，即"卖淫养吸"，这构成了具有性别特征的性个体损害和社会危害。

2. 对婴幼儿的损害作用

海洛因等阿片类毒品具有水溶和脂溶双溶特性，可穿透胎盘屏障，对胎儿发挥药效毒性作用。研究显示，孕妇给药1小时后，即可在胎儿体内测出阿片类药物成分。其进入胎儿神经系统后直接造成病理性损害，可导致死胎、早产，新生儿死亡率可达2%~5%。在吸毒女性所生新生儿中，50%以上为低体重和超低体重儿；80%的新生儿出现窒息、颅内出血、低血糖、低钙血症、低锌血症、贫血等症状。研究证实，毒品成瘾的孕妇，可使胎儿在子宫发育期即形成身体依赖性，出生后出现明显的戒断综合征。

（五）毒品成瘾与艾滋病传播

艾滋病是由人类免疫缺陷病毒感染引起的一种病死率极高的烈性传染病，医学名称为"获得性免疫缺陷综合征"。药物滥用行为和吸毒人群身心状况、生活方式、吸毒后果，使其自然成为艾滋病病毒感染的高危人群。毒品成瘾者主要通过血液传播、性接触传播、母婴传播三种途径感染和传播艾滋病病毒。

1. 血液传播途径

药物滥用静脉注射成瘾者，主要通过使用不洁注射工具和共用污染注射器感染 HIV。有研究报道，药物滥用者吸毒初期多以锡箔纸燃烧烫吸为主，随着吸毒时间增长，为了获得感受更为强烈的精神体验和节省毒资，相当比例的吸毒者由烫吸改为静脉注射或肌内注射。

2. 性行为传播途径

HIV 感染人体后，主要存在于血液、精液、阴道液、乳汁等体液内。毒品成瘾人群往往在性观念、性认识、性行为等方面与普通人群存在显著差异，普遍存在性经历年龄偏低、性关系混乱、性伴侣复杂等情况。在滥用毒品初期，由于阿片类药物对中枢的毒性作用和病理性刺激，药物滥用者往往表现为性欲和性激情时限性亢进，性功能病态性增强，性行为异常频率和对性感受的畸形追求，使其 HIV 感染风险明显增高。特别是女性吸毒者一旦滥用成瘾，为谋求毒资卖淫，加上保护无方，很容易成为 HIV 感染的主要受害者和高危传染源。

3. 母婴传播途径

母婴 HIV 传播率的强度取决于母体 HIV 感染的阶段和自身免疫状况。感染 HIV 的母亲和以静脉注射毒品成瘾者为性伴侣的妇女，可以在产前、产时或产后等围生期内传播 HIV，使胎儿或婴儿感染。

（六）毒品成瘾的精神心理损害

1. 毒品成瘾导致精神依赖

毒品对滥用者的最大精神和心理损害是其所产生的精神依赖性。精神依赖性也称心理依赖性，是依赖性药物和毒品作用于人体中枢神经系统所产生的一种严重病理损害。精神依赖使药物成瘾者处于一种极不寻常的心理"渴求"状态，表现出一种不顾一切地强迫性觅药行为。为了获得毒品可以不计任何代价、不顾一切后果，将觅求和使用毒品视为最高目标。也就是说，此时在毒品成瘾者心中，任何个人尊严、家庭幸福、社会责任都已不再有意义，只有毒品给他精神上带来的醉梦般的心理体验和心灵麻醉才是生命的唯一追求。这种深层次病理心理损害可以改变个体的思维定式、意志特质、价值取向和行为标准。

2. 毒品成瘾所致心理障碍

对吸毒人群心理测量和临床观察的结果表明，毒品依赖者心理障碍涵括了心理诊断类别中很大部分病变，如心境障碍、焦虑障碍、人格障碍、认知障碍、双相障碍、神经症、精神病样改变等，其中心理障碍是毒品依赖者极具代表性的特征之一。

（1）感觉障碍。不同类型毒品会引发不同个体出现多种类型的感觉障碍症状。如吸食大麻或致幻剂的患者会出现感觉过敏，导致对外界一般强度刺激的感受性增强，如感到阳光刺眼、风声震耳，或普通气味异常刺鼻等。部分原本就抑郁的患者则有可能对外界刺激的感受性降低，即出现感觉减退症状。在甲基苯丙胺中毒状态下，患者对外界刺激可产生感觉倒错，产生与正常人不同性质或相反的异常感觉，如对低温刺激感受为高温，或在棉球轻触皮肤时感到疼痛等。

（2）知觉障碍。知觉障碍包括错觉、幻觉和感知综合障碍。错觉是指把实际存在的人和物感知为与实际不相符的人或物，如吸食大麻后将天花板上的小洞看成蚂蚁。幻觉是指在未受到相应客观刺激时所出现的知觉体验，包含听幻觉、视幻觉、嗅幻觉、味幻觉、触幻觉和内脏性幻觉等多种临床表现。其中，听幻觉和视幻觉最为常见。如可卡因成瘾者经常发生言语性幻听，内容通常为攻击性或威胁性，常导致其困扰焦虑、坐立不安。苯丙胺类药物所致的视幻觉往往内容丰富、生动鲜明，且经常伴有错觉，如患者看到床下有很多小动物爬行，或看到一道亮光或影子等。感知综合障碍即对一个事物的整体感知正确，但对某些个别属性（形象、大小、颜色、位置和距离等）产生与实际不相符的感知。

近年来的相关研究证实，毒品依赖人群是一个庞杂的心理障碍群体。有些依赖个体是神经症人格模式，主要表现为焦虑和抑郁，其中焦虑与性困扰等相连，而该人群的无能感及负性生活事件打击是产生抑郁的原因之一。有些吸毒者原本就是显性或潜在的精神病患者，其人格特征表现为非积极进取、缺乏激情、逃避现实等。当遇到威胁和挫折时，趋向于退缩到盲目自恋程度和虚无幻想之中。他们的自我观念缺失、困惑和无助感，往往首先表现在他们病态的身体状况上。毒品依赖者主诉吸毒可使焦虑减轻，自尊心及能力感增强，甚至无所不能。更多一些滥用和依赖个体表现为人格障碍、自我发展不充分、反社会及情绪控制不良等心理学特征。由于吸毒的非法性使吸毒者长期生活在公众鄙视氛围中，自尊缺失和内向自卑倾向，构成了吸毒人群最具代表性的人格缺陷和心理特征。他们为了逃避现实和社会逆反心绪，更加难以节制地滥用毒品以麻醉精神和"抚慰心灵"，使毒品对精神和心理的损害形成恶性叠加效应。

3. 毒品成瘾所致性心理损害

国内外相关研究证实，海洛因等阿片类毒品滥用成瘾后，95%~99%的成瘾者性心理和性功能明显受损，主要表现为性欲降低或丧失、性功能减弱或严重障碍、性心理取向变异等。冰毒等苯丙胺类毒品滥用者则多表现为性欲和性行为亢进，甚至可发生因性行为过度导致耗竭性功能衰竭及相关并发症致死。

（1）性欲改变。海洛因等阿片类滥用者一旦吸毒成瘾后，98%以上主诉性欲低下或消失，很多吸毒者对此极为苦恼，男女之间几无异性吸引可言，甚至相互间的碰触都会产生厌恶感，这是导致吸毒家庭解体的重要原因之一。据刘志民等报道，海洛因依赖者吸毒前后期性欲变化调查显示：吸毒初期，54.2%性欲增强、20.6%减弱、14.3%性欲无明显变化、11.0%性欲消失。吸毒成瘾后，8.8%性欲增强（变化幅度为-45.4%）、57.5%性欲减弱、24.6%性欲消失、9.1%性欲无明显变化。由于性欲减弱甚至丧失，促使毒品依赖者更加依赖毒品可能带来的精神欣快和心理愉悦体验，而陷入不断增加吸毒剂量的恶性循环。苯丙胺类依赖者由于性欲被异常激发，性行为病态性亢进，对性感受的"透支性追求"导致性行为过度，引起性欲望/性功能分离。这是冰毒对滥用者最为直接和严重的性损害，女性冰毒滥用者往往因其导致终生不育。

（2）性兴奋障碍。流行病学调查显示，男性海洛因成瘾者33%~52%的患有继发性阳痿。女性海洛因依赖者主要表现为缺乏外生殖器反应，即继发性阴道润滑性分泌缺失；但相当高比例的女性吸毒者为牟取毒资，被迫卖淫，不但产生巨大的负性心理压抑；而且由于阴道分泌液不足，造成性行为性外生殖器损伤，给AIDS和其他性传染疾病创造了感染机会和播散条件。苯丙胺类成瘾女性因性兴奋亢进，使该滥用女性人群逐渐成为现今色情交易队伍的重要组成成员。

> **典型案例**
>
> **警示：一名大学生的吸毒之旅**
>
> 小刚（化名）是一个"80后"，出生在广东沿海的一个小县城，有一个幸福温馨的家。他从小天资聪慧，在学习方面展现出过人的"本领"，再加上自身刻苦努力，成绩特别优秀，得到了周围人的认可，并考上了不错的大学。长期生活在别人的赞美声中，小刚觉得很自豪，感觉人生充满光明、充满希望。他希望能通过努力，活成一个传奇。在很多年以后，小刚写了一本《警世语录》，记录了他吸毒的心路历程，并希望以此警醒世人。
>
> 一个夏季的星期六，同学带着小刚和几个同学去酒吧玩。进到灯光灿烂的包房内，四处都是奢华的装饰风格，房内正中上方的水晶灯和四壁上的射灯相互照耀，一下就让小刚的心沸腾了起来，他频频和大家喝酒。等大家都喝到醉醺醺的时候，有同学问小刚，喝醉了是不是很难受？需不需要醒醒酒？然后该同学拿出一小包白色粉末放在碟子中研磨，另一个同学则把吸管递给小刚。小刚睁着蒙眬的双眼看了看那些粉末，接过吸管后心想，这是毒品，还是K粉？他也不是很清楚有什么不同，因为当时他对毒品的认识还不清晰，但心里很好奇，说不定吸食了真的可以醒酒，不会那么难受，而且只是试一次而已，不要紧吧，试就试一下吧。
>
> 在小刚准备试一下时，他还犹豫了一下，但酒精的刺激令他失去了理智和基本的判断力，加上本来就对毒品的成瘾性和危害性一无所知，旁边的"朋友"还在高呼起哄，不断地怂恿，他无可避免地吸了第一口。吸了一口后，小刚觉得头晕乎乎的，再吸几口感觉天旋地转，当整个人躺在沙发上时，感觉浑身轻飘飘的。
>
> 案例启示：
>
> 近年来，大学生吸毒问题频见报端，引起社会的广泛关注。作为大学生应了解毒品的相关知识以及掌握正确的拒毒方式。

1. 不要接受陌生人的"免费馈赠"

很多毒贩具备"生意头脑",营销手段防不胜防,打着贴心服务、免费尝试、不爽退款的宣传口号,干着推人入深渊的勾当。

2. 不要盲目追赶时尚

现今的新型毒品,恰恰善于披着时尚个性的伪装,青少年往往容易被诱惑、被居心不良的人下"毒手"。

3. 不要结交不良朋友

在交往密切的朋友中,只要有一人吸毒,自己就很容易受到负面影响。坚决拒绝结交"损友",遇到朋友吸毒,我们一要阻拦、二要远离、三要举报。

4. 不要轻信他人

吸毒人员和毒贩经常言不由衷地吹嘘毒品的好处,用可以治病、止痛、减肥等谎言诱骗你,使你丧失警惕,深陷泥潭,毁灭人生。

5. 不要去涉毒高危场所

当前社会,一部分娱乐场所,由于管理混乱,往往成为新型毒品的泛滥地,很容易诱使追求新奇、寻找刺激,且心智尚未成熟的青少年吸食毒品。

三、毒品成瘾的心理学机制

毒品成瘾不仅有其深层次的神经生物学背景,而且诸多如遗传学、精神病理学、社会因素等也是极其重要的机制元素。心理症状和心理健康状况作为一种个体的心理特质,既受外部压力、个体行为习惯与后果及生理因素的影响,也受到相对稳定的个体人格品质等因素的调节。依赖性药物属精神活性物质,长期暴露其中可使滥用者的感知觉(包括功能失调性认知、偏差性认知、扭曲性认知)、思维、情绪、意志、智力、心境和行为等发生明显改变,这种改变外显为强烈的渴求状态和强迫性觅药行为。研究提示,依赖性药物的滥用不但可以改变个体的心理素质和精神状态,而且个体原有的心理特质与依赖的形成也密切相关。

(一)毒品成瘾的精神分析观点

人格结构理论与性心理发展理论是精神分析心理学的基础性内容,精神分析心理学对毒品成瘾的认识也是基于这两种理论而建立起来的。

1. 人格结构理论对毒品成瘾的解释

精神分析的创始人弗洛伊德认为,人格结构由本我、自我、超我三部分组成。本我指人的本能欲望,是原始的力量源泉,有即刻要求满足的冲动倾向,处于潜意识的最深层,遵循的是享乐原则。因此,精神分析理论学者认为,毒品成瘾者要从药物中寻求即时的"享乐"感,以使自己心里踏实,适应环境,从而满足本我的需要,这是药物滥用的心理基础。

有精神分析理论学者认为,在自我不足的人格中,毒品被用来逃避成瘾者面临的、也许对别人来说并不构成潜在损害的精神创伤。通过使用毒品,虽然现实被逃避开来,但这只是暂时的,当化学反应消退时,充满邪恶的现实世界又重新回到眼前,他们不得不再次从毒品中获得安慰,从而形成对毒品的依赖。

2. 性心理发展理论对毒品成瘾的解释

精神分析的性心理发展理论认为,人的行为都是受性的本能和欲望来支配的。性的背后就是潜在的心理能量叫力比多,也就是性力或欲力,常常驱使人们去寻找快感。当然这种性不仅仅是指以生育为目的成熟的两性行为,它还包括广泛的身体愉快,甚至还包括心情的愉快和放松。弗洛伊德曾经指出,对成瘾者而言,毒品充当了其性满足的替代品,除非重建正常的性功能,否则戒断后的复发在所难免。

毒品成瘾者常常伴有情感与行动调节功能及自尊维持功能受损,这使成瘾者在客体关系中出现问题,导致成瘾者将成瘾性药物视为抚慰性内在客体的替代物。因此,成瘾者反复使用药物,以调节自己的情绪状态,消除无力、无助感,并期望补偿自我调节功能的缺损、低自尊以及人际关系问题。但是上述自尊与和谐仅在使用药物后虚幻存在,一旦回到现实,一切自尊与和谐也随之灰飞烟灭。

(二)毒品成瘾的认知心理分析

认知理论聚焦认知方式对成瘾的影响,它强调个体对当前情境的信息加工和理解即认知，是导致人们药物滥用和成瘾行为的关键因素。该理论认为，成瘾的认知过程，主要是由于成瘾者信息加工缺陷，或者认知方式的偏差所致。信息加工缺陷主要是指成瘾者的注意缺陷。比如，对成瘾药物及相关线索存在注意偏向，成瘾者的注意力和注意资源集中于成瘾药物及相关线索而难以转移，诱发渴求，从而产生觅药的想法和行为。

另外，成瘾者也有着独特的认知加工习惯，以特定的方式对信息加以歪曲并且这种歪曲与毒品滥用及成瘾行为有着密切的关系。贝克是认知理论的代表人物之一，他认为人脑中那些错误的自动化思维，往往造成认知歪曲，从而产生不良的情绪和行为。滥用成瘾药物是后天习得的行为，随着反复进行，逐渐形成自动思维和特定的行为模式。药物滥用者常常将歪曲的认知与客观真实现象相混淆，做出错误判断；他们也可能会夸大对药物使用的积极结果的期待，并且将负面结果发生的可能性最小化。例如，药物成瘾者可能会有与药物使用有关的认知歪曲，如"我不使用毒品就无法快乐"，"为了放松，我必须吸一口"。每当产生情绪波动，面临压力或面对困难时，成瘾者会习惯性使用药物解决情绪的问题，回避遇到的困难，从而导致恶性循环。

认知理论还认为，药物滥用和成瘾过程中还存在成瘾者的自动化加工特征。成瘾受储存在长时记忆中自动化行为图式控制，其操作程序不需要注意（自动）就可完成，并且显示出完整性和协调性。自动化的操作模式有快速、省力、无意识等特征，不需要注意的特征提示，当环境刺激或相关线索足够强时，药物滥用行为就会不由自主地发生，一旦这种行为开始了，就几乎很难停止，表现出像子弹进入弹道一样的倾向，只要开始就意味着控制行为的结束。觅药行为与用药行为反复重复，这就形成了一种自动操作，快速有效，经常越过注意就完成了而且很难阻止。

（三）毒品成瘾的人格心理学分析

不少药物成瘾者认为，滥用药物是他们在空虚、挫折和压力之下，寻求解脱和逃避现实的一种方法。但是，同样是面临挫折和压力，为什么有的人选择滥用药物，有的人则不会呢？为什么有的人滥用后会较快发展到成瘾，有的人却一直达不到成瘾的程度呢？答案可能和人格的健全或缺陷有关。

1. 人格发展与毒品滥用

人格心理学认为，人格发展越完善，就越能对自我做出正确的评价，在压力面前对自我态度、自我行为的调节能力就越强，也就越能形成稳定的心理特征，反之就容易出现心理不稳定和心理危机。一些心理承受能力差的人，由于缺乏自我调节能力，无法摆脱心理危机和缓解心理压力，导致一些人滥用成瘾药物，来降低他们的应激反应和提供需要的快乐。药物滥用作为一种偏离和违反社会规范的行为，大多数药物滥用者在滥用成瘾药物前经历了一个心理危机的过程。成瘾者特别是年轻的吸毒者成瘾前的经历，大多有某些品行障碍和越轨行为，如逃学、偷窃、斗殴和少年犯罪等。他们的成绩差，情绪不稳，与社会格格不入，常无法适应正常的社会生活。这使他们与正常人群疏远，而与不良团体或不良同伴越走越近，沾染不良习气和吸毒的概率大大增加。

2. 人格缺陷与毒品成瘾

个体人格缺陷也是成瘾发生的基础。有研究认为，三种人格缺陷者易产生药物依赖，即变态人格、孤独人格和依赖型人格。这些人格缺陷所表现的共同特征是，易产生焦虑、紧张、欲望不满足、情绪不稳定、情感易冲动、自制力差、缺乏独立性、意志薄弱、外强中干、好奇、模仿、冒险、高感觉寻求等。

一些心理学家更多地使用"依附型人格"来解释药物成瘾的原因。依附型人格的特征是缺乏自我控制和自我尊重，享乐主义，缺乏对未来筹划的能力，精神和情绪经常处于抑郁状态。依附型的人格使他们一方面根据快乐原则从毒品中寻求最基本的快感满足，另一方面他们对成瘾行为的后果置若罔闻，只是寻求片刻的满足。这些极易让他们对成瘾药物产生依赖，但最终到底染上其中的哪一种成瘾药物，则视外界的具体条件了。比如，听别人说吸食海洛因后会产生美妙的愉快感，就由好奇心、侥幸心、从众心所致想去体验尝试。也有研究者发现，凡与药物依赖相一致的人格缺陷就可以造成其他物质依赖，像酒精、尼古丁等成瘾物质。

（四）毒品成瘾的行为主义解释

行为主义对毒品滥用与成瘾行为的解释，主要集中于经典条件反射、强化理论、社会学习理论三个方面。

1. 条件反射理论对毒品成瘾的解释

经典条件反射，又称巴甫洛夫条件反射，是指一个中性刺激和另一个带有奖赏或惩罚的无条件刺激多次联结，可使个体学会在单独呈现该刺激时，也能引发类似无条件反射的条件反应。最早应用条件反射理论解释药物成瘾与复发问题的是美国学者威尔克，他视成瘾为一种条件反射训练的结果。1971年，威尔克用大白鼠进行了实验研究，发现特定的情境可诱发动物出现戒断样反应。在临床工作中威尔克也注意到，从医院或康复机构出来的滥用者，一踏上原先熟悉的环境就可能触景生情，出现戒断症状，从而产生强烈的用药冲动，且大多数人难以自持。现实中，毒友、吸毒的环境、工具等刺激本都是一些无关刺激，吸毒人员吸毒时则伴随这些刺激产生独特的欣快感。长期吸毒后上述无关刺激与欣快感反复同时出现，变成了条件刺激，吸毒人员表现为吸毒成瘾后，一见到毒友、吸毒环境、烟具、注射器、矿泉水等条件刺激就引起对吸毒的欣快感的回忆，进而产生强烈的觅药渴求，在渴求推动下进一步发展为药物滥用。

2. 强化理论对毒品成瘾的解释

在经典条件反射中，强化是指伴随于条件刺激物之后的无条件刺激的呈现，是一个行为前的、自然的、被动的、特定的过程。而在斯金纳的操作性条件反射中，强化是一种人为操纵，是指伴随于行为之后以有助于该行为重复出现而进行的奖罚过程。斯金纳将强化分为两种类型：正强化和负强化。当环境中增加某种刺激，有机体反应概率增加，这种刺激就是正强化；当某种刺激在有机体环境中消失时，反应概率增加，这种刺激便是负强化，是有机体力图避开的那种刺激。人们可以用这种正强化或负强化的办法来影响行为的后果，从而修正其行为。药物滥用的形成与强化密不可分，当个体使用成瘾药物后心情愉快放松，甚至产生快感，为再次享受这种状态，个体继续反复使用该药物，最终使用药物的行为得以强化，即正强化。如成瘾者试图停止使用某药物，或使用药物量较前减少时，会出现躯体或心理不适，为了缓解这种不适感，成瘾者往往选择再次使用该药物，最终使这种行为得以增强，即负强化。

3. 社会学习理论对毒品成瘾的解释

社会学习理论由班杜拉最早提出。他认为，人类的许多行为都是依靠观察习得的，依靠替代强化形成的，通俗讲就是由模仿而得，它受注意、保持、动作再现、动机、态度等心理过程的支配。行为结果包括外部强化、自我强化和替代性强化。替代性强化是指观察者看到榜样或他人受到强化，从而使自己倾向于做出榜样的行为。药物滥用就是一种习得性的社会适应不良行为。例如，吸毒人员最初从毒友那里看到他们吸毒及吸毒后的神态，也可能模仿其吸毒行为，在同伴群体中学会了吸毒。持续性的药物使用是由于药物对个体强化效果的增强导致的，而反过来这又加强了对药物使用的积极结果的期待，继而再次促使药物使用行为的增强。社会学习理论一方面重视榜样的作用，另一方面强调心理控制的作用，指个体认为可以在多大程度上把握和控制自己的行为。社会学习理论观点认为人的心理控制源倾向不是一种特质，也不是一种先天性倾向，而是会随着环境条件的变化而变化。如果一个人的生活需要长期受人照顾或受人约束，则其心理控制源会向外控方向转变。国内外的研究证实，药物成瘾者的内控性低，有比较高的外控倾向，高外控者更易产生焦虑、抑郁的情绪。他们较多地相信行为的结果由外部所控制，而较少地相信成功要依靠自己的努力。低内控使他们缺乏自我把握和控制能力，所以可能把更多的药物成瘾行为归于外部因素，为自己的戒毒失败提前找好各种理由，从而减少吸毒成瘾所带来的愧疚感。

（五）毒品成瘾的家庭因子分析

家庭关系不良和家庭结构缺失是毒品滥用与成瘾的重要影响因子。家庭关系不良，家庭成员之间的情感支持匮乏，家庭成员之间的互动就处于失衡状态，就比较容易出现毒品滥用的家庭成员。同样，家庭结构有缺失，家庭成员内心容易缺乏安全感，容易从成瘾物质中寻求慰藉，形成药物依赖性。

1. 家庭关系与毒品滥用

稳定的家庭关系和父母正确的教养模式是青少年心理健康的基础和保障。而家庭关系不良对青少年形成和持续成瘾行为产生重要影响。在调查中发现，物质滥用者的家庭中常常缺少稳定的家庭关系，家庭成员之间情感疏离、相互之间的支持差，在遭遇悲伤或不顺时更容易借助成瘾物质排解。研究表明：在药物依赖者的家庭中，父母花费在教育孩子上的时间要少于没有这些问题的家庭，这也是这些青少年滥用毒品的重要原因之一。另有研究发现，青少年遭遇身体虐待与自身药物滥用问题明显相关。从小遭受体罚的青少年，更容易形成使用成瘾药物的习惯性行为，与不受体罚的同龄人相比，他们更容易使用非法手段获取金钱并购买毒品，在使用毒品后容易发生社会越轨行为，并倾向于认为这些物质是无害的或者是不会成瘾的。针对毒品成瘾的变量分析研究发现，以下家庭变量可预测个体是否发展为成瘾：家庭成员有吸毒行为、与父亲关系疏远、父母婚姻危机、家庭缺少凝聚力、早年反复搬家、母亲对子女监管不力或对子女的要求前后不一致。父母的世界观、人生观、价值观会通过平日的言传身教，对子女产生潜移默化的影响。如果父母吸毒，可能导致子女认同其价值观以及认同其对毒品使用的态度，并模仿他们的行为，这种涉毒环境及子女的模仿行为对于毒品滥用有极大的助力，从而使个体比较容易发展到药物成瘾阶段。

2. 家庭结构与毒品成瘾

家庭结构的缺陷与药物成瘾的形成紧密相关，如单亲家庭、再婚家庭等。研究发现，在单亲家庭中的青少年更容易出现过分早熟、交往不良、对人冷漠、敌意和较早滥用成瘾物质（烟、酒等）。斯坦顿提出物质滥用的家庭理论在本质上指的是内稳态模式，如正常的家庭是一个平衡、亲近和相互独立的稳态系统，一旦某一成员受到威胁，便会采取异常行为（成瘾行为是其中之一），这些异常行为具有一定的受家庭成员的关注性，能够使家庭保持内稳态。

近些年，留守青少年的心理行为问题越来越引起社会关注。留守青少年是指年龄处于10~18岁，因父母双方或一方外出打工而被留在户籍所在地，不能与父母共同生活，而是与祖父母生活在一起的未成年人。研究发现，留守青少年的家庭亲密度低、社会适应不良、社会支持不够，容易受不良同伴的影响，习惯以消极的方式应对生活事件。留守青少年由于长期缺乏有效教育和监管，容易受到社会不良人员的影响，从而沉迷于网络或精神活性物质。总之，以上的理论都从各自的角度对毒品滥用与成瘾的机制进行了分析，各有观点、各有特色、各有侧重，帮助我们从不同的角度认识滥用与成瘾问题，但它们又有一些共通之处，如毒品滥用是自我满足的一种方式，成瘾者的自控性比较差等，但是并没有任何一种理论能独立地把毒品滥用与成瘾行为解释清楚。因此，今后对毒品滥用与成瘾的研究有必要对各种理论进行整合，提出滥用与成瘾的综合观，以整体的思维和理论模型去认识和分析这一问题，为应对、防治毒品滥用与成瘾行为提供有力的理论依据。

典型案例

模仿恶习步入"毒"途

15岁的阿兵（化名）是沿海某市强制戒毒所里年龄最小的一个，别看他个子矮小，但双眼却滴溜溜转个不停，一眼就可看出是个"老江湖"。阿兵因年幼其母病亡，其父忙于生计无暇照管他，自7岁起，阿兵模仿大人们抽烟，并以此为荣。他说，每天放学后燃起一根香烟吞云吐雾，走在同学们中间感觉特有面子。

14岁那年，勉勉强强读至初一的阿兵干脆辍学，终日跟在乡里几个"大哥"身前身后当起了小兄弟。去年初，他结识了乡里一做餐饮生意的"大哥"，几番来往后，阿兵很得"大哥"喜欢。慢慢地，阿兵也发现了"大哥"原来是"白药仔"，但他也不以之为忤，相反还认为这是"酷"的表现。去年中，趁"大哥"不在家，阿兵偷了一点"白粉"终于"开禁"尝了新，并从此成了一名"小道友"。吸上白药后，因无钱买药，阿兵便在一"道友""教授"下当起了"鱼虾蟹"庄家，以赌钱为营生。

据称，那些"鱼虾蟹"的骰子都用磁铁做了手脚，因此聚赌时基本都是赢钱，有时一天纯收入达三四百元。阿兵称其每天下午常在家乡附近一带"开局"，赚了"工资"后便买"药"过瘾。阿兵被警方抓获后，在审讯时因药瘾发作口吐白沫，结果被送去强制戒毒。

案例剖析：

记者从有关资料上获悉，在我国吸毒人群中，35岁以下的青少年比例竟高达77%，而且他们初次吸毒的平均年龄还不到20岁，16岁以下的吸毒人数更是数以万计。吸毒人群的低龄化正在成为一个令人忧虑的社会问题。

青少年由于其意志的自控力薄弱，模仿力强，加之文化程度低，容易把不良现象和行为当成时髦追求或认为是"酷"的表现，这也是造成青少年染上毒瘾的最主要原因。

四、行为管理与预防措施

（一）青年学生与毒品成瘾

1. 学生群体毒品使用现状

学生群体中使用毒品的现状是一个复杂且严重的问题。当前，毒品犯罪正在向校园加剧渗透，尤其是新型毒品犯罪呈上升趋势。由于"互联网+物流寄递+电子支付"等非接触式犯罪手段的普及，毒品变得更加容易获取，这使得一些青年学生和未成年人容易成为此类犯罪的受害人甚至犯罪主体。

在英国，一项调查显示，每5名大学生中就有2名吸毒者，其中最常见的毒品是大麻。这项调查访问了2 800名英国各地的大学生，发现高达39%的学生正在吸食毒品，17%的学生曾经吸食毒品。在美国，大学生吸食毒品的比例也非常高，特别是大麻，有50%以上的学生吸食。这些数据显示出大学生群体中使用毒品的问题相当严重。

对于学生来说，吸食毒品的原因多种多样。一方面，部分学生可能为了享乐或寻求刺激而尝试吸食毒品。另一方面，也有学生试图通过药物来提高专注力，以应对繁重的学业压力。然而，无论出于何种原因，吸食毒品都会带来严重的身体和心理危害，甚至可能导致法律问题和社会后果。

2. 学生吸食毒品原因分析

学生吸食毒品的原因是多方面的，其中好奇心、社交压力、学业压力等都是重要的因素。首先，好奇心是许多学生尝试毒品的主要驱动力之一。学生正处于青春期，他们对未知的世界充满好奇和探索的欲望。毒品作为一种被社会禁止和神秘化的物质，很容易引发他们的好奇心。他们可能觉得尝试毒品是一种冒险和挑战，可以带来新奇的体验和感受。

其次，社交压力也是学生使用毒品的一个重要原因。在校园里，一些学生可能面临着来自同龄人的压力和影响。他们可能觉得在某些社交场合中，使用毒品是一种被接受和认可的行为，甚至是一种时尚的标志。为了融入群体和获得认同，他们可能会选择尝试毒品。

再次，学业压力也是导致学生使用毒品的原因之一。一些学生可能感到压力巨大，无法应对，为了逃避现实和寻求短暂的解脱，他们可能会选择使用毒品来放松和缓解压力。毒品可能会给他们带来一种短暂的愉悦感和放松感，使他们暂时忘记学业上的困扰和焦虑。

最后，无论是出于何种原因，学生使用毒品都会带来严重的身体和心理危害。毒品会破坏大脑的结构和功能，导致记忆力减退、思维迟缓等问题。同时，毒品还会引发心理健康问题，如焦虑、抑郁、幻觉等。

（二）预防毒品侵害的心理应对

1. 提高自我防范意识和心理防御能力

提高学生的自我防范意识和心理防御能力是预防毒品侵害的关键。学生应通过增强自我认知、提升情绪管理与应对能力、树立积极的生活态度和价值观、增强社交能力与支持网络以及加强心理健康教育与辅导等多方面的努力，为自己的身心健康筑起坚实的防线。

（1）增强自我认知。

①自我评估。学生应定期进行自我评估，了解自己的性格、兴趣、价值观等，从而更好地识别哪些情境或压力可能促使自己寻求毒品作为逃避或补偿。

②自我反思。在日常生活中，学生应经常进行自我反思，对自己的行为和决策进行深度分析，避免在不良诱因下做出错误的选择。

（2）提升情绪管理与应对能力。

情绪识别。学会识别和管理负面情绪，如焦虑、抑郁等，这些情绪常常是毒品侵害的"入口"。

应对策略。学习并实践有效的应对策略，如深呼吸、放松训练、冥想等，帮助自己在压力或困难面前保持冷静。

（3）树立积极的生活态度和价值观。

①明确目标。为自己设定清晰的学习和生活目标，使自己在追求这些目标的过程中感受到成就感和满足感，避免通过毒品来寻求短暂的快乐。

②坚定价值观。明确并坚守自己的价值观，不受外界诱惑的干扰，对毒品持坚定的拒绝态度。

（4）增强社交能力与支持网络。

①建立社交网络。与同学、老师、家人等建立良好的关系，形成支持网络，当自己面临困境或压力时，能够有人提供及时的帮助和支持。

②参加集体活动。积极参加校园活动和社会实践，丰富自己的生活体验，培养健康的兴趣爱好，减少寻求毒品的可能性。

（5）加强心理健康教育与辅导。

①参加教育课程。积极参加学校开设的心理健康教育课程，学习预防毒品侵害的相关知识。

②寻求专业帮助。当自己或他人面临毒品侵害的风险时，应及时寻求学校心理辅导中心或其他专业机构的帮助。

2. 建立健康的生活方式和社交圈

毒品侵害不仅是物理层面对个人的损害，更是一种心理健康问题。要预防毒品侵害，我们必须从根本上建立起一种健康的生活方式和社交圈。我们应该从日常生活中的点滴做起，培养良好的生活习惯，培养积极的兴趣爱好，建立稳定的社交关系，增强心理韧性和应对能力，树立健康的生活态度和价值观。这样不仅能够保护自己的身心健康，也能为身边的人树立一个积极的榜样。

（1）养成健康的生活习惯。

①规律作息。确保有充足的睡眠和规律的作息，有助于维持身心的平衡和稳定。

②合理饮食。保持均衡的饮食，注重营养摄取，提高身体素质。

③锻炼身体。定期参加体育运动或健身活动，提高身体素质，释放压力。

（2）培养积极的兴趣爱好。

①参加有益的活动。选择参加一些有益身心的活动，如阅读、绘画、音乐、

舞蹈等，这些活动可以转移注意力，减少寻求毒品的风险。

②深入培养兴趣爱好。对自己的兴趣爱好进行深入探索和学习，可以建立起积极向上的生活方式，同时也有助于提升自信心和自我价值感。

（3）构建健康的社交圈。

①选择合适的社交对象。选择与积极向上、正直诚实的人交往，避免与有不良习惯或毒品问题的人接触。

②建立支持系统。与亲密的朋友和家人建立稳定的支持系统，当自己面临困难或压力时，能够及时得到帮助和支持。

③积极参加集体活动。参加团队活动或志愿者活动等集体活动，不仅可以丰富自己的生活经验，还可以结交更多志同道合的朋友。

（4）增强心理韧性和应对能力。

①学习应对技巧。了解并掌握一些有效的应对技巧，如深呼吸、放松训练、积极心理暗示等，以应对生活中的压力和挑战。

②寻求专业帮助。当自己面临无法应对的困境时，及时寻求心理咨询或心理治疗等专业帮助。

（5）树立健康的生活态度和价值观。

①积极面对生活。保持乐观的心态，积极面对生活中的困难和挑战。

②树立正确的价值观。明确自己的人生目标和价值观，不为短暂的快感而牺牲长远的发展和幸福。

拓展阅读

掌握压力应对和心理调适技巧

毒品往往成为一些人在面对压力和挫折时的"逃避工具"，因此，学会应对压力和挫折的心理调适技巧是预防毒品侵害的重要一环。通过增强自己的心理韧性、寻求社会支持、建立健康的生活习惯等方式，我们可以更好地应对生活中的压力和挫折，从而远离毒品的侵害。

1. 接受现实与自我认知

认识到生活不可能一帆风顺，每个人都会面临压力和挫折。深入了解自己的情感、需求和能力，从而更加客观地看待问题。

2. 积极应对与问题解决

尝试从积极的角度看待问题，寻找解决问题的策略和方法。与他人交流，寻求他人的建议和支持。

3. 情绪调节与放松训练

学习并掌握有效的情绪调节技巧，如深呼吸、冥想、瑜伽等。定期进行放松训练，缓解紧张和压力。

4. 寻求社会支持

与家人、朋友和同事保持良好的沟通，建立稳定的社会支持网络。在需要时，寻求专业的心理咨询或心理治疗。

5. 建立健康的生活习惯

保持规律的作息，注重饮食和锻炼。积极参加有益的活动，如阅读、旅行、艺术创作等，以丰富自己的生活。

6. 增强心理韧性

通过面对挑战和困难，逐渐增强自己的心理韧性。学会从失败中汲取教训，不断成长和进步。

7. 避免逃避策略

认识到毒品等逃避策略只是暂时的缓解，并不能真正解决问题。当面临压力和挫折时，努力寻找更加健康、积极的应对方式。

（三）预防毒品侵害的行为管理

1. 行为管理的理论框架和实践方法

毒品预防是一项复杂而长期的任务，它不仅需要社会各界的共同努力，还需要科学的理论框架和实践方法的指导。

（1）社会环境优化。社会环境优化是减少毒品滥用的重要基础。通过改善社区环境、提高居民的生活质量、加强社区管理等方式，降低毒品在社会中的滋生和传播。加强社会文化建设，提高公众的道德素质和文化水平，为毒品预防创造良好的社会环境。

（2）宣传教育策略。宣传教育策略是毒品预防工作的重要手段。通过广泛宣传毒品的危害性和预防知识，提高公众对毒品的认识和警惕性。针对不同人群制定差异化的宣传策略，如针对不同年龄层的青少年开展差异化禁毒教育。

（3）法律制度保障。法律制度保障是毒品预防工作的重要保障。通过制定严格的禁毒法律法规，加大对毒品犯罪的打击力度，维护社会的公平正义。建立健全的禁毒工作机制，加强跨部门协作和信息共享，提高禁毒工作的效率和质量。

（4）心理健康促进。心理健康促进是毒品预防工作的重要方面。通过加强心理健康教育、提供心理咨询和治疗服务等方式，帮助公众建立健康的心态和应对压力的能力。关注特殊人群，如戒毒人员、涉毒家庭等的心理健康问题，提供针对性的支持和帮助。

（5）发挥家庭和学校作用。家庭和学校是毒品预防工作的重要阵地。家庭应该加强对孩子的教育和监管，建立良好的家庭氛围和亲子关系；学校应该加强对学生的禁毒教育和管理，建立健全的校园禁毒机制。家校应该加强沟通和协作，共同为孩子的健康成长创造良好的环境。

（6）打击毒品源头。打击毒品源头是毒品预防工作的关键环节。通过加强边境管控、打击毒品走私和制贩毒活动等方式，切断毒品的供应链和传播渠道。加强国际合作和交流，共同打击跨国毒品犯罪活动。

（7）康复与回归支持。对于已经涉毒的人员，康复与回归支持是毒品预防工作的重要组成部分。通过提供戒毒治疗、心理咨询和社会支持等服务，帮助涉毒人员戒除毒瘾、恢复健康并重新融入社会。建立健全的康复与回归支持体系，提供长期跟踪和关怀服务，确保涉毒人员能够真正摆脱毒品的侵害。

2.制订和执行个人防毒计划

（1）设定明确的目标。制定一个明确的目标，例如，"我要保持健康的生活方式，远离毒品"。这可以帮助你保持清醒的头脑，始终牢记防毒的重要性。

（2）制订防毒计划。根据你的个人情况和需求，制订一个具体的防毒计划。例如，你可以设定一些规则，如不与陌生人随意接触、不进入不良场所、不轻易接受陌生人的邀请等。同时，你也可以制定一些具体的行动步骤，如参加禁毒活动、学习禁毒知识、与亲朋好友分享防毒经验等。

（3）寻求支持。在执行防毒计划的过程中，你可以寻求家人、朋友或专业人士的支持。他们可以为你提供鼓励、建议和帮助，帮助你更好地执行防毒计划。

（4）定期检查。定期检查你的防毒计划是否有效，是否需要进行调整。你可以记录自己的行动和感受，以便更好地了解自己的防毒情况，并及时采取必要的措施。

3. 增强自我监控和自我奖励机制

（1）增强自我监控意识。

①定期自我评估。定期回顾自己的行为，检查是否有与毒品相关的风险行为。这可以通过写日记、填写自我评估问卷或使用手机应用程序来完成。

②保持警觉。时刻注意自己的心理状态和身体反应，及时发现可能对毒品产生依赖的苗头。

③设定清晰的界限。在与他人交往时，明确什么是可以接受的，什么是不可以接受的，并坚决拒绝与毒品有关的活动或邀请。

（2）建立自我奖励机制。

①设定奖励目标。为自己设定一些短期和长期的目标，当达到这些目标时，给自己一些奖励，可以是物质的，也可以是精神上的。

②记录进展。将你的进步记录下来，每次达到一个小目标时，给自己一些正面的反馈，这可以激励你继续努力。

③过程激励。不仅仅是在达到目标时奖励自己，也要在努力的过程中给予自己一些小的激励，帮助保持动力和积极性。

（3）综合建议。

①培养自律。自律是增强自我监控和自我奖励机制的关键。要学会控制自己的欲望和冲动，坚持做正确的事情。

②建立支持网络。与家人、朋友或专业人士保持联系，他们可以提供支持、

提供建议和帮助，帮助你更好地执行自我监控和奖励机制。

③保持积极心态。保持积极的心态对于增强自我监控和自我奖励机制非常重要。要学会面对困难，相信自己有能力克服它们。

（四）防范毒品侵害的社会支持系统

1. 家庭、学校和社区的责任和作用

社会支持系统在毒品预防中扮演着至关重要的角色，其中家庭、学校和社区都承担着不可或缺的责任和作用。

首先，家庭是预防毒品危害的第一道防线。父母的言行举止直接影响着孩子的价值观和行为模式。父母应该从小培养孩子的正确价值观，教育他们认识毒品的危害，增强自我保护意识。同时，家长还要关注孩子的成长环境，避免他们接触到不良信息和不良人群。在日常生活中，家长要与孩子保持沟通，了解他们的心理需求，及时发现并解决问题，防止孩子因为心理压力而寻求毒品的刺激。

其次，学校是青年学生成长的重要场所，也是预防毒品工作的重要一环。学校应该加强毒品预防教育，将毒品知识纳入课程体系，让学生全面了解毒品的危害。学校可以通过举办讲座、开展主题活动等形式，增强学生的防毒意识。学校还应该建立严格的校园管理制度，严禁毒品进入校园，为学生营造一个安全、健康的学习环境。

最后，社区也是毒品预防工作的重要阵地。社区可以发挥"警网合力"模式，联合社区民警开展禁毒预防宣传教育活动，向居民普及毒品的危害性、违法性，介绍各类毒品的特征与防范方法等。此外，社区还可以通过建立禁毒志愿者队伍、开展禁毒文艺演出等形式，增强居民的识毒、防毒、拒毒意识。

2. 实施禁毒教育和宣传活动

社会支持系统在毒品预防中的作用非常重要，其中一个关键方面就是禁毒教育和宣传活动的实施。这些活动通过提供信息、增进意识和建立正确的价值观，有效地帮助个人和社会抵御毒品的侵害。禁毒教育和宣传活动的实施涉及教育普及、媒体传播、专题活动等多个层面。

（1）教育普及。通过学校、社区、公共机构等渠道，广泛开展禁毒教育活动。

这包括在课堂上讲解毒品的危害、开展主题讲座、组织互动活动等，使学生和公众对毒品有清晰的认识。制作并分发各种禁毒宣传材料，如手册、海报、视频等，这些材料用简洁明了的语言和图像，向公众传达毒品的危害和预防措施。

（2）媒体传播。利用电视、广播、报纸、网络等媒体，广泛传播禁毒信息，扩大宣传覆盖面。媒体传播具有快速、广泛的特点，可以有效地提高公众对毒品问题的关注度。

（3）专题活动。如禁毒日、禁毒周等特别活动，通过举办文艺演出、展览、讲座等形式，吸引公众参与，增强禁毒意识。

（4）社会参与。鼓励和支持社会各界参与禁毒活动，包括企业、非政府组织、志愿者等。他们的参与不仅可以扩大禁毒宣传的影响力，还可以提供实际的帮助和支持。

（5）国际合作。通过国际合作，共同开展禁毒教育和宣传活动。不同国家和地区的经验和做法可以相互借鉴，形成合力，共同打击毒品问题。

实施禁毒教育和宣传活动可以帮助公众了解毒品的危害，建立正确的价值观和生活态度，增强抵御毒品诱惑的能力。同时，这些活动也可以提高社会对毒品问题的关注度和认识水平，形成全社会共同参与禁毒工作的良好氛围。

3.建立学生禁毒志愿者组织和同伴支持网络

建立学生禁毒志愿者组织和同伴支持网络，可以为学生提供一个积极参与、互相支持的平台，进而增强他们对毒品的认识和抵制能力。

（1）学生禁毒志愿者组织。

①引领示范。通过学生禁毒志愿者组织的活动，可以树立正面的、积极的榜样，激发其他学生参与禁毒工作的热情。

②扩大影响力。志愿者组织可以策划并执行各种禁毒宣传活动，如讲座、展览、线上宣传等，将禁毒信息传递给更多的学生。

③深化认识。志愿者通过亲身参与，可以更加深入地了解毒品的危害性和社会禁毒工作的重要性，从而增强自我防范意识。

④实践教育。为学生提供实践平台，通过组织活动、联系社区、策划项目等，将理论知识转化为实际行动，培养社会责任感。

（2）同伴支持网络。

①情感支持。同伴支持网络可以提供情感上的支持和理解，帮助学生在面对压力、困惑或诱惑时，找到倾诉和依靠的对象。

②信息共享。通过同伴间的交流，可以分享对毒品的认识和经验，提高对毒品危害的警觉性。

③同伴监督。同伴之间的互相监督可以有效减少不良行为的发生，及时发现和纠正可能的毒品滥用问题。

④社会联结。同伴支持网络有助于增强学生的社会联结感，使他们感受到自己属于一个更大的集体，从而更加珍惜自己的健康和未来。

通过建立学生禁毒志愿者组织和同伴支持网络，社会支持系统不仅能够在学生中普及禁毒知识，增强学生的禁毒意识，还能够通过实际行动，推动学生积极参与到禁毒工作中，为社会贡献自己的一份力量。同时，这种组织形式也符合学生活跃、热情、富有创新精神的特点，更容易被他们所接受。

典型案例

以史为鉴——张学良成功戒毒带给我们的启示

张学良，字汉卿，生于1901年6月3日，2001年10月14日病逝于檀香山，享年101岁，中国近代史上著名爱国将领。但是，1924年至1933年，他曾经有九年时间的鸦片成瘾史，最终通过家庭治疗成功戒毒。

首先，回顾张学良的戒毒案例，看家人对他吸毒事件的态度。当少帅家人得知他染上毒瘾后，身边所有人的态度都集中在三点，即宽容、理解与帮助。在少帅整个家族中，所有成员都采取积极的行动，耐心说服他，无一人责备或者躲避他，想尽一切办法帮他戒毒，鼓励关心他，给予他充分的戒毒信心和勇气。

在戒毒早期阶段，家人是采用民间土办法，可是治疗效果不理想，强烈的戒断症状和反应，使少帅感到非常痛苦。家人商议决定，专门为他聘请了一位德国医生，温奇·海伯特（德国共产党员，柏林大学牙科医学博士），作为少帅的家庭戒毒医生，全程帮助张学良科学戒毒，从而减轻了他躯体上的痛苦。

在整个戒毒过程中，少帅的家人和部下，二十四小时轮流照顾、精心地呵护他，在科学方法和浓浓爱意的家庭氛围感染下，张学良身体上的痛苦得到有效缓解，治疗取得了很好的效果。在心理层面上，更是得到了巨大温暖和安慰，少帅本人也积极配合，度过了戒毒路程上最痛苦难熬的一段时光……

当时国家正处于危难之际，东北三省相继沦陷，国人都希望张学良举起抗日旗帜，率领千军万马抗击日本侵略者。此时，他的民族责任感被唤醒，清楚地意识到，在国难当头之际，必须要站起来，如果他倒下了，将是国家和民族的不幸，自己也会被国人唾弃。良好的家庭教育背景，家人对他浓浓的爱，他对毒品危害的清醒认识，东北军所有将士对他高度的信任，以及他对国家深深的大爱，这就是张学良戒毒的重要动机和意志来源。

案例启示

1. 共同参与 科学治疗

戒毒不仅需要行之有效的医治方法，更离不开家庭的支持和陪伴。整个过程，少帅和家人是完全知情并全程参与的，亲情给予他巨大动力，这是少帅成功戒毒的人文关怀保障。张学良吸毒虽然是个体行为，而他的家人却认为这是一个家庭问题，是家族大事件，这是一种家庭集体担当的精神。家庭成员认识到少帅是得了严重疾病，需要及时医治。整个家族都愿意分担吸毒带给他的这种痛苦，愿意帮助他战胜病魔。家庭成员更清楚地意识到，少帅的戒毒成功与否，对一个家族意味着什么，对国家又意味着什么，所以他们的家族成员没有任何怠慢，而是立即行动起来，参与到帮助张学良的戒毒过程中。

2. 摒弃面子 治病救人

张学良虽然是名人，但他的家人并没有因为要顾及颜面而遮遮掩掩，隐瞒他的吸毒问题，而是始终把他当作患者，首先想到的是要帮他找个好医生，有效控制疾病，避免病情进一步恶化。这样的处理方式，不像我们现在的一些家庭，遇到家人吸毒问题时不敢面对，或者一味埋怨、指责患者，缺乏耐心、方法粗暴简单，既耽误了最佳治疗时机，又丢了"面子"和"里子"。因而张学良家人的处理方式，值得我们戒毒患者的家属反思和借鉴，避免毒品一次又一次地伤害到家庭。

3. 综合治理 关注个体

吸毒成瘾归根结底还是一种疾病，它不仅是个体问题，而且是家庭问题。个体和家庭都是毒品的受害者。在帮助患者戒毒的过程中，需要我们在注重集体矫治的同时，更加关注个体差异性，从家庭的角度去分析他们吸毒背后的原因，寻找到家庭全程参与的对策与方法，总结吸取其中的经验教训。

参考文献

[1] 辛知. 青少年禁毒普法手册 [M]. 北京：法律出版社，2020.

[2] 朱志华. 青少年毒品预防教育一本全 [M]. 杭州：浙江工商大学出版社，2021.

[3] 余德刚，余周唱晚. 重塑人生的新起点 论戒毒人员思想教育矫治 [M]. 成都：西南财经大学出版社，2021.

[4] 张婷，向鹏作. 毒品犯罪治理若干问题探析 [M]. 北京：中国政法大学出版社，2022.

[5] 陈艳玲，张俊杰，宋小鸽，等. 安徽省625名女性强制戒毒人员自杀意念、自杀未遂及影响因素 [J]. 中华疾病控制杂志，2018，22（12）：1303-1305.

[6] 李镠，刘轶，芦文丽. 男男性行为人群新型毒品使用情况和HIV感染调查分析 [J]. 中国慢性病预防与控制，2018，26（1）：24-27.

[7] 曲亚斌，沈少君，袁华晖，等. 广东省2007—2016年青少年物质滥用行为变化趋势 [J]. 中国学校卫生，2020，41（11）：1650-1653.

[8] 孙毅，苏瑞斌. 致幻剂的药理作用及其机制研究进展 [J]. 中国药理学与毒理学杂志，2021，35（4）：241-250.

[9] 莫关耀，莫涵. 社会治理中我国禁毒路径选择 [J]. 中国人民公安大学学报（社会科学版），2023，39（3）：149-156.

第十章

自杀行为与心理应对

思维导图

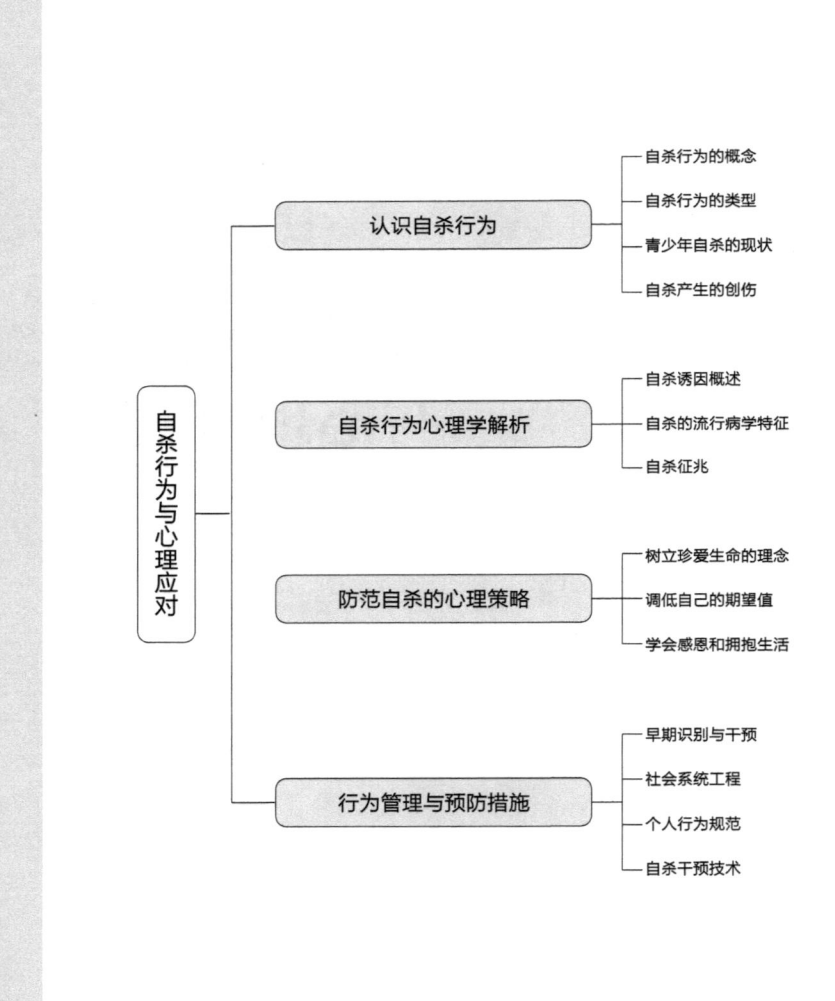

- 自杀行为与心理应对
  - 认识自杀行为
    - 自杀行为的概念
    - 自杀行为的类型
    - 青少年自杀的现状
    - 自杀产生的创伤
  - 自杀行为心理学解析
    - 自杀诱因概述
    - 自杀的流行病学特征
    - 自杀征兆
  - 防范自杀的心理策略
    - 树立珍爱生命的理念
    - 调低自己的期望值
    - 学会感恩和拥抱生活
  - 行为管理与预防措施
    - 早期识别与干预
    - 社会系统工程
    - 个人行为规范
    - 自杀干预技术

学习目标

1. 提高个体对心理健康的认识,增强自我保护意识。
2. 了解自杀对个人、亲友、家庭和社会造成的伤害,增强对生命的尊重。
3. 知晓青少年自杀的心理因素,掌握做出心理行为方面改变的方法,培养对强烈情绪进行反思的能力。
4. 学会识别自杀行为的线索,认清产生自杀想法的关键时刻。

案例导入

在石家庄,一个13岁的女孩乐乐(化名),因无法承受学习压力,被诊断出患有重度抑郁症,最终选择了吞药自杀。这一事件,如同一记重锤,敲响了关于青少年心理健康的警钟。

乐乐曾是一个活泼开朗的女孩,升入初中后,学习压力骤增,她逐渐变得沉默寡言,经常把自己关在房间里。父母一度认为这只是学习压力大的表现,直到乐乐被确诊为抑郁症,他们才恍然大悟。尽管乐乐接受了治疗,但病情并未得到根本缓解。

11月17日,乐乐在留下简短的遗书后,吞下了96粒晕车药和16粒头孢。家人发现时,她已经昏迷不醒。经过医院的全力抢救,乐乐的肝功能和肾功能逐渐恢复,但始终未能脱离生命危险。最终,在12月17日,这个年轻的生命还是离开了人世。

乐乐的微博记录了她患病期间的痛苦和挣扎。她曾多次表达自杀的想法,并在微博上寻求帮助。然而，这些求救信号并未被身边的亲朋及时发现。直到乐乐自杀后，父母才从她的微博中了解到她内心的煎熬。

这一事件让人痛心，也引发了关于青少年心理健康的广泛讨论。乐乐的遭遇提醒我们，抑郁症并非成年人的"专利"，青少年同样可能受到其困扰。家长和学校应该更加关注孩子的心理健康，及时发现并干预，避免类似的悲剧再次发生。

同时，社会也应该加强对抑郁症的认知和理解，消除对心理疾病的偏见和歧视。只有当我们真正把抑郁症当作一种"心灵感冒"来对待，给予患者足够的关爱和支持，才能让他们走出阴霾，重新拥抱生活。

> **思考题**
>
> 1. 如何提升公众对青少年心理健康的认识与重视？
> 2. 如果你是乐乐的同学，你将如何增强自身的心理韧性，帮助自己更好地应对压力和挑战？

一、认识自杀行为

（一）自杀行为的概念

1. 自杀行为的定义

（1）狭义的自杀行为。自杀行为，是指个体在主观上产生了结束自己生命的意愿，并付诸实际行动的行为。这种行为通常是基于对现实无法接受的绝望感、深重的精神痛苦、无法解决的心理冲突或是对生活失去意义的感知。自杀行为可能表现为多种形式，包括但不限于服用过量药物、割腕、跳楼等。这些行为都带有明确的自我毁灭的意图，且往往伴随着高度的危险性和致命性。自杀行为是一个复杂的心理现象，其背后可能隐藏着多种因素，如心理疾病（如抑郁症、精神分裂症等）、人际关系问题、经济压力、社会支持不足等。因此，对于自杀行为的预防和干预需要综合考虑个体、家庭、社区和社会等多个层面的因素。

（2）广义的自杀行为。广义的自杀包括自杀意念、自杀意图和致命自杀行为，统称为"自杀相关行为"。

①自杀死亡。自杀死亡指的是个体采取故意行为导致自身死亡的极端方式。根据世界卫生组织的数据，全球每年大约有 800 000 人死于自杀，这使其成为全球死亡原因的前 20 位之一。自杀死亡不仅限于成年人，也包括青少年和老年人，且在不同年龄、性别、文化和经济背景下均有发生。

②自杀企图。自杀企图指的是个体有意结束自己生命的行为，但未导致死亡。尝试自杀的人数远高于完成自杀的人数，据估计，每一起自杀死亡背后约有 20~25 次自杀企图。自杀企图是评估个体自杀风险和进行干预的重要指标，因为它通常预示着更深层次的心理困扰和未来自杀的风险。

③自杀意念。自杀意念是指个体有结束自己生命的想法和计划，但尚未付诸行动。这是一种较为普遍的心理状态，据研究显示，大约 90% 有自杀意念的人不会最终尝试自杀。然而，自杀意念是自杀行为发展过程中的一个关键阶段，对有自杀意念的个体提供及时的心理支持和干预至关重要。

④非自杀性自伤。非自杀性自伤是指个体故意伤害自己但无意图结束生命的自我伤害行为，如割伤、烧伤等。非自杀性自伤与自杀行为有关，因为它可能预示着个体有更深层次的心理问题和潜在的自杀风险。

（3）自杀行为心理动机理论。自杀行为的心理动机理论是复杂且多维度的，它涉及个体的心理状态、社会环境因素以及两者之间的相互作用。理解和应对自杀行为需要综合考虑多个方面的因素，要采取综合性措施。

①经典心理学理论。精神分析学派认为，自杀行为是人的死本能指向内部并日益积累的结果。它可能源于个体对已发生或将要发生的事情的深深内疚感或罪恶感，当这种情感无法摆脱时，个体可能选择自杀。

认知学派认为：自杀的主要原因可能包括个体对世界、生活、工作或学习的认知产生偏差，用完全灰暗的眼光来看待周围，只看到了负面的方面；以及面对困难或挫折时，感觉无能为力，没有其他解决方法，只能走向生命的终结。

②过程理论。基于实证研究的自杀危险因素包括家庭及遗传因素的影响，如自杀家族史、精神疾患、低水平血清胆固醇和 5- 羟色胺等。

③人际关系理论。自杀行为不仅与个体的心理状态有关，还受到社会环境和人际关系的显著影响。例如，亲友亡故、矛盾冲突、受批评或惩罚、家庭不和或

离婚等因素都可能使个体感受到能力的丧失或威胁，从而增加自杀的危险性。

④精神动力学分析。自杀的精神动力学分析包括多个维度，如强迫性重复、超我与本我或自我的较量、客体分离造成的内心缺失、被动攻击和攻击转向自身、内在客体关系的匮乏、身份认同的危机、高自尊者的危机、低自尊者自我价值体系崩溃、完美理想化自我形象幻灭、完美理想化客体形象幻灭等。

⑤心理类型。自杀心理类型可分为心理满足型和心理解脱型两大类。心理满足型包括为坚持某一信念的示威性、赌气性自杀；心理解脱型则由于挫折、自卑、厌世、绝望等，是为解脱心理抑郁而自杀。

⑥动机斗争。自杀行为的实施表示自杀者失去了生存的意志，已经没有勇气和力量来战胜压力和痛苦。在生的欲望与死的欲望的斗争中，死的欲望战胜了生的欲望，形成了自杀的动机。

值得注意的是，心理动机并非一成不变。随着个体的成长和环境的变化，人们的动机也会发生相应的调整和变化。因此，理解心理动机理论需要具备一定的灵活性和适应性，以便更好地应对不同情境下的行为变化。

2. 对自杀行为的认知误区

（1）自杀无征兆。

自杀行为并非无迹可循，大多数自杀者在自杀前会通过言语或行为表达出自杀企图。例如，他们可能会向亲友提及自杀，这实际上是在寻求心理支持和帮助的信号。因此，社会普遍存在的一种误区是认为自杀事件一般没有先兆，而实际上，自杀者往往会发出预警信号。例如，自杀者可能会表现出绝望、无助、焦虑或抑郁的情绪，这些情绪可能是自杀企图的前兆；他们的行为可能会发生显著变化，如突然的社交退缩、对平时喜爱的活动失去兴趣，或是出现自伤行为。

（2）表达自杀愿望者不会实施。

人们普遍认为那些谈论自杀的人不会真的去实施。表达自杀愿望实际上是一个求助信号，及时的心理干预和支持对于预防自杀至关重要。以温和、接纳的态度与有自杀倾向的人交谈，可以为他们提供重要的心理支持，帮助他们重新思考，减少自杀行为的发生。在发现有人表达自杀愿望时，应采取积极的干预措施，如提供专业心理咨询、建立社会支持网络等。

除了上述两个误区外，还存在其他一些关于自杀的误解。

①自杀是一种疯狂的行动。实际上，并非所有自杀者都有精神疾病。给自杀未遂者贴上精神疾病的标签可能会加剧他们的心理负担，增加再次自杀的风险。

②自杀未遂者没有真正的死亡愿望。部分自杀未遂者的死亡愿望非常强烈，他们之所以未遂，可能是因为自杀方法不足以致死或被及时救助。

③儿童不会知道自杀方法。儿童可能通过媒体了解到自杀的方法，因此不能忽视他们可能模仿成人自杀行为的风险。

④自杀是冲动性行为。虽然有些自杀行为可能是冲动的，但也有许多自杀行为是在深思熟虑后做出的决定，需要关注个体的心理状态和潜在的自杀风险。

⑤只有严重抑郁症者才会自杀。自杀行为与多种心理状态有关，包括但不限于抑郁症。一些抑郁加重、想要摆脱又无力摆脱的人也有极高的自杀风险。

⑥有过一次自杀念头的人总会想自杀。在产生自杀念头和实施自杀之间有一段距离。许多人在遇到危机时可能会有自杀的念头，但这只是短暂的，他们可能会在克服危机后重新投入生活。

⑦没有留下遗书的人不会想自杀。实际上，只有约三分之一自杀身亡的人会留下遗书，这并不意味着其他没有留下遗书的自杀者没有自杀意图。

（二）自杀行为的类型

1. 根据自杀的结果分类

自杀行为的类型多种多样，不同类型的自杀行为反映了自杀者不同的心理状态和动机。

（1）未遂自杀。即个体意图通过自我伤害行为结束生命，但并未成功导致生命终结的情况。

当自杀念头浮现时，个体内心常陷入激烈的冲突之中。一方面，自杀的严重后果被深刻意识到；另一方面，内心的痛苦与困扰却难以排解。这种心理冲突可能促使自杀企图的产生。值得注意的是，未遂自杀行为的存在，表明在产生自杀念头与实际行动之间仍存在缓冲与转变的可能。

未遂自杀行为对个体的心理、生理及社会功能影响深远，亟须通过系统性的干预措施来加以缓解。在心理层面，个体可能会经历剧烈的情绪波动、认知扭曲以及心理防御机制的过度激活，这需要专业的心理疏导来引导其重新建立健康的心理状态。在生理层面，未遂自杀行为往往伴随着显著的身体伤害和应激反应，需要及时的医疗救治，并在必要时辅以药物治疗，以促进身体的康复。个体的社会功能的损害主要指人际关系的破裂和社会适应能力的下降。

（2）**自杀死亡**。作为一种非自然且极端的生命终结方式，系指个体在深思熟虑后，自主采取各种手段以终结自身生命的行为。它并非生命发展的正常归宿，而是个体在遭遇心理困境、生活压力等复杂因素交织下，做出的极端选择。

从自杀行为的演进过程来看，它通常经历自杀意念的萌生、自杀行为的尝试（即自杀未遂）以及最终的自杀死亡三个阶段。自杀意念标志着个体内心产生了结束生命的愿望，但尚未付诸实践；自杀未遂则是个体已实施自杀行为，但并未成功导致生命的终结；而自杀死亡，则是这一系列极端行为发展的最终且不可逆转的结果。

2. 根据自杀发展的过程分类

自杀的发展过程可以根据其演进阶段和特性进行系统分类。具体而言，自杀发展阶段如图 10-1 所示。

自杀是一个复杂且个体化的过程，每个人的经历可能有所不同。因此，上述分类仅作为一般性的指导，具体情况需根据个体实际情况进行评估和处理。

3. 根据自杀的动机分类

（1）按照核心维度分类。自杀动机作为自杀行为的内在驱动力，可大致划分为两大核心维度：人际互动层面的动机与个人心理层面的动机。这两大维度并非孤立存在，而是相互渗透，共同作用于个体的自杀决策过程。

①人际互动层面的动机，主要聚焦于个体在社交关系网络中所遭遇的挑战与困境。包括但不限于与伴侣、家庭成员、朋友或职场同事之间的紧张关系与冲突。当个体感受到社会隔离、排斥、拒绝或情感支持的缺失时，自杀可能被视为一种逃避现实或表达不满的手段。此外，为了捍卫个人尊严、寻求外界关注或实施报复行为，个体也可能萌生自杀念头。

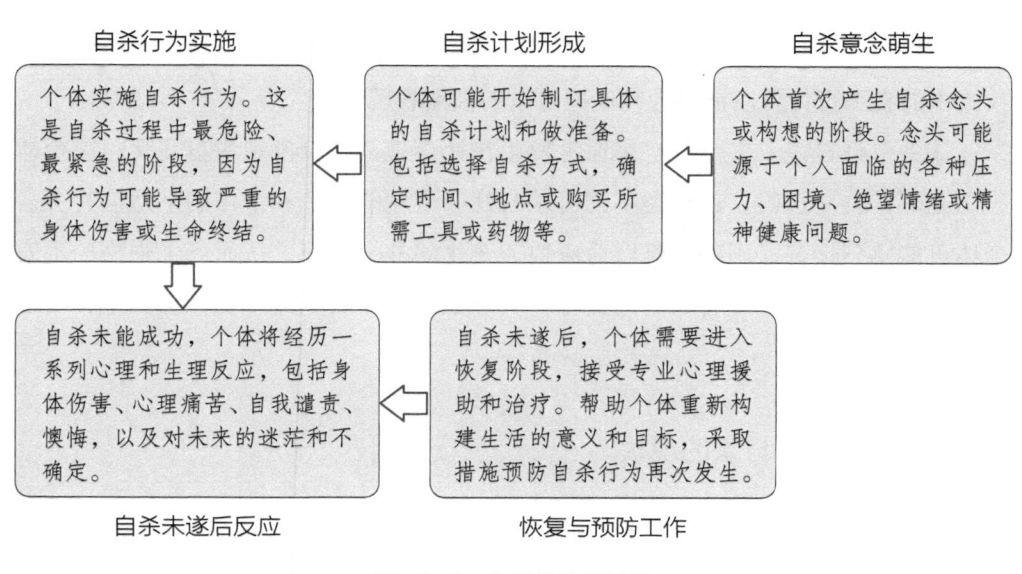

```
自杀行为实施                    自杀计划形成                    自杀意念萌生
┌──────────────┐          ┌──────────────┐          ┌──────────────┐
│个体实施自杀行为。这│          │个体可能开始制订具体│          │个体首次产生自杀念头│
│是自杀过程中最危险、│  ⇐      │的自杀计划和做准备。│  ⇐      │或构想的阶段。念头可│
│最紧急的阶段,因为自│          │包括选择自杀方式,确│          │能源于个人面临的各种│
│杀行为可能导致严重的│          │定时间、地点或购买所│          │压力、困境、绝望情绪或精│
│身体伤害或生命终结。│          │需工具或药物等。   │          │神健康问题。      │
└──────────────┘          └──────────────┘          └──────────────┘
       ⇓
┌──────────────┐          ┌──────────────┐
│自杀未能成功,个体将经历一│          │自杀未遂后,个体需要进入│
│系列心理和生理反应,包括身│          │恢复阶段,接受专业心理援│
│体伤害、心理痛苦、自我谴责、│  ⇐      │助和治疗。帮助个体重新构│
│懊悔,以及对未来的迷茫和不│          │建生活的意义和目标,采取│
│确定。           │          │措施预防自杀行为再次发生。│
└──────────────┘          └──────────────┘
    自杀未遂后反应                  恢复与预防工作
```

图 10-1　自杀的发展阶段

②个人心理层面的动机,深植于个体的内心世界与情感体验之中。这些动机涉及自我认知的混乱、自我价值感的缺失、对未来生活的悲观预期以及难以承受的心理痛苦。例如,抑郁症患者常因深感无助、绝望与无用,而产生自杀的念头。同时,精神分裂症、酒精依赖、人格障碍等精神障碍也可能成为自杀动机的潜在来源,它们通过引发幻觉、妄想等异常心理体验,加剧个体的自杀风险。

(2) 按照个体的心理状态和社会环境分类。

①利己型自杀。利己型自杀是指个体出于个人利益或逃避现实困境的动机而选择结束生命的行为。这类自杀行为通常与个体感受到的极度痛苦、无助或绝望有关。利己型自杀的个体往往经历了长期的心理压力,感到生活无望,对未来缺乏积极预期。社会隔离、缺乏社会支持和人际关系的疏离可能加剧个体的利己型自杀倾向。研究显示,利己型自杀在所有自杀类型中占有较高比例,特别是在面对慢性疾病、长期失业或其他长期压力源的人群中。

②利他型自杀。利他型自杀是指个体为了他人或群体的利益,或出于对他人负担的考虑而选择自杀。这种类型的自杀行为在某些文化或社会群体中可能被视为一种高尚的行为。个体可能认为自己的存在对他人构成负担,或者认为自己的牺牲可以为他人带来某种形式的利益或解脱。在某些文化或宗教信仰中,利他型

自杀可能与荣誉、责任或牺牲精神相关联。历史上的一些武士道精神或特定宗教仪式中的自杀行为可以被视为利他型自杀的极端表现。

③失范型自杀。失范型自杀通常发生在社会规范和价值观快速变化，或个体经历剧烈社会变迁时。这种类型的自杀与社会秩序的混乱和个体的不适应有关。个体可能感到迷茫、困惑，难以适应快速变化的社会环境，从而产生强烈的不安和焦虑。经济危机、社会动荡或文化冲突等都可能导致个体感到社会失范，增加失范型自杀的风险。

（三）青少年自杀的现状

1. 青少年自杀的现状及特点

近年来，青少年自杀现象在全球范围内引起了广泛关注。根据世界卫生组织的数据，自杀是15~19岁青少年死亡的第四大原因。在中国，根据国家卫生健康委统计信息中心发布的《2022中国卫生健康统计年鉴》，2021年中国25岁以下人群自杀死亡人口数为13 640.72人。分析显示，中国自杀率整体呈下降趋势，但青少年自杀死亡率却有所上升。2010年至2021年间，5~14岁城市和农村儿童的自杀死亡率均呈现上升趋势，15~24岁青少年组的自杀死亡率同样出现上升。这一现象表明，青少年自杀问题需要社会各界的高度重视和积极干预。

（1）地区与城乡差异。研究表明，在中国农村地区的青少年自杀率普遍高于城市。这可能与农村地区相对缺乏心理健康资源、教育机会和经济压力较大有关。此外，城乡在心理健康教育和生命教育方面的不均衡，也可能加剧了这种差异。

（2）性别与年龄分布。性别方面，青少年自杀率在男性和女性之间存在差异。根据研究，男性青少年的自杀率高于女性，这可能与社会对男性的期望和压力有关。年龄分布上，25~34岁被认为是自杀的高危年龄段，这可能与该年龄段的个体面临的生活压力、职业发展和家庭责任有关。

综上所述，青少年自杀是一个复杂且多因素影响的社会现象，青少年自杀现状日益严峻，这不仅是一个公共卫生问题，更是关乎无数家庭幸福与青少年生命安全的重大议题。

2.青少年自杀行为的预警信号

青少年自杀行为往往伴随着一系列预警信号，这些信号是他们在困境中寻求帮助的无声呼唤。

（1）消极情绪表达。青少年可能会表现出持续的情绪低落、悲观或绝望，频繁表达对生活的厌倦或对死亡的渴望。

（2）行为改变。包括突然的成绩下滑、对以前喜爱的活动失去兴趣、社交退缩或与朋友和家人的关系疏远。

（3）言语暗示。谈论或写下关于死亡、自杀的言语，甚至询问他人关于死亡的看法或方法。

（4）危险行为增加。如鲁莽驾驶、过量饮酒或滥用药物等，这些行为可能是他们试图逃避现实或体验一种"接近死亡"的感觉。

（5）准备后事。表现为突然整理个人物品、写下遗书或对后事做出安排，显示出对未来失去希望。

（四）自杀产生的创伤

1.对亲友造成情感伤害

自杀，作为一种极端且极具破坏力的个体选择，以一种震撼性的方式冲击着逝者周围的社会网络，其深远影响远远超越了个人行为的范畴，特别是对亲密的家人与挚友造成了难以估量的心理创伤。

从理论视角审视，自杀事件首先引发的是一种深刻的认知冲突与心理防御机制的激活。亲友们往往会经历从震惊、否认到逐渐接受现实的心理过程，这一过程中伴随着强烈的情感波动与心理挣扎。他们试图在逻辑与情感之间寻找平衡，但往往难以迅速摆脱由这一极端事件所引发的认知失调。随后，哀伤与悲痛的情绪如同汹涌的波涛，不可阻挡地冲击着亲友们的心灵。这种深刻而持久的情绪体验还伴随着一系列生理反应，如身体疼痛、睡眠障碍等。亲友们会反复回味与逝者共度的时光，这些回忆如同一把把利刃，不断加深他们的哀伤与痛苦。

此外，自杀事件还常常引发亲友之间的自责与内疚情绪。他们可能会质疑自己是否足够关心逝者，是否有可能通过某种方式阻止这一悲剧的发生。这种自责心理不仅加重了他们的心理负担，还可能导致亲友之间的情感隔阂与冲突。

从更广泛的社会层面来看，自杀事件还可能对亲友们的社交生活产生深远影响。他们可能会因为害怕触及伤痛而回避社交场合，或者因为无法融入群体而选择沉默。这种社交隔离不仅加剧了他们的孤独感与无助感，还可能对他们的心理健康与生活质量造成长期的不良影响。

2. 给社会和家庭带来巨大的损失

自杀对社会与家庭造成了深远且重大的损失，此类事件不仅标志着个体生命的终结，更在无形中撕裂了家庭的情感纽带，造成了难以弥补的心理创伤。家庭作为社会的基本单元，其成员的离世无疑是对家庭结构的直接冲击，可能导致经济支撑断裂、情感平衡失序，以及家庭成员间长期的心理压力与痛苦。

从社会层面来看，自杀事件亦凸显了我们在心理健康教育、危机干预体系及自杀预防策略等方面的不足。这些事件促使社会各界正视并反思现有机制的局限性，从而激发对加强相关工作的迫切需求。自杀事件还可能在社会范围内引发连锁反应，包括公众对于自杀问题的敏感度提升、社会恐慌情绪的蔓延以及对于心理健康问题的广泛关注。这些反应虽在一定程度上推动了社会对心理健康议题的重视，但也可能因信息的不当传播或误解而增加社会的不稳定因素。

3. 给学校带来恶劣影响

在校园里发生的自杀对校园的整体氛围构成了严重的冲击，破坏了其作为知识探索与成长环境应有的和谐与稳定。

首先，自杀事件的发生严重扰乱了校园的秩序与宁静，使得本应充满生机与活力的学术殿堂蒙上了一层阴影。这不仅影响了师生的日常学习与生活节奏，也对学生们的心理健康构成了潜在威胁。

其次，自杀事件还可能产生连锁效应，加剧其他学生的心理负担与压力。青年学生正处于心理发展的关键阶段，对于外界信息的接收与处理尤为敏感，自杀事件可能诱发模仿行为，增加校园安全的不确定性。

此外，自杀事件还对学校的形象与声誉造成了负面影响，让外界对学校的管理、心理健康教育水平及危机应对能力产生怀疑，进而损害其整体形象与声誉。

4. 给其他人的生命安全造成隐患

自杀行为对他人生命安全所构成的潜在风险与深远影响。这种影响，不仅体现在对直接目击者或相关人员的即时心理冲击上，更在于其可能引发的长期社会效应与个体心理创伤。

具体而言，自杀现场所展现的极端情境，往往对第一时间接触此事件的个人造成深刻的心理震撼与情感困扰。在家庭、学校或工作场所等紧密关联的环境中，这种影响尤为显著，可能引发强烈的恐惧、无助乃至内疚等复杂情绪反应，对个人的心理健康及日常生活造成不利影响。

此外，自杀事件往往成为社会舆论关注的焦点，其传播过程中可能伴随的谣言与误解，不仅加剧了社会恐慌情绪，还可能对自杀者及其亲友、同事等群体造成不必要的误解与偏见。这种社会氛围的恶化，进一步加重了受影响群体的心理负担，对社会的和谐稳定构成潜在威胁。

尤为值得关注的是，自杀行为还可能引发模仿效应，特别是在心理承受能力较弱或易受外界影响的青少年群体中。他们可能将自杀视为一种解决问题的途径，从而增加了自杀行为的风险，对更多无辜生命构成潜在威胁。

二、自杀行为心理学解析

（一）自杀诱因概述

1. 一般性因素

（1）社会心理因素。自杀行为往往与个体的社会心理状态紧密相关。研究表明，存在心理障碍尤其是抑郁症的患者自杀风险较高。个体若遭遇家庭纠纷、婚恋纠纷或人际关系不和等社会问题，也可能成为自杀的诱因。

（2）经济与社会地位。经济困难和低社会地位也与自杀行为有关。失业、贫困以及社会经济状态的不稳定可能加剧个体的心理负担，导致自杀意念的产生。在某些情况下，经济压力甚至可能成为自杀企图的直接诱因。

（3）身体状况。身体健康状况对自杀行为同样具有重要影响。患有严重躯体疾病，如癌症、慢性疾病或身体功能受损的人群，由于疾病带来的身心痛苦，自杀风险相对较高。此外，患有精神疾病的人群，尤其是那些未得到适当治疗的个体，自杀风险同样增加。

（4）人口统计学特征。自杀行为在不同年龄、性别和职业群体中的分布并不均匀。例如，老年人由于身体健康问题和孤独感，自杀率相对较高。而在农村地区，由于可获得的自杀手段较多以及社会支持网络相对薄弱，自杀率也较高。性别方面，虽然女性尝试自杀的比例较高，但男性自杀成功的比例更高，这可能与选择的自杀手段的致命性有关。

（5）文化背景与环境因素。文化背景和生活环境对自杀行为的影响不容忽视。某些文化因素可能对个体的心理健康和应对策略产生影响；居住地区的社会凝聚力、社区支持和可获得的心理健康服务，也会影响个体的自杀行为。

（6）自杀方法的致死率。不同自杀方法的致死率存在显著差异，这在一定程度上反映了自杀行为的计划性和决心。例如，使用枪支自杀的致死率远高于使用药物或切割的方式。

2. 心理学风险因素

（1）抑郁与绝望。抑郁症是自杀行为的显著心理风险因素，研究显示，有60%~90%的自杀者在自杀前患有抑郁症。抑郁不仅增加了个体的自杀意念，还可能降低其求助意愿和应对生活压力的能力。绝望作为抑郁症的一个重要症状，其对未来的悲观预期与自杀意念的产生有着密切的联系。

（2）冲动性。冲动性作为自杀行为的另一个心理风险因素，与自杀企图的频率和致命性有关。冲动的个体在面对压力和应激事件时，可能缺乏有效的应对策略，更容易采取极端行为。此外，冲动性还与自杀行为的准备性和实施速度有关，冲动的自杀企图往往缺乏充分的计划和考虑，增加了自杀行为的致命性。

（3）完美主义。完美主义与自杀风险的关联逐渐受到研究者的重视。社会定向型完美主义者感到自己必须达到外界的高标准和期望，这种压力可能导致巨大的心理负担和自我批评，进而增加自杀意念和行为的风险。特别是当个体遭遇失败或无法达到预期目标时，完美主义可能加剧其绝望感和自杀倾向。

3. 社会风险因素

（1）社会支持缺失。社会支持的缺失是自杀行为的一个重要社会风险因素。个体在遭遇生活压力时，缺乏有效的社会支持系统会增加其自杀风险。例如，独居者相较于有家庭支持的个体，其自杀率更高。此外，社会关系网的薄弱，如朋友数量少或社交活动参与度低，也与自杀风险的增加有关。

（2）家庭与社会压力。家庭是个体社会支持系统的核心部分，家庭冲突、离婚、丧亲等事件都可能成为自杀的触发因素。家庭环境中的持续冲突和紧张关系与青少年和成年人的自杀行为有关。离婚家庭的子女相较于完整家庭的子女，表现出更高的自杀风险。社会压力，如失业、贫困、歧视等，同样会对个体的心理健康造成严重影响。经济困难，如失业或财务危机，容易增加个体的心理压力，导致自杀意念的产生。

（3）歧视与偏见。社会歧视，包括性别、种族或性取向歧视，会导致个体感受到边缘化和被社会排斥，增加自杀风险。

4. 生物学风险因素

（1）神经递质水平异常。自杀行为与大脑中的神经递质水平异常有关，特别是 5-羟色胺和多巴胺这两种神经递质。研究表明，5-羟色胺水平的降低与自杀意念和行为的增加有显著关联。在自杀身亡者的大脑中，5-羟色胺的活动通常较低，特别是在前额叶皮质区域。此外，5-羟色胺的代谢产物 5-羟吲哚乙酸在脑脊液中的浓度降低，与自杀行为的严重性呈正相关。

（2）下丘脑—垂体—肾上腺轴（HPA）功能异常。下丘脑—垂体—肾上腺轴是人体应对压力的主要神经内分泌途径。HPA 轴功能异常与自杀行为有关，特别是在那些有慢性压力或创伤经历的个体中。自杀身亡者的 HPA 轴可能表现出过度活跃的迹象，例如，脑中促肾上腺皮质激素的浓度较高。

（二）自杀的流行病学特征

1. 自杀率的全球与地区分布

自杀是一个全球性问题，其发生率在不同地区和国家之间存在显著差异。在地区分布上，低收入和中等收入国家的自杀人数占全球自杀人数的 77% 以上，这可能与这些国家面临的社会经济挑战、冲突、灾难以及不足的心理健康服务有关。

在中国，据《中国卫生统计年鉴2020》统计，2019 年中国城市自杀率为 4.16/10 万，农村自杀率为 7.04/10 万，在世界范围内已处于较低水平，低于邻国日本、韩国等东亚国家。

2. 自杀行为的性别与年龄特征

（1）性别特征方面。自杀率在性别上表现出明显差异，全球年龄标准化自杀率显示，男性自杀率（每10万人中有12.6人）高于女性（每10万人中有5.4人），男性死于自杀的人数是女性的两倍多，特别是在高收入国家，男性的自杀率远高于女性。这可能与男性在社会中的角色期望、处理压力的方式以及寻求帮助的倾向性有关。

（2）年龄特征方面。自杀是15~29岁年轻人的一个主要死因，而在老年人口中，自杀率随着年龄的增长而增大，特别是在75~84岁的成年人中，自杀率较高。然而，年龄大于85岁的成年人中自杀率最高，这可能与老年人面临的健康问题、孤独感和社会支持的减少有关。

在中国，自杀率的性别和年龄特征也值得关注。根据研究，中国青年人25~34岁年龄段是自杀的高危年龄段。此外，中国青年男性的自杀率在近年超过了女性，这一变化趋势与全球趋势相一致。

3. 地域、文化、社会经济因素

（1）地域和文化背景对自杀率有显著影响。例如，北欧国家通常报告较高的自杀率，而亚洲某些国家如中国和日本也有较高的自杀率。在中国，自杀率的地域差异显著，农村地区的自杀率通常高于城市地区。

（2）社会经济因素与自杀有密切关系。如失业、贫困和社会孤立等，都容易导致自杀行为。经济危机期间，自杀率往往会上升。例如，2008年全球金融危机后，一些欧洲国家的自杀率有所增加。2020—2022年因全球新冠病毒疫情，自杀率也有所增大。

4. 精神健康问题与自杀方法选择

（1）精神健康问题是自杀的主要原因之一。抑郁症、双相情感障碍、精神分裂症和物质滥用等精神障碍与自杀风险密切相关。在自杀死亡者中，有相当比例的人在自杀前曾被诊断出患有精神健康问题。

（2）自杀方法的选择对致死率有显著影响。例如，使用枪支自杀的致死率远高于使用药物或切割的方式。在中国，中毒、锐器伤和高空坠落是常见的自杀方法，尤其是在农村地区，中毒是主要的自杀方式。

（三）自杀征兆

人们平时对于自杀行为有误解，如认为自杀行为的发生毫无预兆，可能会导致无法为危机者提供最佳的治疗和支持。实际上，选择死亡不是轻而易举的决定，大部分自杀行为在发生前就已经有一些警告信号了，当然也有一些自杀发生之前没有任何信号（激情自杀）。了解自杀的警告信号并且留意它们是非常重要的。

1.识别自杀行为线索

（1）情绪方面。表现出紧张、焦虑、悲伤、恐惧、愤怒、无助、绝望或深度抑郁等情绪和情感体验。例如，说自己无用，对将来没有希望，感觉万念俱灰，认为自己一文不值，或者生活无目的，对任何事情没兴趣。

（2）认知方面。感到自己没有价值、成为负担或有持续的内疚感，对未来持悲观态度，认为问题无法解决或情况不会改善。注意力集中在悲伤或自杀的想法上，导致记忆和认知功能下降，判断力、分辨能力降低。格外关注死亡或暴力等话题，经常"想一死了之"。

（3）言语和行动。和亲友、同事、医务人员诉说，或在个人的日记作品中流露出一些消极悲观的情绪，直接或间接地谈论死亡、自杀或表达绝望、想要结束生命的愿望。常常独处，工作效率下降，失去对以往活动的兴趣，或出现冲动和鲁莽的行为；出现孤单、离群、郁郁寡欢和环境不相称的行为状态。在互联网上搜索自杀方法或获取有关自杀的信息，和有医学知识的朋友讨论自杀方法，购买关于自杀的一些读物、药品、刀具；常在江河、悬崖、高楼处徘徊。整理物品，包括把自己的所有东西送人或扔掉，对家人及朋友进行"诀别"访问，草拟遗嘱或者写绝笔信等。

（4）生活习惯和身体变化。睡眠和饮食习惯的显著变化，如失眠、过度睡眠、食欲减退或暴饮暴食；增加酒精、药物或其他物质的使用。出现身体不适，包括心悸、持续的疼痛、疲劳或其他身体健康问题，血压、心电图发生变化。

2.认清自杀念头关键时刻

（1）近期经历。近期遭受了难以弥补的严重的损失或损害，容易发生自杀行为；近期有过自杀或自杀未遂的行动，再次发生自杀的行为可能性会非常大。

（2）人际关系。当事人对某人、某事、某个团体或某个社会有强烈的敌意或攻击性，而对方太强大的时候容易产生内向攻击，引起自杀。

（3）疾病状态。精神疾病患者特别是抑郁症、精神分裂症、酒精药物依赖的患者，都是公认的自杀高危人群。慢性难治性的躯体疾病病人突然不愿意接受医疗干预，或突然表现出情况好转，并和亲友交代家庭以后的安排和打算时，需引起重视。

（4）生活事件。生活遭遇危机或挫折，包括工作、人际关系问题、失业、亲人过世、经济困难、绝症诊断等。

（5）行为改变。饮食和睡眠习惯改变，外表、行为及性格反常；出现危险或自毁行为，如疯狂驾驶、酗酒、吸毒等；突然少言寡语，很平静。

如果你观察到家庭成员表现出上述任何信号，应立即采取行动，认真对待并尽快与他们进行开放和支持性的对话，确保他们不会单独一人待着，以防止自杀行为的发生。同时，考虑寻求专业的心理健康支持和干预。

三、防范自杀的心理策略

（一）树立珍爱生命的理念

"珍爱生命"，即认识到生命的不可替代性和珍贵性，以及每个人的生命不

典型案例

青少年自残是需高度重视的危险信号

某市高中生小林（化名）坠楼身亡后，警方发现小林随身物品中有一张写给一位女生的纸条，上面是"最近几乎每周哭3次，上过天台，割过腕……"等内容。警方通过调取小林生前使用过的手机数据发现，去年6月，小林和好友在QQ聊天中写道，"天天想着四十九中楼，一跃解千愁"，今年5月，他用QQ号转发给朋友的聊天记录中有自我贬低的言论，表现出自

我否定、多虑的情况。但与此同时，小林的老师说并没发现他有异常，高一入学时的心理测评显示其"心理健康状况良好"，学习成绩优异。小林的舍友也说他心情时好时坏，好的时候会开玩笑。而小林的父母称孩子平时性格开朗，回家时跟父母有说有笑，懂事、自信而有规划。事发当天他还跟母亲商量了暑假去哪里玩，"之前没发现任何异常"。

其实小林在最近一次考试中题目都会做，但考得不好。他对母亲说是因为"没休息好"，还安慰母亲不用担心。这表明他已经出现了明显的学习障碍，甚至可能是考试焦虑。综合这些信息来看，小林虽然偶然流露出抑郁情绪，但整体上情绪比较稳定，基本符合"微笑型"抑郁症的特征。这也使得其身边大部分人未能及时觉察他的内心变化。

案例分析：

孩子明明看起来好好的、阳光开朗，但突然就选择了轻生，这要怎么应对、怎么预防？难道只能"坐以待毙"吗？其实，"微笑型"抑郁症虽然隐蔽性强，但也有一定的迹象。可以从以下几个方面加强观察和警惕。

第一，"微笑型"抑郁症患者往往容易在深夜、独处时痛哭。可在这个时段多加观察，或者结合是否有擦泪纸巾、枕头泪渍等迹象来初步判断。

第二，"微笑型"抑郁症往往有失眠症状，难以入睡，或者易醒，睡眠质量很差。这又会影响到他们白天的状态和情绪，状态差、情绪差就更容易出现灾难化思维，更睡不着，从而进入恶性循环。所以，经常失眠是出现精神心理问题的明显信号。

第三，因为容易失眠，压力大，学习状态会有所下滑，出现上课分神、注意力不集中，考试前非常紧张、焦虑等表现，成绩很可能有所下滑。这些都是典型的学习障碍表现。

第四，绝大部分"微笑型"抑郁症患者即使再坚强、演技再好，在他们痛苦得难以独自承受时，往往会向信任的人透露部分心声。

第五，如果发现孩子有自残行为，一定要高度重视！自残是极其危险的信号！

仅属于自己，也属于他人和社会。珍爱生命是防范自杀的信念基石。

1. 培养对生命的尊重和珍视

充分认识到生命的价值，坚信每个人都有其独特的价值和目的，即使在最黑暗的时刻，也要提醒自己生命具有不可替代性和未来可能性，同时也要相信每一个生命都是弥足珍贵的，需要用心爱护。学会寻找生活的意义，探索个人信仰、兴趣和激情，找到驱使自己前进的目标和意义。

2. 培养积极的心态

培养感恩的心态，专注于生活中积极的方面，感激所拥有的一切。积极面对挑战，将困难视为成长和学习的机会，而不是不可逾越的障碍。通过设定并实现小目标来增强自信和控制感，提高自我效能感。保持健康的生活方式，通过均衡饮食、规律运动和充足睡眠来维持身心健康。投身于对自己和社会有意义的活动，如志愿服务或创造性追求。不断学习，持续进行自我教育和提升，通过积极的自我肯定和自我接纳，提高自尊和自我价值感。

3. 建立支持系统

学习压力管理和解决问题的技巧，提高应对生活挑战的能力。与家人、朋友和社区建立牢固的联系，提供情感支持和帮助。在需要时寻求专业帮助，如心理咨询或精神健康服务。

4. 完善应对策略

避免孤立，减少独处时间，特别是在情绪低落时。通过日记或其他形式记录自己的感受和思考，有助于自我理解和情绪释放。通过艺术、写作或音乐等方式表达情感，有助于缓解内心压力。关注身体信号，留意身体对情绪状态的反应，及时采取措施应对身体和心理上的不适。避免酒精和药物滥用，这些物质可能会加剧自杀风险，应尽量避免使用。

通过这些策略，个人可以建立起对生命的尊重和珍视，从而在面对生活中的挑战时能够更加坚忍不拔，减少自杀的风险。

（二）调低自己的期望值

调整期望并不意味着放弃追求，而是让自己的目标更加符合实际情况，减少因期望过高而带来的不必要压力。这是一种有效的心理策略，它可以帮助人们减轻压力和焦虑，从而降低自杀风险。

1. 接受现实并科学制定目标

认识到生活中不可能一切都完美，接受自己和环境的现状，理解不是所有事情都能按照我们的期望发展，接受这一点可以减少因期望落空而产生的压力。设定实际可行的目标，确保制定的目标是基于现实和个人能力的，避免设定过高或不切实际的目标。给目标按阶段进行划分，将大目标分解为小步骤，逐步实现，每完成一个小目标都给自己一些积极的反馈，这样可以更容易地管理和评估进度。当情况变化时，灵活调整期望和计划，保持灵活性可以更好地应对挑战。

2. 学会自我调适

学会自我同情，对自己宽容，认识到每个人都会犯错，都有局限性，不必对自己太过苛责；注意和自己的内心对话，用积极、鼓励性的语言替代自我批评。减少与他人的比较，每个人的生活都有其独特之处，比较往往不公平。练习正念，通过冥想、深呼吸等放松技巧，帮助集中注意力在当下，而不是担忧未来可能发生的事情。专注于过程，享受实现目标的过程，而不仅仅是结果。过程中的学习和成长同样重要。学会反思，从经历中学习，而不是仅仅关注结果。即使结果不如预期，也要认识到过程中的收获。

3. 养成良好习惯

培养耐心，理解改变和进步需要时间，不要期望立即看到结果。学会放手，对于一些无法控制的事情，学会接受并放手，减少无谓的精神消耗。培养兴趣爱好，投身于自己喜欢的活动，这有助于转移注意力，减少对不满足期望的焦虑。保持健康的生活方式，良好的饮食、运动和睡眠习惯有助于维持情绪稳定，减少对过高期望的压力。

4. 寻求支持

与家人、朋友或专业人士交流你的感受和期望，他们可以提供不同的视角和支持。如果你发现自己无法独立管理期望或情绪，寻求心理健康专业人士的帮助是非常重要的。

通过这些策略，可以逐步学会管理自己的期望，减少因期望过高而产生的压力，从而降低自杀风险。记住,寻求帮助和支持是勇敢的行为,不是屡弱的表现。

(三)学会感恩和拥抱生活

学会感恩是一种积极的生活态度,它能帮助我们更好地欣赏生活中的每一份美好,增强人际关系。拥抱生活意味着接受生活的全部,包括它的起起落落、快乐和挑战。我们可以从小事做起,逐步将学会感恩和拥抱生活融入日常生活。

1. 转变认识

认识到感恩的重要性,了解感恩如何影响你的情绪和健康,认识到它对个人和社会的积极作用。学会转变视角,当面对困难时,尝试从中找到积极的一面,认识到挑战也是成长的机会。培养同情心,尝试理解并感受他人的处境,这有助于更加珍惜自己所拥有的。

2. 有效行动

每天坚持感恩练习,可以通过写感恩日记的方式,每天花几分钟时间思考并记录下值得感激的事物,无论大小,或通过冥想来专注于感恩,想象自己被感激的事物所包围。注意要减少与他人比较,专注于自己的成长和所拥有的。勇于向他人表达感激,通过言语、信件或是小礼物,向那些在生活中帮助过你的人表达感谢。与他人分享你的感恩故事,这不仅能激励他们,也能加深你自己的感恩体验。通过自己的行动表达感恩,比如,做志愿服务或帮助需要帮助的人。

3. 养成习惯

感恩是一种习惯,需要时间和持续的努力来培养感恩的心态,将感恩作为日常生活的一部分。可以在特定的日子或场合,如节日或家庭聚会,设立感恩的仪式或环节。定期反思自己的感恩实践,思考如何进一步改善和深化。

典型案例

学校紧急救援同学,强化心理健康管理体系

2023年11月某晚19时,有学生向辅导员反馈,同学艾琳(化名)在微信朋友圈发布了一段视频,视频中她坐在楼顶,背景中传出低低的抽泣声,同时伴随着"我不想活了……"的字眼。辅导员立即意识到事态的严重性，迅速向系领导和学工部进行反馈。学校高度重视，立即启动紧急响应机制，组织人员根据视频背景信息进行分析判断，精准锁定艾琳所在位置为学校附近的高层居民楼，经过紧急搜索，学校工作人员成功找到艾琳，当时她独自一人坐在楼顶上哭泣，情绪极不稳定。

在得知艾琳的情况后，学校高度重视，组建应急小组，迅速部署安全措施。辅导员和心理咨询师迅速介入，与艾琳进行面对面的谈心，帮助艾琳缓解紧张情绪，引导她正确面对困难和挑战。鉴于艾琳的情况较为严重，学校安排她前往专业医疗机构进行进一步的诊断和治疗。同时，学校与艾琳的家长取得了联系，在家校双方的共同努力下，艾琳开始积极配合治疗。经过一段时间的干预和疏导，艾琳的情绪逐渐稳定，自杀倾向得到明显缓解。她逐渐恢复了正常的学习和生活，与家人、老师、同学的关系也得到了改善。

学校也对此次事件进行总结，构建完善的学生心理健康网格化管理体系，进一步完善心理危机干预机制，加强对学生心理健康的关注和引导。

案例剖析：

1.以倾听为钥，启学生心扉

辅导员在对心理异常同学进行教育时，更多的是扮演倾听者的角色，要真正了解学生内心所想，尊重他们、理解他们、关爱他们。首先建立一种朋友的关系，让学生充分信任老师，愿意和老师分享自己的想法，这样才能真正地想学生之所想，有针对性地进行引导和帮扶。

2.强化班级建设，彰显班团干部担当

倡导同学间的互帮互助和团结友爱，建设有凝聚力、向心力的先进集体。班团干部要以身作则，能成为班级工作领导者、情感的安慰者，真正成为同学的贴心人，这样班团干部就能第一时间发现班级同学的问题，成为辅导员处理班级突发事件的得力助手。

3.家校联动，护航学生发展

辅导员要不断健全家校沟通渠道，精准掌握家长联系方式。当学生出现紧急情况时，能够快速告知家长。同时对特殊学生要经常性地与家长进行沟通，有效了解学生的家庭的实际情况和性格特点等，及时向家长反馈学生在校的学习和生活情况，有针对性地对此类学生进行帮扶与疏导，促进家校育人合力的形成。

4. 优化网格化管理，聚焦学生心理

学校应继续完善网格化管理体系，提高对学生心理健康问题的预防和应对能力。通过加强对学生心理状态的监控和评估、提高辅导员和心理咨询师的专业素养和技能、加强与专业医疗机构的合作等方式，不断提升学生心理健康工作的水平和效果。

四、行为管理与预防措施

（一）早期识别与干预

自杀是一个严重的社会问题，其预防和干预至关重要。早期识别自杀倾向是自杀预防的关键步骤。研究表明，自杀行为通常与个体的心理健康状况紧密相关，尤其是与抑郁症、焦虑症、物质滥用和精神分裂症等精神疾病有关。通过识别这些心理疾病的症状，可以及时提供必要的医疗和心理支持，从而降低自杀风险。

1. 有效干预措施

在早期识别的基础上，有效的干预措施包括心理治疗、药物治疗和社会支持。心理治疗，如认知行为疗法）和辨证行为疗法，已被证明可以减少自杀行为。药物治疗，特别是针对抑郁症和焦虑症的药物，也可以在专业医生的指导下发挥重要作用。此外，社会支持，包括家庭、朋友和社区的理解和帮助，对于提高个体的抗压能力和改善心理状态至关重要。

2. 自杀预防的公共卫生措施

自杀预防不仅是个体层面的责任，也需要公共卫生措施的广泛介入。公共卫生策略包括提高公众对自杀问题的认识、限制自杀手段的可获得性、媒体负责任的报道以及在学校和工作场所开展自杀预防教育和培训。

（1）增强公众意识，可以通过公共宣传活动、教育课程和社交媒体平台进行。这些活动旨在消除与自杀相关的污名，鼓励人们寻求帮助，并提供有关如何识别和支持有自杀风险个体的信息。

（2）限制自杀手段，如减少对危险药品和枪支的接触，已被证明可以降低自杀率。媒体在报道自杀事件时应采取负责任的态度，避免详细描述自杀方法，以减少模仿自杀的风险。

（3）在学校和工作场所开展的自杀预防教育和培训，包括教授识别自杀迹象的技巧和如何提供帮助，对于建立支持性的社区环境至关重要。此外，建立危机干预热线和提供专业咨询服务，可以为处于危机中的个体提供即时帮助和支持。

（二）社会系统工程

1. 家庭责任和作用

在防范自杀中，家庭扮演着至关重要的角色。以下是一些关键点，展示了家庭在预防自杀中的责任和作用。

（1）关注并提供心理支持。家庭成员应培养和维护健康的亲密关系，健康的亲密关系可以提高个体的心理承受能力，对抗自杀风险。可以主动倾听并关注彼此的心理健康状况，当发现家庭成员出现心理健康问题的迹象时，应保持冷静并准备好与他们交谈，表达关心和爱。在家庭成员面临心理危机时，提供心理上的支持和疏泄机会，鼓励他们表达内心情感，解释危机的发展过程，帮助他们树立自信和保持乐观的态度。家庭成员还应在条件允许的情况下提供经济支持，缓冲外部压力的影响。

（2）识别和回应自杀迹象。家庭成员应意识到自杀风险，并注意自杀的迹象，如言语上的直接或间接表达、不良情绪的流露、行为上的表现和生理上的改变。一旦发现这些迹象，应保持冷静和耐心倾听，认可他们表露出的情感，询问他们是否有自杀的想法，并提供必要的支持。

（3）共同制订计划。与家庭成员一起制订应对策略和安全计划，让他们参与解决问题的过程。

（4）移除危险物品。在家庭中移除或固定可能用于自杀的工具和物资，如枪支、药物、酒精、有毒产品等，可以降低自杀的风险。

（5）提倡锻炼和健康生活方式。体育活动和健康的生活方式可以缓解心理健康症状并支持家庭成员的健康计划。鼓励他们进行有规律的锻炼和运动，保持健康的人际关系与社交接触。鼓励家庭成员与家人、朋友和邻居保持联系，提供社会支持，帮助他们感觉更好。

（6）提供专业帮助。如果家庭成员表现出自杀念头或行为，应尽快带他们去当地医院的急诊室或联系心理健康服务提供者，安排心理健康评估，并制订安全计划。

通过这些措施，家庭可以在预防自杀中发挥重要作用，帮助家庭成员度过心理危机，减少自杀的风险。

拓展阅读

家庭成员之间建立有效沟通的方法

1. 开放性问题

使用开放性问题鼓励家庭成员分享他们的感受和想法，而不是仅仅回答"是"或"不是"。

2. 倾听技巧

积极倾听，不打断对方，通过肢体语言和口头回应（如点头、简短的"嗯"或"我明白了"）表明你在认真听。

3. 非评判性态度

避免批评或指责，使用中立的语言，让对方感觉到被理解和接受。

4. 情感共鸣

表达同理心，尝试理解对方的感受，使用如"我能理解你感到……"的语句。

5. 直接但不具有攻击性

直接表达关心和担忧，但避免使用攻击性或威胁性的语言。

6. 使用主动语句

使用主动语句来表达感受和需求，例如"我担心你……"，而不是"你总是……"。避免使用命令或强制性的语言，这可能会使对方感到被控制，从而抵触沟通。

7. 鼓励表达

鼓励家庭成员表达他们的感受和需求，让他们知道他们的感受是被重视的。

8. 提供支持

提供具体和实际的支持，如一起参加活动、提供帮助或资源。

9. 保持沟通渠道畅通

确保家庭成员知道他们可以随时与你沟通，无论是通过电话、面对面交谈还是书面形式。

10. 尊重隐私

在尊重对方隐私的同时，也要关注他们的安全，如果有必要，寻求专业帮助。

11. 耐心和持续关注

保持耐心，即使对方一开始不愿意开放，也要持续关注并提供支持。通过这些沟通技巧，家庭成员可以更好地理解彼此，建立信任。

2. 学校责任和作用

（1）学校在防范自杀工作中承担着重要的责任和作用。

①心理健康教育。学校可以通过多种教育和活动来提升学生的心理韧性和应对压力的能力。学校应加强心理健康教育，开设心理健康教育课程，培养学生积极的心态和应对压力的技巧。分阶段对学生进行与其年龄相适应的生命教育，将生命教育与心理健康教育融合，开发校本健康课程，通过生命教育课程，让学生认识到生命的价值和意义，增强对生命的尊重和珍惜，帮助学生树立正确的自我生命价值观。开展情绪管理训练，教授学生如何识别和管理情绪，掌握情绪管理技巧，如冥想、深呼吸、正念等，帮助他们在面对压力时保持冷静和清晰的头脑。设计压力管理课程，教授学生如何识别压力源，采取有效的应对策略，如时间管理、目标设定等。开展团队合作活动好抗逆力训练，通过团队合作项目和活动，培养

学生的合作精神和社交技能，增强他们的社会支持网络；通过抗逆力训练，教授学生如何在逆境中保持积极态度，培养他们的适应能力和恢复力。

②安全管理制度。学校应建立科学的心理危机预防机制，包括开展心理健康教育宣传活动、利用宣传文化栏普及心理健康知识、开设心理危机预警咨询，并形成心理危机救助干预网络。学校还应建立健全安全制度，采取相应的管理措施，预防和消除教育教学环境中存在的安全隐患，并在发生伤害事故时，及时采取措施救助受伤害学生。确保教育惩戒的合理运用，教师在履行教学职责时，应适当行使惩戒权，同时注意学生的情绪和反应，做好安抚工作，防止意外事故的发生。明确法律责任，学校与学生之间的法律关系包括民事法律关系和行政法律关系，学校应明确其在学生自杀事件中应履行的法律义务及可能承担的法律责任。在学生自杀事件中，学校应考虑引入社会保险、建立学校责任保险制度或成立学生自杀赔付公益基金等方式，为学生家庭提供多元化的救济和补偿。

③专业辅导服务。学校应提供专业的心理咨询服务，帮助学生解决心理问题，提供个性化的心理支持。设立心理咨询室，充分发挥心理咨询室的作用，为学生提供及时、保密的咨询帮助服务，并建立动态的学生心理档案，定期组织对学生进行心理测评筛查，及时更新档案信息。

④校园环境建设。学校应建设积极的校园文化环境，鼓励学生参与各种文化和体育活动，增强他们的自信心和自我价值感。让全校师生了解心理健康基本知识，学会辨别心理异常问题，掌握基本的心理调节方法，形成学生自助、朋辈互助以及专业心理教师助人的温暖校园心理健康文化氛围。

⑤培育学生素养。培养学生有效的时间管理技巧，帮助他们合理安排学习和生活，减少因时间压力带来的焦虑。教学生如何表达自己的情绪和需求，提高他们的沟通能力，增强人际关系的和谐性。开展健康生活方式教育，强调健康生活方式的重要性，鼓励学生参加体育锻炼，保持健康的饮食习惯，促进学生身心健康。促进多元智能发展，鼓励学生发展多元智能，如音乐、艺术、体育等，帮助他们在不同领域找到自信和成就感。

（2）学校与家长之间的合作对于促进学生的心理韧性发展至关重要。

①家校合作协议。签订家校合作协议，明确双方在促进学生心理韧性发展中

的责任和期望，与家长一起为学生设定教育和心理发展目标，确保家庭和学校的期望一致，共同关注学生的心理健康，提供家庭教育指导服务，帮助家长学习如何在家中创造一个支持性和鼓励性的环境。

②畅通沟通机制。建立定期沟通机制，如家长会、电话沟通、电子邮件等，让家长了解孩子在学校的表现和心理状态。使用家校联系手册记录学生的进步、挑战和学校建议，促进家长和教师之间的信息交流。建立家长咨询和支持小组，让家长可以分享经验、交流策略，并从其他家长那里获得支持。制订紧急联络计划，确保在学生出现心理健康问题时，家长能够及时得到通知并参与解决问题。建立反馈和评估机制，让家长能够提供对孩子心理健康教育和支持的反馈，不断改进合作策略。利用学校管理系统等技术手段，使家长能够方便地访问孩子的学习进度、出勤记录和了解孩子的心理健康状态。

③提升家长教育能力。学校可以定期举办家长教育工作坊，提供心理健康和心理韧性的相关知识，教授家长如何在家庭环境中支持孩子的心理发展。向家长推荐可靠的心理健康资源，如书籍、网站、专业机构等，帮助家长更好地理解和支持孩子。鼓励家长参与学校组织的各种活动，如志愿者服务、文化节、体育赛事等，增进家长对学校环境的了解。设计一些家庭作业和项目，需要家长和孩子共同完成，通过合作加强家庭内的沟通和联系。与家长合作进行心理健康筛查，及早发现学生可能存在的心理问题，并提供相应的支持。

通过这些合作方式，学校和家长可以共同为学生创造一个支持性的环境，保护学生健康成长。

3. 社会责任和作用

（1）营造良好网络生态。网络信息服务提供者和用户应坚持社会主义核心价值观，遵守法律法规，尊重社会公德和伦理道德，促进形成积极健康、向上向善的网络文化，维护良好网络生态。媒体应负责任地报道自杀事件，避免过度渲染或详细描述自杀方法，减少模仿自杀的风险；注重传递积极的信息，帮助公众正确理解和应对自杀问题。

（2）构建社会支持系统。培养和维护健康的亲密关系可以提高个体的承受能力，对抗自杀风险。家庭、朋友和社会支持网络在预防自杀中发挥着重要作用。

做好心理健康服务，提高卫生保健服务的可及性，确保需要心理健康服务的人能够及时获得帮助。这包括提供心理咨询、心理治疗和其他相关服务。建立有效的危机干预机制，及时识别和帮助有自杀风险的个体，包括设立自杀预防热线、提供紧急心理援助等。

（3）开展社区干预。社区应开展多专业联合干预，增强社会大众的心理健康意识。例如，设立心理健康宣传周，定期进行心理健康知识普及，与高校或社区医院合作，开展面向特定人群的社区生命教育。

（4）做好公众教育。提高公众对心理健康和自杀预防的认识，通过教育和宣传活动，普及心理健康知识，增强公众的自我保护意识和互助能力。尤其是做好关于网络暴力信息的治理规则，保护个人免受网络暴力的侵害，这有助于减少因网络暴力导致的自杀事件。通过宣传教育，提升社会包容和尊重，减少对心理健康问题的歧视和污名化，创造一个包容和尊重的社会环境，鼓励人们在遇到心理问题时寻求帮助。

（5）经济和社会福利。改善经济和社会福利条件，减少因贫困和经济压力导致的自杀风险。特别是对农村贫困人群进行"心理扶贫"，提供心理支持和干预。

（三）个人行为规范

1. 重视强身健体

个人可以通过多种方式来提高自己的心理健康和生活质量，其中强身健体确实是一个有效的途径。

（1）一般准则。

①定期锻炼。运动可以释放内啡肽，这是一种自然的"快乐激素"，有助于提升心情和减少焦虑。

②健康饮食。均衡的饮食可以提供身体所需的营养，有助于保持身体和心理的健康。

③充足睡眠。睡眠质量对于心理健康至关重要，缺乏睡眠会影响情绪和认知功能。

（2）初学者的锻炼方式。对于初学者来说，选择适合自己体能水平和兴趣的锻炼方式非常重要，这有助于保持锻炼的持续性和保证身心健康。初学者可以选择的锻炼方式如表10-1所示。

表10-1 锻炼方式

锻炼方式	说明
散步	一种低强度的有氧运动，适合所有年龄段和体能水平的人
瑜伽	结合了身体姿势、呼吸和冥想，有助于提高柔韧性、平衡和放松心情
游泳	一项全身运动，对关节的冲击小，适合各个年龄段的人
骑自行车	骑自行车可以锻炼心肺功能，增强下肢力量，同时享受户外风光
健身操	一种有趣且易于跟随的锻炼方式，可以增强心肺功能
太极	一种缓慢流畅的运动，有助于提高平衡、柔韧性和使内在平静
普拉提	注重核心肌肉的锻炼，可以提高身体力量和稳定性
轻量级力量训练	使用哑铃、壶铃或自身体重进行的力量训练，有助于增加肌肉量和骨密度
拉伸运动	定期进行拉伸可以提高身体的柔韧性和减少肌肉紧张
舞蹈课程	不仅能够锻炼身体，还能学习新的技能和享受音乐
徒步旅行	在自然环境中徒步可以提供心肺锻炼，同时享受户外的宁静和美景
团队运动	如篮球、足球等，不仅可以锻炼身体，还能增进团队合作和社交技能

选择锻炼方式时，重要的是找到自己喜欢的活动，这样更容易坚持下去。同时，开始任何新的锻炼计划之前，建议咨询医生或健身专业人士，确保锻炼方式适合个人的健康状况。逐步增加锻炼的强度和时间，避免过度训练。

2.提升抗挫折能力

提升抗挫折能力是个人成长和心理健康的重要组成部分。有效的提升方法如下：

一是做好自我认知，了解自己的优势和弱点，认识到挫折是成长的一部分。

二是设定清晰、可实现的目标，并分解成小步骤，逐步实现，并及时给予自己肯定与激励，比如，完成某个任务后奖励自己。

三是培养积极的心态，看待问题和挑战时，尽量从积极的角度思考；学会从失败中吸取教训，而不是逃避或否认失败。

四是学会识别和管理自己的情绪，避免情绪失控影响决策。定期反思自己的经历和行为，总结经验教训，不断调整和改进。

五是不断学习新技能和知识，提高解决问题的能力。同时要合理安排时间，避免压力过大和过度焦虑。

六是与家人、朋友和同事建立良好的关系，他们可以在你遇到困难时提供支持。理解他人的感受和经历，这有助于在面对挫折时保持同情和理解。

还可以通过冥想和正念练习，提高自我意识和情绪调节能力；保持健康的生活方式，均衡饮食、适量运动和充足睡眠有助于保持身心健康，提高应对挫折的能力；阅读励志书籍或观看相关视频，学习他人的成功和失败经验。

挫折是成长的催化剂，每次经历都是一个学习和进步的机会。在遇到难以克服的挫折时，寻求心理咨询师或其他专业人士的帮助。

3. 构建良好人际关系

人际关系指的是个体在社会交往中与他人建立的各种心理和行为上的联系，包括亲属关系、朋友关系、同事关系等多种形式。良好的人际关系能够促进信息交流、情感支持和资源共享，是个体社会适应和心理健康的关键。拥有稳定而亲密的人际关系可以减少心理压力、提高生活满意度，并有助于延长寿命。反之，人际关系的缺失或冲突可能导致孤独感、焦虑和抑郁等负面情绪。

（1）建立良好人际关系的策略。

①真诚与尊重。建立人际关系的基础是真诚与尊重。真诚意味着在交往中保持坦率和透明，不隐藏自己的意图和感受。尊重则体现在对他人观点和立场的认同上，即使与自己的观点不同，也要给予适当的理解和空间。当人们感受到被尊重时，他们更愿意开放心扉，建立信任。

②沟通与倾听。有效的沟通和倾听是构建良好人际关系的关键。沟通不仅仅是表达自己的观点，更重要的是理解对方的需要和期望。倾听则是一种积极的沟通方式，通过全神贯注地听取对方的意见，可以加深相互理解。

③包容与合作。包容是接受他人的不完美，而合作则是在共同目标下与他人共同努力。包容可以减少不必要的摩擦，合作则能够增强团队的凝聚力。

（2）维护良好的人际关系的技巧。

①有效沟通。包括倾听他人、表达自己的观点和感受，以及适时给予反馈。

②信任建立。信任是人际关系的基石。通过诚实、透明和一致的行为来建立

和维护信任。

③尊重差异。每个人都有自己的观点和价值观。尊重他人的差异，避免强加自己的意见。

④共同活动。参与共同的活动可以加强联系。这可以是社交活动、团队项目或共同兴趣。

⑤情感支持。在他人需要帮助时提供情感支持，这有助于加深彼此之间的联系。

⑥感恩表达。经常表达对他人的感激之情，这能够增强人际关系的正面情感。

⑦冲突解决。学会有效解决冲突，避免让小问题积累成大问题。

（3）建立与维护个人边界。边界是人际关系中的一个重要概念，它涉及对个人空间和隐私的尊重。

①明确个人边界。明确自己的个人边界，包括物理空间、情感空间和时间边界，并向他人清晰地表达这些边界。

②尊重他人边界。了解并尊重他人的边界，避免侵犯他人的个人空间。

③主动沟通边界。当边界被侵犯时，通过沟通来解决问题，而不是回避或攻击。

④灵活调整边界。在不同的关系和情境中，边界可能需要适当调整。学会在保持个人舒适的前提下，灵活处理边界问题。

⑤培养边界意识。意识到自己的行为可能对他人产生的影响，以及如何调整自己的行为以维护良好的人际关系。

⑥做好边界保护。在必要时，学会说"不"，保护自己的边界不被侵犯，同时也尊重他人的选择和边界。

（四）自杀干预技术

1. 一般指导

（1）基本原则。自杀是一个极其严重的问题，当面对一个有自杀倾向的人时，正确的应对方式至关重要。掌握一些基本的指导原则，可以帮助身边那些有自杀念头的人。

①认真对待。永远不要忽视或贬低一个人的自杀念头。即使是看似随意的评论也可能表明了深层的绝望。

②倾听和确认。给予全神贯注的倾听，不要打断他们，让他们知道你在认真听，并愿意理解他们的感受。

③表达关心。清楚地表达你对他们福祉的关心，告诉他们，你在乎他们，他们并不孤单。

④避免评判。避免对他们的感受或想法做出评判，这可能会使他们感到更加孤立。

⑤鼓励寻求专业帮助。鼓励他们寻求专业心理健康服务，并提供帮助寻找资源，如心理医生、热线或紧急医疗服务。

⑥安全计划。与他们一起制订一个安全计划，确定在危机时刻可以联系的人和应该采取的行动。

⑦移除危险物品。尽可能减少他们接触到可能用于自杀的工具或药物。

⑧持续关注。即使危机似乎已经过去，也要持续关注他们的状态，因为自杀念头可能会再次出现。

⑨教育自己。了解有关自杀的事实，知道如何识别自杀的警告信号，以及如何提供帮助。

⑩自我关怀。帮助他人的同时，也要注意自己的情绪和压力，确保自己也有适当的支持。

（2）实践指导。如果有人对你说："没有人可以帮助我，我想死！""没有我，他们会过得很好。""我死了，你会怎么样？"或开始谈论自杀方式、地点、时间等，突然和亲友告别，收集一些可能用于自杀的工具如绳索、药物等，请一定要警惕起来，这些都可能是自杀前的预兆。越早识别并进行干预，越有可能留住鲜活的生命。

当你不确定一个人是否有自杀倾向时，可以直接询问："我很担心你，你的心情怎么样？""我能帮你做点什么？"通过主动询问，可以展示对他的关心，并且在适当的时机表达你愿意成为他的倾诉对象。给对方一个机会重新考虑，有可能阻止自杀行为的发生。

当他们主动倾诉时，我们要当好倾听者的角色，最忌讳用怀疑、震惊、害怕、嘲笑的方式进行沟通。请镇定地对待，并尝试去理解他们。不要用激将法刺激他们，不要承诺说你不会告诉别人，不要任其独处、任其发展下去。如他们不愿当面倾诉，可以建议致电心理咨询热线。对自杀高风险者，需要有人24小时贴身陪伴，不要让其独处，清除周围的危险物品，并且尽快联系家属或者监护人，陪同他们到精神心理专科医院接受评估和治疗。

2. 应急处理策略

当面对一个自杀事件时，应立即按照以下指引开展救助：

（1）立即行动。如果发现有人处于自杀危机中，立即拨打紧急电话或将他们带到安全的地方。

（2）保持冷静。在处理自杀危机时，保持冷静，这有助于你清晰地思考并提供适当的支持。

（3）提供支持。在紧急情况处理后，继续为受影响的个体提供情感支持和实际帮助。

（4）联系专业人士。尽快联系心理健康专业人士，确保个体能够得到必要的评估和治疗。

（5）建立支持网络。帮助建立一个支持网络，包括家人、朋友和专业人士，以提供持续的关怀。

（6）及时跟进。在事件发生后，定期跟进以确保个体的安全，并提供进一步的支持和资源。

（7）处理情绪。鼓励表达情感，并帮助他们处理可能出现的复杂情绪，如罪恶感、悲伤或愤怒。

（8）提供信息。提供有关自杀预防和心理健康的信息，帮助他们了解自杀并非解决问题的方法。

（9）修复心情。对于自杀者的亲友，帮助他们找到健康的方式来纪念逝者，并支持他们的恢复过程。

（10）社区资源。了解并利用社区资源，如支持小组、热线服务和心理健康服务。

请记住，对自杀行为的救助是一个持续的过程，需要耐心、同情，更重要的是专业知识。如果你不是专业人士，建议立即寻求专业帮助。

参考文献

[1] 俞俊生.身心危机和自杀的预防及救助指导手册[M].成都：电子科技大学出版社，2015.

[2] 赵静波.还有路可走：自杀与自伤的自救与调适[M].北京：人民卫生出版社，2010.

[3] 门林格尔.人对抗自己：自杀心理研究[M].北京：世界图书出版有限公司北京分公司，2020.

[4] 张杰.解读自杀：中国文化背景下的社会心理学研究[M].北京：中国人民大学出版社，2016.

[5] 李艳兰.大学生自杀行为与干预研究[M].南昌：江西人民出版社，2013.

[6] 薛朝霞，张钰颖，邢清丽，等.自杀意念向自杀未遂转变的近端和远端影响因素[J].中国临床心理学杂志，2023，31（3）：542-548.

[7] 柴颖，汪勇.大学生自杀行为的扎根分析[J].高教探索，2022（2）：122-128.

[8] 侯皓，裴一霏，俞斌，等.2004—2019年中国农村人群自杀死亡趋势的年龄-时期-队列模型分析[J].中华疾病控制杂志，2022，26（1）：34-39，111.